JN241815

# ホンダ S2000

## リアルオープンスポーツ開発史

車体開発責任者
塚本亮司

パワーユニット開発責任者
唐木 徹

他共著

MIKI PRESS
三樹書房

# ■SSM（Sport Study Modelの略）のデザイン開発 —スポーツカープロジェクト初期のスケッチ

初期のアイデア展開は、デザイナー個人個人がそれぞれ自由に欲しいと思うスポーツカーの世界観で絵を描いた。インテリアデザイナーもエクステリアのアイデアスケッチを描いた。当時は感情に訴えるエモーショナルデザインの流れで、BMWミニやニュービートルなどアイデンティティの歴史をトレースするようなモチーフが世の中に出てくる少し前だった。デザイナーはその空気感を嗅ぎ取っていたのでS600/S800モチーフのスケッチはたくさん描いた。しかし、現代のディメンションにSシリーズのモチーフを用いるだけではアイデンティティは表現できない上に、ホンダでは過去のデザインを振り返るのはタブーでもあった。

初期のデザイン検討では、様々なスケッチの中から3案に方向性が絞られた。それぞれ1/4スケールモデルで立体デッサンを行ない、コンペ形式による経営者の判断が行なわれることとなった。東京モーターショーへの出展モデルとして、次の時代に問うホンダスポーツのメッセージが、スタイリングデザインでも表現されているかが争点となった。

# ■1/4スケールモデルによるデザイン検討

**A**

A案はロングノーズショートデッキを強調した軽快な方向性。スーパー・セブンのようにスペアタイヤを背負い、短いリヤオーバーハングにビルトインされている。フロントグリルの形状は、かつてのSシリーズからDNAを引き継いだ印象を与える狙い。

**B**

B案もFRのプロポーションを生かしたシンプルな立体構成。バスタブのような小さなコックピットを、シンプルなボディーで挟み込んだクラッシックモダンの方向性。フロントウインドスクリーンも無いクリーンなフォルムは、1960年代のロードゴーイング・イタリアン・レーシングスポーツを彷彿させる。

**C**

C案は金属の塊から削りだしたようなソリッド感のある造形。クレイモデルは、この3つの方向性でデザインコンペが行なわれた。デザイン室内ではA案を一押し案として選定。次の日に川本信彦社長（当時）へのプレゼンテーションを行なった。最終的に「何ものにも似

# ■SSM検討中のスケッチ

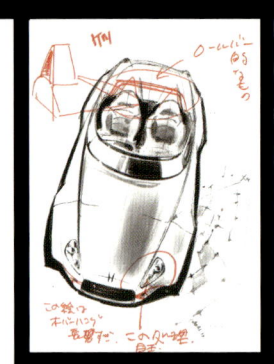
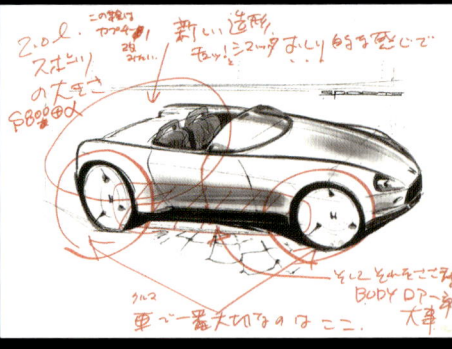

デザイナーが描くアイデアスケッチに赤ペンが入る（通称、中野メモ。当時の1スタジオの責任者、中野正人から付けられた）。スケッチを通じてコミュニケーションする。徐々にアイデアが精錬されていく。ヘッドライトを極限まで低い位置に下げて、フェンダーの張り出しを強調。肉食動物のように4つの脚（タイヤ）がしっかりと地面をとらえ、踏ん張った佇（たたず）まいがスタイリングの肝（きも）となる。フェンダー周りの造形は、大胆な新しい立体構成のアイデアを採用した。

モチーフにつながったキースケッチ。俯瞰した視点によるキースケッチは珍しいが、この立体構成のアイデアが最終的なS2000量産モデルまで生かされることになる。赤丸はデザインチーム内投票での得票。

ロングノーズ＆ショートデッキの古典的なFRプロポーションでありながら、シンプルかつ大胆な立体構成で何ものにも似ていないモダンなスタイリングを狙う。金属質なソリッド感と艶やかさを融合した曲面にしたことで、近代的なスポーティテイストを表現した。当初はフロントウインドウがほとんど無い"スピードスター"仕様を検討。最終的にモーターショーに出展されたプロトタイプは低いフロントウインドウとした。

# ■ 1/1フルスケールモックアップモデル

本来であれば 1/1 クレイモデルでもスタイリング検討を行なうが、この時は実走プロトタイプ化まで超タイトスケジュールが組まれ、1/4 スケールモデルからダイレクトに 1/1 モックアップモデルを製作した。1/4 から 1/1 は、スケールは 4 倍でも体積では 64 倍となるため、その見え方や感じ方も大きく変わる。面の丸さはさらに丸く感じ、ヘッドライトやリヤコンビネーションランプは、1/4 モデルの時より小さく感じる。人間の感覚の特性を認識し、感じ方の変化量をある程度見越してチューニングしつつ、スケールアップした。

デザインスタジオの展示場でのモックアップモデルのショット。前後を貫くショルダーラインと、横に張り出したフェンダーのモチーフが良くわかる。エンジンの搭載位置が低く、ボンネットフードが極限まで低い。フロントタイヤの上にはサイド面が無く、フロントフェンダーの面が完全に上を向いている。トランクの上面は、丸くすると途端に古典的に感じる様になることがわかり、シャープな印象になるようにモデルで検証しながら磨き上げた。

# ■インテリアデザイン

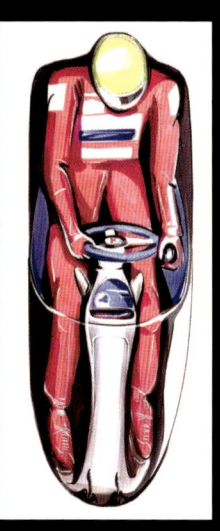
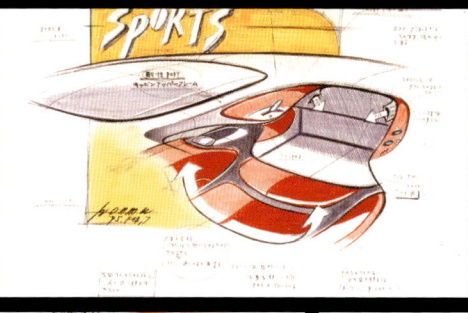
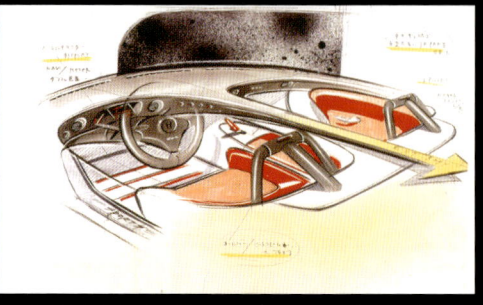

Formula 1（F1）のコックピットにインスパイアされたインテリアのデザインスケッチ。ステアリングのすぐ脇にシフトレバーを配置、手元で全ての操作ができるように操作系を集約した。ドライバーをぐるりと取り囲むプロテクションのイメージで、車体剛性を高める構造のアイデアになっている。

明快なモチーフのインテリアファイナルスケッチ。F1のようにドライバー中心に、ぐるりと取り囲むセンターの梁（はり）は、車体剛性を高める構造のアイデア。S2000のハイXボーンフレームの考え方につながった。

インテリアデザイン1/1モックアップモデル。操作で手が触れるエリアをソフトタッチのスエード調ブルーにすることで、操作系を集約していることを強調した。ダークメタリックの空間に、ブルーの差し色が目を引く。また当時はまだ珍しかったシフトバイワイヤの技術を生かし、機能的にも視覚的にも進化したデザインとなった。

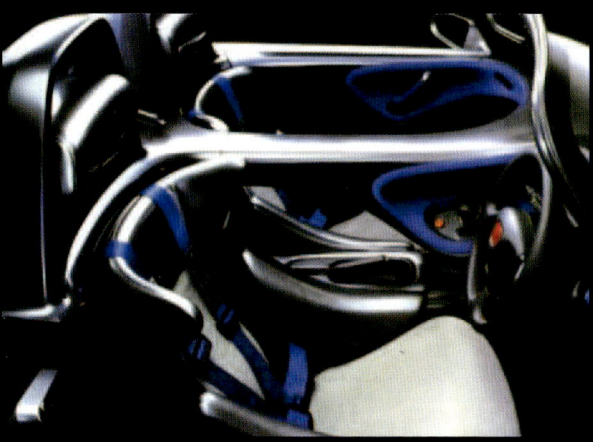

モックアップモデルと比較するとシャープな印象になった。ショーカーの演出としてシートは金属調のメタリックカラーの素材を採用。ヘッドレストは空中に浮いているようにロールバーにマウントされる。

ステアリングを中心に、操作系が両サイドにコンパクトにまとめられている。シフトバイワイヤでシフトレバーは、ステアリングからごく近いところに配置される。シフトレバーやスイッチ類が空中に浮いたような表現も特徴的。

完成した SSM プロトタイプ（左）。走行可能な実車になると命を宿した生き物のようになり、存在感がさらに高まった。Honda Design 100％オリジナルの"唯一無二ピュアスポーツカーデザイン"に仕上がった。エンジン（上）はインスパイアに搭載されていた直列5気筒を、ショー向けにエンジンカバーを加飾した。実車の製作は栃木研究所の試作課カロッツェリアグループで行われた。

1995年第31回東京モーターショーに出展したときの様子。その後にボディーカラーを彩度の高いレッドにリペイントしパリサロン等に出展し、1996年のシカゴショーにはゴールドカラーで出展した。

# ■S2000量産モデル開発

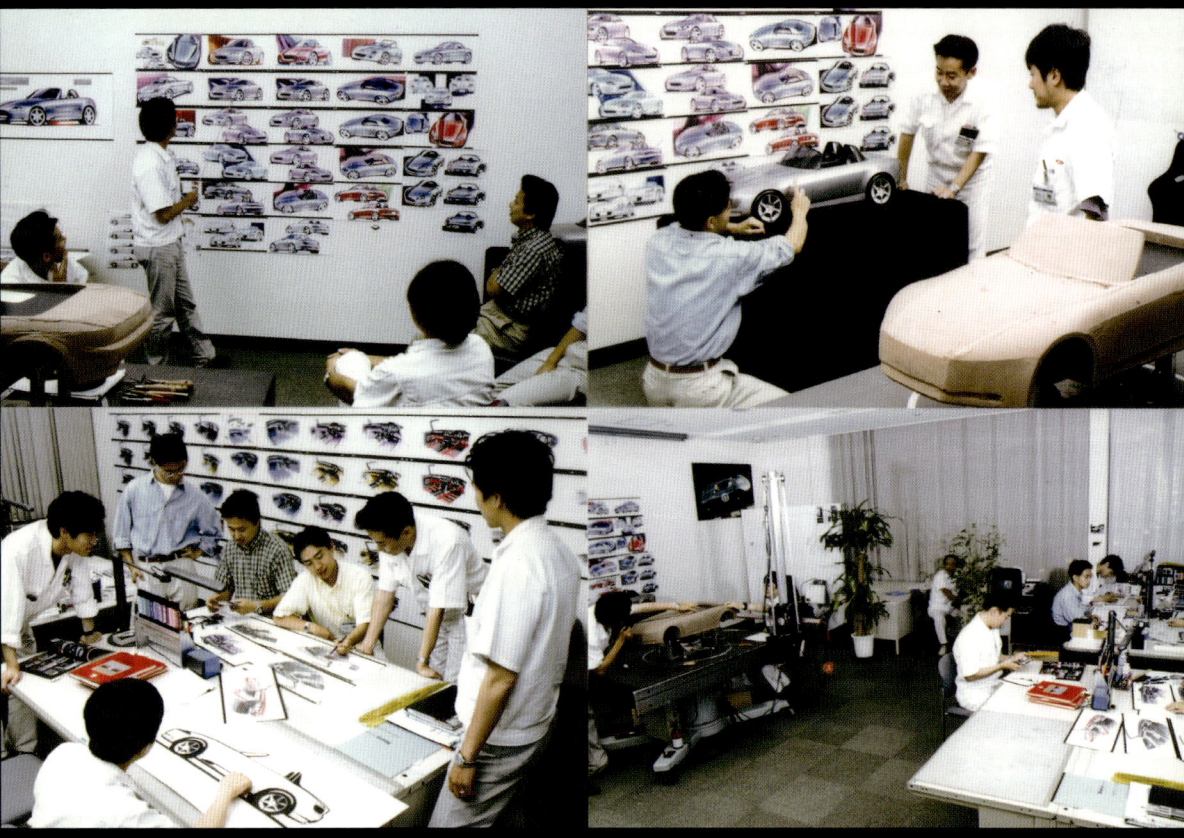

量産モデル開発スタート時のデザイン開発の風景。エクステリアとインテリアの若手デザイナーが、小さな会議室をチーム部屋として活動した。当時メンバーたちは、2シーターやスポーツカーの所有者も多く、仕事もプライベートもクルマ好きが集ったようなスポーツカー三昧（ざんまい）の日々だった。

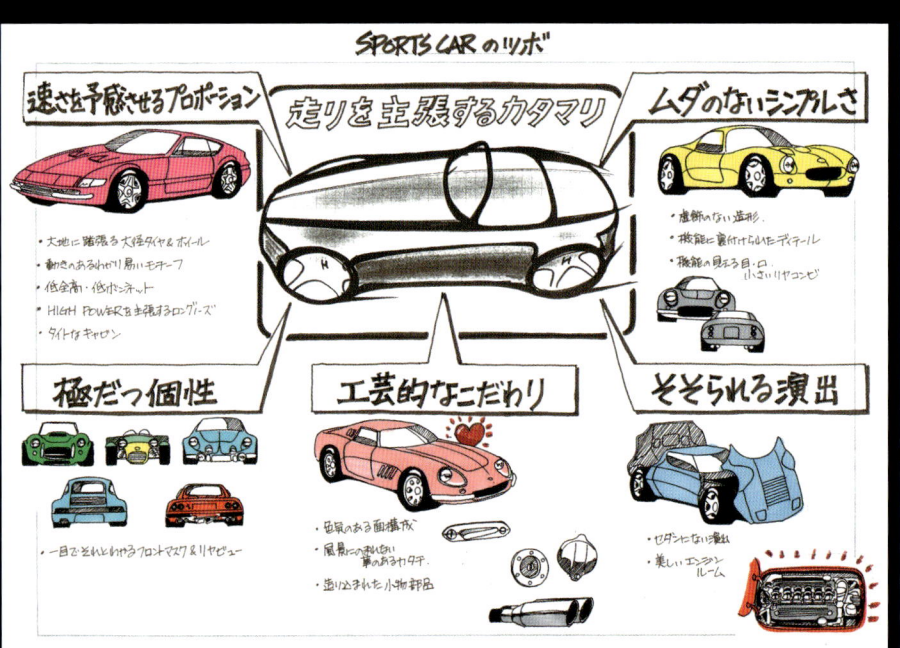

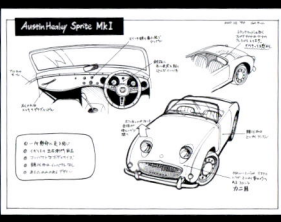

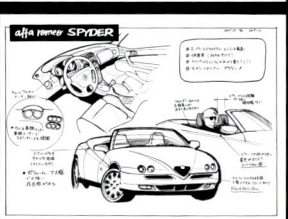

開発記録のメモ。リサーチなどで往年の名車に触れては手描きレポートを作成し、スポーツカーとは何か？　暮らしの中にスポーツカーがあるとどうなるのか？　など根本的な議論を重ねた。そして、自分たちの手で生み出す新しいスポーツカー像を徐々に具体化していった。

量産化を視野に入れて描かれたアイデアスケッチ。基本モチーフは、SSM を踏襲、法規や生産性を考慮しながら、性能や機能をスタイリングしていくテーマでスケッチを描いている。当時はマーカーやパステルといった画材を使ったスケッチが主流。たくさんのスケッチを描いていると、頭でというより"手で考えている感覚"になる。

## ■1/4スケールモデル製作

1/4 スケールのクレイモデルで立体デッサンを行なっていく。工業クレイは、温めると柔らかくなり形状検討が容易。左側が工業クレイの地のままの状態で、右側はシルバーフィルムを貼ったもの。面の表情や変化など造形をチェックする。また形状を確認するときは、必ず地面に置いてクルマの姿勢をみる。

描いたスケッチを立体で試す。1/4 クレイモデルのインスタントカメラによる記録写真で、フロントまわりを複数案検討中のもの。ヘッドライトの位置や大きさでクルマのクラスやサイズ感が変わる。当然ながらクルマのキャラクター性にもつながる。ちょっとした違いでも印象が大きく変わっていく。見え方の検討と同時に設計検討も進めていく。コーナーをカットしたバンパーや、ほぼ上面を向いた幅のあるフェンダーなど製造上の課題も多く、モデルをつくっては壊し、を繰り返した。

## ■1/1クレイモデルでの検討

和光デザインスタジオでの 1/1 スケールクレイモデルの作業風景。シルバーフィルムが貼られ、プロト 1 となる最初のデザイン完了の頃。右側のリヤビューの写真には、リヤコンビネーションランプの中身の立体検証モデルも写っている。最初は 3 連の丸レンズをミニマムサイズで検討

1/1 クレイモデルの「デザイン評価会」に向けて仕上げ作業中の写真。このモデルは全幅が 1695mm で検討。

1/1 クレイモデルの完成後の写真。この時は、サイドシルに冷却用の穴を開けることも検討していたが、効果が見込めず量産モデルでは採用を見送った。フロントバンパーはインテークが多く、リヤバンパーも段差など線が多く神経質な印象。

## ■1/1モックアップモデル

1/1 モックアップモデルは、フロントウインドウやソフトトップもモデル化。ヘッドライトとリヤコンビネーションランプの中身のディテールまでつくり込みがされて、フルスケールのハイディテールプラモデルのようなモデル。和光デザインスタジオの屋外展示場でのショット。

# ■スポーツカーインテリアデザインの初期検討

このモデルは、ショーカープロジェクトの時に"ついたて裏"でインテリアデザイナーの朝日嘉徳をリーダーに生み出された提案。硬派なスポーツカードライバーの仕事場といった佇まいをみせる9連（！）メーターでS2000の方向性とは全く違うものだが、このモデルからSSMからS2000の流れが生まれたと言っても過言ではない、キーになる提案。"ついたて裏"という隠れた場所でボトムアップによる提案が生み出されるのはホンダの独創文化の一つ。このモデルはかなり細かくつくり込まれているが1/1クレイモデルである。ここまでのインテリアモデルを隠れて良くつくれたと思う。左ハンドル仕様で検討していた。

ショーカープロジェクトの初期検討では、他にもアナログ多連メーターのデザインもモデル化した。メタルのパネルに丸いメーター類が配置されるテーマは、S600/S800のモチーフを現代的にアレンジしたもの。

インテリアデザインは、2案の方向性で最終検討。A案はヒストリカルなSシリーズの流れを汲むアナログ2眼メーターを中心に、エアコンリッドやスイッチを丸モチーフで統一。B案はSSM同様にF1からインスパイアされたデジタルメーターとドライバー中心の操作系をリデザインした。この2案をモックアップ化し、リアルオープンスポーツの提案としてB案を選出した。

インテリアデザインのファイナルスケッチ。乗用車のインパネであればセンターコンソールを充実させるが、メーターと手元のスイッチ類以外は、極力何も配せずシンプルを極めたいという狙いがスケッチからみてとれる。

1/1初期デザイン検討はテスト車に再現し、インターフェースの視認性や操作系の使い勝手の検証も行ないながらデザインの熟成が行なわれた。メタリックのインパネなどもトライしたが、テストを重ねた結果採

ファイナルモデル。モチーフは変わっていないが、全体の造形がコントロールされ統一感が出ているのがわかる。インパネのボリュームがより軽く感じられるようになり、メーターを中心に手元のスイッチまわりの

## ■デザイン評価会

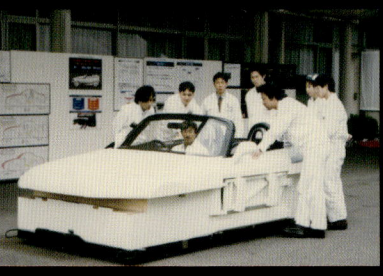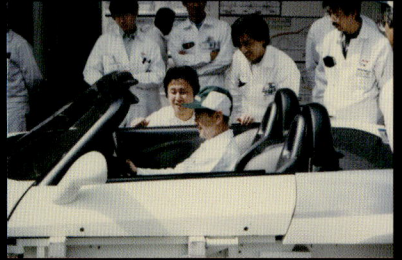

1997年4月24日、栃木研究所の外周テストコースに併設された評価会スタジオでのデザイン確認会の様子。エクステリアとインテリアのモックアップを屋外テストコースにて確認。川本社長（当時）へのプレゼンテーションを行なった。若手でも提案者が社長に直にプレゼンテーションを行なっていることもホンダの大事な独創文化の一つ。身の引き締まる思いだった。

FRの動的プロトタイプは、CR-Xデルソルのボディーを切り貼りした試作車。ディテールはデルソルだが、ロングノーズショートデッキのFR骨格となっていることがわかるだろうか。実際に機能する実走プロトタイプと見た目のプロトタイプ（デザインモデル）が揃い、プロダクトの評価ができるようになる。この場でVSフローの指示が出た。

## ■欧州でのデザイン検証

VSフローと名付けられた欧州での鍛え上げを目的とした開発が始まり、エクステリアとインテリアのモックアップモデルをドイツの研究所に持ち込み、デザイン検証を行なった。「非常に潔くシンプルでクリーン。ホンダらしさが表現されている。まるでサムライソード（日本刀）のようだ」など、現地の評価は決して悪くはなかった。しかし、陰影が見えるドイツの重い光での見え方、石畳や周囲の建造物などとの比較では、日本で感じていたより3割痩せて神経質、とても弱々しい印象だった。

# ■風洞テスト

プロト1の検証結果を受け、さらなる空力向上のために風洞にて熟成を行なった。空気抵抗改善のみならずオープンモデルとして、ルーフ開放時の快適な風のコントロールも課題であった。インテリアモデルを風洞に持ち込みテストを行なうのは珍しいと思う。デザイナー自ら長髪のカツラを被り体感しながら熟成を行なった。

風の流れを可視化する。近年はコンピューターによるシミュレーションが主流となっているが、当時はまだモデルを使い煙やインクを流したり、糸を使い風の流れを可視化したりして、空力の改善ポイントを探っていた。特にボディーの端末やタイヤまわりは流れが乱れやすいポイントで、1/1クレイモデルにエアロパーツのようなパッチを取り付けては測定を繰り返し、少しずつ改善項目を洗い出していった。

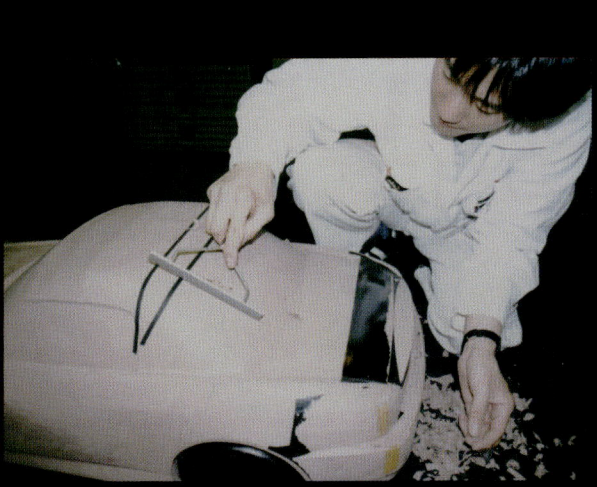

丸いリヤまわりの形状は、Cd（ドラッグ：空気抵抗）とCl（リフトフォース：車体を持ち上げる力）が悪い方向に作用してしまう。スタイリングと性能を両立させるためのアイデアを風洞に篭（こも）り探った。最終的にコーナーにエッジをつけることと、トランクリッドの端末を持ち上げることで、改善できることを発見した。リヤライトのクリアレンズ形状と、ハイマウントストップランプのレイアウトを見直し、空力目標をクリアした。

VSフローで鍛えられたファイナルモックアップモデルは、ディメンションから見直された。オープンモデルながら高い剛性のあるボディーを感じられるように、4つのタイヤが地面を掴み、しっかりした骨が通っているように見せることなど、基本的な骨格を大事にしたシンプルなスタイリングを目指した。風洞テストで生み出したリヤハイマウントストップランプとテールレンズで空気抵抗を低減。リヤコンビネーションランプも、路上での見え方を考慮してプロトタイプの視認性検証から丸2連にし、やや大きめの瞳の明るい表情となるようにリファインした結果の姿。ソフトトップを閉じた状態を再現したモックアップモデル。

ハードトップを装着したファイナルモックアップモデル。このハードトップはオプションパーツだが、早い時期に開発を進めていた。軽量化を狙いアルミ素材だったが、ブロー成型によるもの。ブロー成型は主に樹脂部品の製作に適用されるが、アルミ素材の成形としては、製作所にとってチャレンジだった。

解説：本田技術研究所　澤井大輔／協力：本田技術研究所　石野康治

# ホンダ S2000
## リアルオープンスポーツ開発史

車体開発責任者 **塚本亮司**
パワーユニット開発責任者 **唐木 徹** 他共著

［前頁に収録したS2000について］
このS2000は、プロトタイプ発表会に
おいて撮影された写真である。極めて
珍しい初期モデルで、右ハンドルであ
るが欧州向けの横長ナンバー用のバン
パーが装着されているので、S2000プロ
トタイプ海外仕様と思われる。

## ■本書の製作にあたり■

1．本文の執筆及び編集作業に関しては、ホンダS2000の開発を主導された塚
　本亮司氏と唐木徹氏に監修をお願いし、各執筆者の方々による各パートの校正
　作業なども含めて全般の進行を担当していただいていた。
2．巻頭にカラーで収録したデザイン変遷を解説した頁の製作は、S2000のデ
　ザイナーである澤井大輔氏に図版の選定から執筆までを担当していただくと共
　に、ホンダデザイナーの石野康治氏のご協力もありまとめることができた。
3．カラーカタログによる歴代モデルの紹介頁と共に巻末に収録した「ホンダ
　S2000の変遷」は歴史考証家であり、日本における自動車カタログ収集の第
　一人者でもある、當摩節夫氏にご執筆などをお引き受けいただいた。
4．本書は、S2000の開発を担当された方々がそれぞれの経過について執筆さ
　れた関係で、各パートは独立しているため、共通した体験内容などの重複は避
　けられなかった。この点に関してはご了承いただきたい。
5．編集にあたっては、本文中で使用される用語や表記は執筆者ごとの統一とし
　たが、ホンダの社内で使用されている用語は統一するように配慮した。また、
　カバーや表紙などのプレス用写真や構造図に関しては、本田技研工業株式会社
　広報部の了解をいただいて収録している。

編集部

# はじめに

## S2000開発にあたり

上原 繁

S2000の開発が始まる以前には、「ヨーロッパを一日走って、ああ今日は良い一日だった」と感じるクルマがトップの川本信彦（かわもと・のぶひこ）のイメージの中にあったようである。それは完成したS2000とは少し違った、余裕、快適性、静粛性を持ったオープンスポーツカーのイメージであった。

東京モーターショーに出展されたSSM（Sport Study Model）も、アルミ・ラダーフレーム、FRという駆動形式で構成された直列5気筒＋5ATの少し大人びたクルマがイメージだった。V6を載せることも考えていたようである。もちろんこの時期には、コンセプトもクルマを構成するハードも決まっていたわけではなく、チームが発足した後に、このクルマはどうあるべきか、たくさんの議論を戦わせた。

その結果、チーム独自の考えで「リアルオープンスポーツ」という、新しいコンセプトができ上がり、各部門、最大限のこだわりを持って、S2000を開発することになった。開発チームが本当に作りたかったクルマでもある。完成したS2000はトップの要求と少々異なったかたちになったが、トップはチームの意思を尊重し、最大限受け入れてくれた。それどころか、直列4気筒2リッターと決まると、250馬力、リッター当たりの出力は125馬力という、開発チームも持て余すような、今までに無い限界性能を突き詰めるエンジンを要求するように変わっていった。

S2000は、鋭いレスポンスと、今までに無いしっかり感と気持ちよさを持ったオープンスポーツを目指して、最新、最高の技術をつぎ込んだクルマであり、運転して最高の喜びを感じるスポーツカーにしようと作ったクルマである。その目的達成のために、北海道の鷹栖（たかす）プルービンググラウンド（PG）のワインディングコースや栃木のPG、鈴鹿サーキットなど、国内で走りの鍛錬を重ねた後、走る楽しさ、操る喜びとは何かを求めて、ヨーロッパ各地を巡り、現地のジャーナリスト、エキスパートと討論した。

そしてそれを基にして、ドイツのアウトバーンやスイスの山岳路を走って完成させた。一方デザインもスタジオ内に止まらず、ヨーロッパに持ち込み、現地に調和する強い形は何かを問い続け、一緒に走りながら鍛え上げていった。

こうして国内での鍛錬、ヨーロッパをベースにした前例の無い開発熟成を行なうことで、全く新しい感覚を持ったオープンスポーツを完成させたのである。

S2000の開発には、新しい様々なチャレンジがあった。その詳細を、一冊の本としてまとめて、記録に残すことにした。

S 2000 PROTOTYPE. DESIGNED BY HONDA.

# 第1章 開発序章

## SSMの企画と展開
## デザインモデルコンセプト

澤井 大輔

この章では、S2000開発の先行スタディとなったコンセプトモデル、SSMの企画とデザイン開発についてふり返り解説する。

### ■背景

日本ではバブルの宴（うたげ）の後、世の中のクルマの価値も大きく変化し"ステイタス"から"ライフスタイル"へと移っていた。1994年に発表した乗用ミニバンのオデッセイを皮切りに、ホンダの主力4輪プロダクトもレクレーショナルビークル（RV）の開発が中心となっていた。

1995年の東京モーターショーでは、クリエイティブムーバーシリーズ第二弾の都会派RV新型車CR-Vのデビューに加え、若者向けミニバンのS-MXコンセプトモデル、ファミリーミニバンのF-MX（後のステップワゴン）コンセプトモデルの準備が着々と進んでいた。

一方で、マツダのユーノスロードスター（1989年）が久しぶりにライトウェイトスポーツカーとしてグローバルで評価され、それに刺激された世界中の自動車メーカーではスポーツモデル開発も活発化しはじめていた。

ホンダはスポーツカーとトラックで4輪市場へ参入したほど、スポーツモデルへのこだわりはDNAとして刻まれており、今こそ手の届く手ごろなモデルを生み出したい！ という想いが沸々と湧き上がっていた。

### ■デザインスタジオの"ついたて裏"プロジェクト

デザイン開発部門の強みの一つは、まだ世に無いものを可視化し、カタチとして見せることがで

1995年東京モーターショーコンセプトカー
SSM：Sport Study Model

きることである。計画的に進められる既定のプロジェクトに加えて、新しい価値の創出のトライアルが常に行なわれているクリエイティブな環境になっているのだ。頼まれていないことでも兆しを捉えたならば、先回りで創ってみることがデザインの役割である。

故（ゆえ）に通常の開発でもモデル開発の指示が出る前に、デザインのマネージメントはチームをつくり、デザイン検討を先行で始めることが常である。この時も「モーターショーにスポーツモデルを出す計画がある」という話が正式に出る前に、アンテナを張っているデザイナーたちは動きを察知し提案を仕込む。スポーツモデルなどはスタジオのどこかで、誰かが必ず創っており、おもてに出る機会を常に狙っている。

我々はこのような隠れ創作活動を、“ついたて裏”プロジェクトと呼び、言葉通りプレゼンテーションボードの裏に隠れ、できるだけ人目に触れないように最初の種を育てるのだ。

### ■“惚れ惚れ”コンセプト

SSMにつながった活動の話をしたいと思う。当時の4輪デザイン室は時代のニーズに応えるべく、カテゴリーで分けられた6スタジオ体制をとっていた。1スタジオはレジェンドやクーペなどのスポーティモデルを担当、2スタジオはアコード、3スタジオはシビック、4スタジオはスモール、5スタジオは新しいライフスタイルを提案する新コンセプトを担当（ステップワゴンやCR-Vなど、当時のヒット作を生み出したスタジオ）。

6スタジオはレイアウト・パッケージやカラーテキスタイルなど各スタジオを横断するデザインの領域を担っていた。

1スタジオを率いていたマネージャーは、歴代プレリュードやNSXのエクステリアデザインを手掛けてきた中野正人（なかの・まさひと）。中野は1スタジオのデザイナーたちに自由にクリエイションできる環境を用意した。ある意味、半分公式の“ついたて裏プロジェクト”である。中野から“惚れ惚れ”コンセプトというテーマと、金曜

日の午後はそのテーマに専念して良い、という自由な時間も与えられた。若いデザイナーたちは自身のスキルを高めるために、自己啓発として週末にデザインスタジオでスケッチを描いたりしていた。当時はスケッチをパステルとマーカーを駆使して描いていたため、大きめの作業スペースが必要だった。

“惚れ惚れ”コンセプトはデザイナーにとっては、自由裁量を与えられたテーマだった。デザイナーたちから“ギャングカーのようなリムジン”や“大人のクーペ”などが提案された。スタジオの正式なデザインリサーチテーマとすべく、いくつかのテーマに絞られたが、リムジンを提案した入社3年目の私には正反対の「ピュアスポーツを描け」と指示が出た。

こうして1スタジオ独自のデザインスタディテーマの一つとして“惚れ惚れ”ピュアスポーツカーの提案をすることになった。

実は社内で次の東京モーターショーに向けての企画が進んでおり、そこにスポーツコンセプトモデルがあることを当然ながら中野は知っていた。夢をカタチにするチャンスを掴（つか）むための謀（はかりごと）だった。

### ■もう一つの“ついたて裏”プロジェクト

なぜエクステリアデザイナーにピュアスポーツを描け！　と指示が出されたのか。その謀を担ぐもう一つの“ついたて裏”プロジェクトがあった。そのプロジェクトを率いるのは、アシスタントチーフデザイナーになりたてのインテリアデザイン担当の朝日嘉徳（あさひ・よしのり）だった。

モーターショーにスポーツカーのコンセプトモデルの企画が進められていることを知り、朝日は独自にピュアスポーツのインテリアデザインを創作し、なんと1/1のクレイモデルまで勝手に制作していた。こうなると“ついたて裏”からはみ出してしまう。モデルがカタチになるともはや隠していることができなくなり、デザイントップマネージメントの在間浩（ざいま・ひろし）に見つかってしまった。

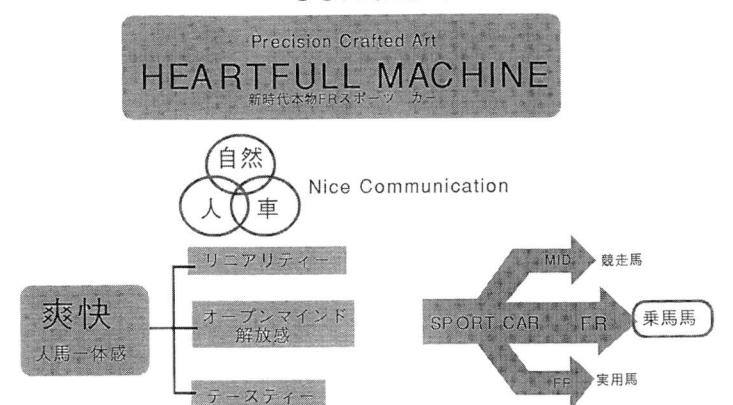

朝日はマネージャーの中野にもことの経緯を伝えることになるが、結論として1スタジオの"惚れ惚れ"コンセプトの一つのテーマとしてピュアスポーツを正式に推進することになった。

## ■'95東京モーターショー出展企画

全社的な活動として、企画室ではモーターショーの仕込みが着々と進められていた。

それは新しいライフスタイルを提案するクリエイティブムーバーシリーズ（発売直前のCR-Vデビューと、後のステップワゴンやS-MXにつながるコンセプトモデル）に加え、ホンダのスポーツDNAを引き継ぐスポーツコンセプト提案の企画だった。

マツダのユーノスロードスターに端を発した、世界的なスポーツカー開発の活発化が背景にあり、各社ブランドのアイデンティティを見つめなおす絶好の機会であった。

上図は企画室が掲げたスポーツカーのコンセプトを表現した1枚である。

新時代の本物FRスポーツカー"HEARTFULL MACHINE（ハートフル・マシン）"を創る。

その目的は人と自然とクルマの"NICE CO-MMUNICATION（ナイス・コミュニケーション）"を生み出すこと。手法は"爽快"な"人馬一体感"とし、リニアリティー、オープンマインド解放感、テイスティーとした、非常に本質的なゴールが描かれたコンセプトである。

ホンダ4輪の歴史として、S500、S600、S800の存在がありその系譜としてのFRモデルではあるものの、"Sの再来"などとは一切記されず、スポーツカーを馬に例え、FF（フロントエンジン・フロントドライブ）は実用馬、MID（ミッド・シップ）は競走馬。FR（フロントエンジン・リヤドライブ）は乗馬馬、と端的に表す。どれもホンダにとっては必要なスポーツモデルの考え方になるからである。

恐らく、通常の企画書には"ブランドアイデンティティのアピール"などが要件として記されているであろう。しかしホンダではこのような本質的なコンセプトワークと、そのコンセプトを実態のあるカタチにしていくプロセスを繰り返す経験を積み重ねることで、ホンダのDNAを後世に残していくのである。

余談ではあるが、ホンダではモーターショーに提示するコンセプトカーを企画からエンジニアリング、デザイン、プロトタイプ制作まで一貫して本田技術研究所で行なっていて、若手エンジニアやデザイナーが良い経験を積むことができる場となっている。

モーターショーは、人々に将来のありたい姿や価値のコンセプトを問う実験場であり、エンジニアやデザイナーを鍛える道場でもあり、夢を実現させるためのプラットフォームである。

## ■デザインコンペティション

デザイン室ではモーターショーに向けたコンセプトモデルのデザインを生み出すために、社内外の様々な提案を集めコンペ形式でデザインを進めた。S600、S800を現代風に表現したいわゆるレトロモダンな提案から、快適性を重視したオープンツーリズモ、一切の実用性を排除したストイックなスーパーセブンのようなものまであらゆる方向性が描かれた。デザイン室内での幾度かの選抜を経て3案のモデルに絞られ、担当デザイナー3名にデザイントップの在間から出された命令は「欧州のスポーツカーを学びにイタリアへ行き、スケッチを描いてこい」だった。

1994年12月27日、その年の仕事納めの日に欧州出張の計画が立てられ、年明けすぐに成田からドイツフランクフルト行の便に飛び乗った。

最終的には4代目社長の川本信彦の決裁が行なわれ、"見たことのない価値"としてシャープモダンでシンプルな方向性の1スタジオ案のSSMが選ばれた。

## ■FRスポーツカーデザインの再構築
### SSMのスタイリングデザイン

ここで、最終案に至るまでのスタイリングデザインで考えたことを紹介したい。

1スタジオマネージャーの中野は"惚れ惚れ"コンセプトから生み出されたスポーツカーの方向性を、"トラディショナル"であるべきと若手デザイナーに指示した。「トラディションやトラディショナルとは、正統派で懐古主義的な意味にとらえられがちだが、その真意は"引き継ぐ"と"裏切る"が合わさったものである」と中野は説いた。

我々の創るスポーツは、"新しい＞守るもの"であり、"非連続の連続"というものがなければ本当の伝統とは言えない。FRという古典スポーツカーの文脈上で、過去からの価値を引き継ぎながら新しい存在を構築していくためには？　という問いが投げかけられた。

新しいオリジナリティのある直球ストレート

ボールを投げるようなものか？　誰が見ても明快なスポーツカーであって、それでいて誰にも似ていないホンダオリジナルデザインにすることが大命題であった。

スポーツカーのスタイリングデザインは、クルマの「走る」「曲がる」「止まる」といった基本性能がダイレクトに見える。"格好の良さ"とは即ち性能が見える骨格であり、基本レイアウトで9割が決まる。

"HEARTFULL MACHINE"の企画では低重心かつ50：50の重量配分によるマシンの気持ち良い操作性が重視され、縦置きの直列5気筒エンジンがフロントタイヤの後ろに配置されたフロントミッドシップで"ビハインドアクスルレイアウト"と称された。

基本レイアウト図の外形線を見ると、実用性も考慮したコンパクトオープンスポーツを意識したことがうかがえる。

相当にピュアなスポーツカー骨格であることは間違いないので、初期のスタイリングアイデア展開では、ホンダらしさをわかりやすく表現するためのS600、S800のモダン表現にもトライした。丸いヘッドライトにプロジェクターを仕込みモダンに見せることも可能と思われる。

しかし、S600やS800の基本骨格を現代のディメンションで表現しようとすると、むしろ往年の他社スポーツカーの雰囲気を醸し出してしまうこともわかった。

デザインチームが辿（たど）った道は、スポーツカーデザインを基本から学び直し、ゼロから立体構成を再構築するようなものだったと思う。

スタイリングデザインを構築していく上で大事にしたことは3点。

①ビハインドアクスルレイアウトはピュアすぎるほど特徴がある。これを魅力として引き出すこと

②動力をしっかりと地面に伝える4つのタイヤが動物の脚のようにしっかりと地面を捉えたグッドスタンスをつくること

③オープンカーの爽快さを最大限表現すること（スタイル重視で頭上に圧迫感をつくってはいけない）

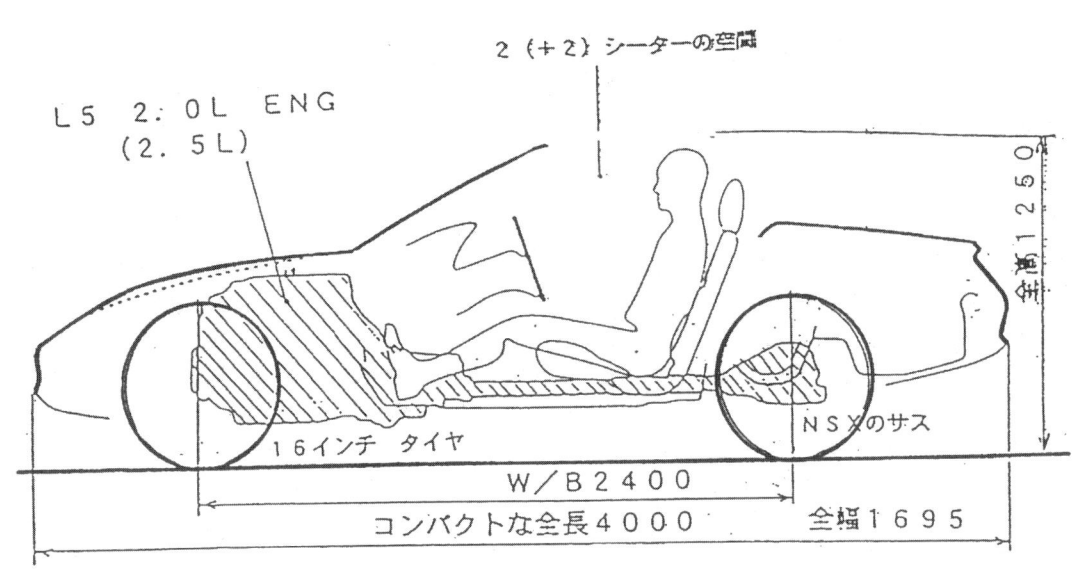

L5 2.0L ENG
(2.5L)

2 (+2) シーターの空間

全高1250

16インチ タイヤ

NSXのサス

W/B2400

コンパクトな全長4000

全幅1695

**Sport Study Model の初期検討諸元**　L5 エンジンを搭載した FR のオープンスポーツを想定。

**初期アイデアスケッチ**　S600/800 を現代にリバイバルさせたようなアイデアを基本にシンプルでモダンなど様々な方向性を探った。

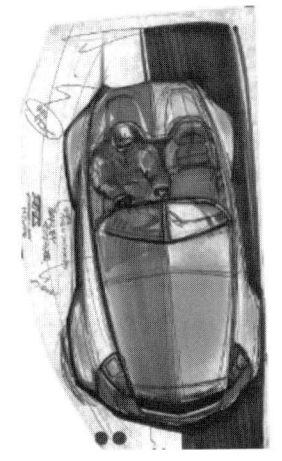

**キースケッチ**　前後を貫くキャラクターラインと横方向に張り出したフェンダーの基本モチーフが描かれている俯瞰したプランビュー。このビューでキースケッチになった例は珍しい。

**SSM ショーカースケッチ**　古典的なロングノーズ FR の骨格に、シンプルでモダンな見たことのない大胆な造形を狙っている。

どのクルマより低く伸びやかなボンネットフードを見せるため、フロントウインドウの付け根も極力後方へ引き、FR骨格の特徴が際立つようにした。スタイリングの伸びやかさを重視するなら、フロントウインドウはもっと傾斜させたくなる。しかしオープンの解放感を最大限にすることに拘（こだわ）り、結果的にやや立ったものとなった。これはS2000の考え方にも受け継がれた。

また、"低さ"がスポーツカーの特徴であるのだから、キーモチーフは上から見下ろしたビューに現れるべき、という視点移動を行ない、キースケッチもプランビューで描いたものを選んだ。葉巻型のF1のボディーから張り出す4つのタイヤをカバーリングするようなシンプルなスタイリングモチーフに至った。通常あり得ないほどに薄いフロントフェンダーから、リヤフェンダーに一気通貫するシャープなショルダーラインとした。

### ■インテリアデザイン

1スタジオの"惚れ惚れ"コンセプトのデザインリサーチとしてインテリアデザイナーの朝日が"ついたて裏"プロジェクトで制作していた案は、PERSONAL ROUND COCKPITというテーマで機能的な計器類がドライバーを取り囲み、ドライバー自身が運転に集中できるようなストイックなものだった。いかにも往年のスポーツカーファンが喜びそうなものだった。

モーターショー出展の企画が本格的に進んでいくと、PERSONAL ROUND COCKPITはよりメッセージ性の高いF1 COCKPITのテーマへと昇華されていった。

### ■コンセプトモデルの開発

世界に一台のランニングプロトタイプの制作は、栃木研究所の試作課のカロッツェリアグループが行なった。その取り組みは、現場、現物、現実の三現主義がモノづくり文化として根付いており、高度な自動車開発の基礎を学ぶ場としても機能していた。

プロトタイプの製作期間は約5カ月。最終デザインが完成しボディーの形状データが出図されて3.5カ月という超タイトな日程が組まれた。

デザインが1案に絞られた時点で、モックアップモデル制作のためのデータ作成が開始されるが、同時にそのデータを元にボディーフレームとボディーパネルの設計が行なわれた。モーターショー向けのプロトタイプとはいえ、実走できる試作車として製作されていたのである。ボディーパネルはFRPではなくZAS型（試作用簡易金型）を製作し、全てプレスで造形された。

この時点では、量産までは考慮されてはいないが、物理的にプレスで板金できる形状となっている。余談だが、デザインのモデル検討の初期は、変更がしやすい工業用クレイを使う。モックアップモデルは樹脂製であり、いわば実車大のプラモデルのようなものである。最終製品は数万点のパーツが集合した、製造も可能なものとなる必要がある。

一つひとつのパーツは素材の特性や実際に機能するものとしてそのもののカタチは定義されていく。自動車のスタイリング造形は金属のパネルの特性が反映される。プレス加工による金属パネルは、多少伸びはするが伸ばしすぎれば破断するし、縮み方向には造形できない。フラット過ぎれば形状自体が安定しない。ある程度の曲率を持ち、張りがある形状が求められる。最終型の造形には、関わった人の想いや素材の加工プロセスなど多くの要素が刻まれる。

### ■第31回 東京モーターショーへの出展 （1995年）"ムービング・トゥギャザー"

東京モーターショーのホンダの4輪ブースでは、クルマは人のステイタスを象徴するものから、"ライフスタイルを生み出す道具"という時代の変化を捉え、移動空間として、より快適に活用できるクルマを表現するものであった。お客様が趣味的生活を深く追求できるようになることをクリエイティブムーバーシリーズで提案した。

そして、モータースポーツを核にした爽快な走りを求めるホンダの創業以来変わらぬDNAを、

スポーツカーインテリアデザインの初
期検討コンセプト　"ついたて裏"に
隠れて生み出されたインテリアデザイ
ンコンセプト。ドライバー個人の喜び
を高める狙いのマルチディスプレイに
囲まれたコックピットを表現した。

デザインコンセプトをもとに作成された 1/1 クレイモデル

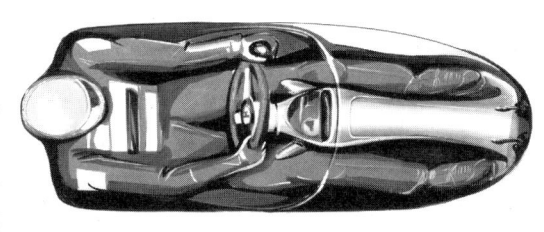

SSM 初期検討スケッチ　"ついたて裏モデル"から大きく方
向性を変えてデザインを検討。F1 のコックピットをイメージし
たスケッチ。

ドライバーコックピットと高剛性 Body フ
レーム構造を両立させるデザイン　S2000
のハイ X ボーンフレームの考え方につなが
る構造アイデア。

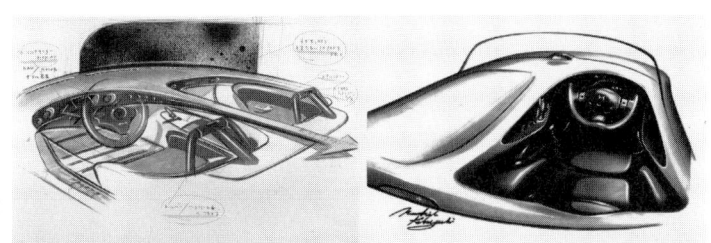

SSM インテリアデザインファイナルレンダリング

SSM コンセプトカーの実機インテリア

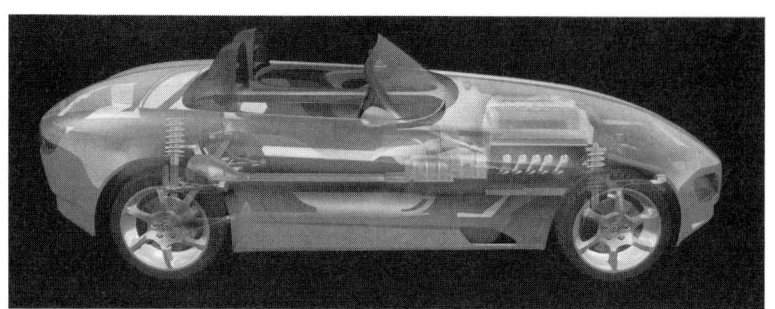

スケルトンモデル（L5）

**1995 年の東京モーターショーのホンダのパンフレット** SSM が表紙となった。

**1995 年第 31 回東京モーターショーのホンダ・ブース** 新たなライフスタイルの提案として、クリエイティブムーバーコンセプトのコーナーには、CR-V のプロダクションモデルと次に続くステップワゴンや S-MX のプロトタイプが並べたが、それと同時に写真のホンダの " スポーツスピリット " を継承していく意思を SSM でメッセージした。しかしこの時点では、スポーツカーの生産計画は全くの白紙だった。

**ピニンファリーナも大人のコンバーチブルを提案** 1995 年の東京モーターショーではホンダ・ブースの向かいのピニンファリーナ・ブースにはホンダ・エンブレムの付いたもう一台のスポーツコンセプトカーが展示された。SSM と同じ L5 エンジンを搭載した SSM より一回り大きい大人のコンバーチブルの提案だった。

ホンダ流のスポーツカーの提案とあわせて " ムービング・トゥギャザー " というキーワードで表現していた。

### ■もう一台のコンセプトモデル
### ピニンファリーナ アルジェントヴィーヴォ

　1995 年の東京モーターショーでは、ホンダの斜め向かいのピニンファリーナのブースにも H マークの付いたコンセプトモデルが展示された。これは正式にホンダからオーダーされたデザイン

HP-X1984　ピニンファリーナはNSX開発時にもミッドスポーツのコンセプトカーを提案している。

スタディモデルのアルジェントヴィーヴォである。

　SSMと同じパワートレーンを2.5Lにボアアップし、ホイールベース2500mm、全長4250mm、全幅1800mmという一回り上級クラスのディメンションでピニンファリーナ流にデザインされていた。

　コンセプトカーの開発中はデザイントップからSSMデザインチームに、ピニンファリーナにもデザインスタディを依頼していることが告げられ、「かなり良いデザインが出てきている」「お前ら、負けるなよ！」と檄（げき）が飛ばされた。我々はどんなデザインが進められているのかは知る由もなく、ただただプレッシャー下にあった。

　モーターショーで向かい合う二台は、共にホンダのエンブレムがつけられたスポーツカーコンセプトモデルであった。ホンダの若手デザインチームによるモダンなSSMとイタリアの老舗カロッツェリアによる味わい深いアルジェントヴィーヴォは好対照であった。

　このようなモーターショーを舞台とした共創もチャレンジングな試みであった。同じショーに二つの異なるスポーツカーコンセプトが提案されることなど、過去に例の無いことだと思う。

　ホンダとピニンファリーナとの関係は長く継続されており、シティカブリオレのルーフ設計、NSX開発前にミッドスポーツのショーモデル（HP-X・1984年）などからも両社の関係が長く続いていることを垣間見ることができた。

### ■量産開発に向けて

　モーターショーでは、次にプロダクションが計画されているクリエイティブムーバーシリーズの手応えを感じとる一方で、SSMは多くのメディアで取り上げられホンダのピュアスポーツカーへの期待の声もたくさん集まった。

　スポーツカーのような企画は、世の中全体の空気感、自動車産業のトレンドや競合メーカーの動向、企業の経営状態、歴史、志（こころざし）などあらゆるファクターが引き起こす波が、奇跡的に同時に高まったときに動き出す。

　そして1998年のホンダ創立50周年を機に、量産化の計画が進んでいくことになった。

# FR研究　BWW

渥美 淑弘

## ■先行開発　FR研究
### BWW(研究プロジェクトネーム)

　本田技術研究所では、量産車を開発する業務をD開発、それ以外の基礎的な研究をR研究としてそれぞれ独立した組織で活動している。

　R研究部隊は、これからホンダが商売を行なう上で、必要になる可能性がある技術分野に関して、世の中の動向などを含めた様々な観点から検討する。そこから、自社で技術開発を行なうべきか否か判断し、必要と判断した場合、その分野に関して独自にテーマを設けて研究している。

　自動車に関しては、1990年代は車両の高性能化が一段と加速し、次世代の自動車を商品化する上で必要になると想定された操縦性に関する基礎的テーマが、いくつか存在していた。例を挙げると「高速直進安定性の研究」「ステアリングのキックバックに関する力学的解析」「実走中に路面からタイヤに伝達される力の実測技術とその応用例」、中には「アメリカ車の研究」などといった風変わりなテーマもまじめに研究されていた。これらのテーマは、テーマごとにラージ・プロジェクト・リーダー（以下LPL）と呼ばれる主担当者がいて、自分のテーマを数名のメンバーを率いて研究するスタイルが通例だが、中には一人でいくつものテーマのLPLを兼任する猛者も居た。

　私は当時これらの諸テーマの一つをLPLの配下で担当する立場であったが、1996年に複数のテーマLPLおよび担当者が招集されて、当時の上司から次のような業務指示を伝えられた。

　「現在、R研究の部隊で個別に推進されているいくつかの基礎研究テーマをフロントエンジン・リヤドライブ（FR）の研究プロジェクト "BWW" として統合する。統合されたテーマのLPLは皆川正明（みなかわ・まさあき）。なお、このテーマでは皆の基礎研究成果を1台の完成車にして実際に走行試験を行なってデータを収集分析し、その技術ノウハウをD開発部門が実際に活用できる形で提案するところまで行なって欲しい」

　概ねそのような伝達であったと記憶している。

　私自身、「ホンダ車ではフロントエンジン・フロントドライブ（FF）の車両が主流だが、世の中で操縦性に優れているとされる一部の車両は、FRの場合が多いのでその研究をしないといけないなあ」などと漠然とした意識は持っていたのでこの業務指示にはワクワクした覚えがある。もちろん、その先にS2000の量産開発が待っているとはこの時は知る由も無かった。

　このように業務指示によるR研究はプログラムRと呼ばれるが、最初にやるべきことは今回のテーマ、"FR研究" の目的設定である。会社側から提示された業務指示は理念のようなもので、具体的な方向性やその到達目標はどこにあるのかなどといったことはチーム側で設定する。

　改めて、当時のプロジェクトの企画を思い起こすと、高速走行時に運転にストレスが無く、クルマの応答の気持ち良さを楽しめるなどと謳（うた）われていたようだ。そんな性能を一体どうしたら具現化できるのか、そんな技術はどうしたら獲得できるのか、プロジェクト内では早速侃々諤々（かんかんがくがく）の日々が始まった。

　そんな中で、当時比較的コンパクトな車体でありながら、より高価で大柄な車両をも凌駕できるとしてジャーナリストなどから絶賛されていた、メルセデス・ベンツの派生ブランドであるAMGのC36および、BMWのスポーツブランドの名を冠した M3を購入して研究する方針が定められた。目標性能は、当然、それらの車両の良いとこ取り＋α、ホンダ独自と言えるような乗り味（ホンダ用語でいわゆるそのクルマでしか味わえない走りのテイスト）の策定である。

　ところが、実際、購入したこの2台の車両とじっくり取り組むと、そもそものテイストが全く異なっていることが判明した。どちらも世界的なブランドとして看板を掲げているメーカーのクルマであり、そもそもこの二つの自動車メーカーはクルマづくりの思想から持っている歴史までそれ

ぞれ違いがあって、共通する部分は、ハンドルは一つでタイヤは四つ。エンジンは直列6気筒縦置きのFRということくらいで、あとは全く別の個性を持ったクルマだったのである。

中でも一番困ったのは、どちらのクルマも「高速走行時に運転にストレスが無く、クルマの応答の気持ち良さを楽しめる」にもかかわらず、直進中の車両の操縦性が全く異なっていたことである。このそれぞれの特性は、人がそのように感じるだけではなく、車両の諸元値や走行実験データからも明確な違いとして認識できた。大きく特性は違っているのにどちらの車両も、本当に「高速走行時に運転にストレスが無く、クルマの応答の気持ち良さを楽しめる」のだからクルマの性能の奥深さを思い知らされたように感じたものだった。

さて、R研究とはいえクルマ1台分の要素技術を束ねた形で実際に1台のクルマとして具現化するのだから、その要素技術は多岐にわたる。私が参加していた領域は主にシャシー、中でもステアリングとサスペンションの設計が、車両の応答性と安定性にどのように影響するか定量的に把握して、量産開発陣が活用できる形で提供することだった。後の章で記述される通り、タイヤサイズ、前後タイヤの接地点横剛性、前後サスペンションのロール剛性および前後ロール軸の設定、トーコントロールそして、後輪駆動車には欠かせないアンチスコート特性、など様々な要素を、できるだけ要素ごとにその影響を抽出して分析を行なった。

さらに、それらの要素によって車両の応答性と安定性がどんな場面で、どの程度の影響を受けるのかを、車両挙動のデータのとり方を含めて研究成果としてまとめた。そのような個々の要素技術の定量的な分析を行なったことは、私を含めて直接S2000の開発に関わった技術者だけでなく、この基礎研究に携わった多くの技術者にとって、技術に対する取り組み方などを学んで成長する大変良い機会であったと思う。私は、この基礎研究から得られた最大の成果は次のような知見だと考えている。それは先にも述べたが、メルセデス・ベンツのAMG C36というクルマは、どこをどんな

ペースで走っていても気持ちの良い応答性と安心感の高い車両挙動を示す。一方、BMWのM3というクルマは、刺激的で心地よいと感じる応答性と安定性を示す。このような特性を実現する方法は、2車で全く違う要素技術で実現されていた。そして、運転者を満足させることができる技術的なアプローチは、恐らくこの2車の事例以外にも様々な方法があり得るということ。この応答性と安定性の両立のさせ方に関する本質的な理解こそ、最大の成果だと考えている。

具体的に表現すると、S2000の開発現場で、目標性能を実現する手法を検討するような場合、従来ならば、最適だと思える方法が見つかるまで検討に時間を要した場面でも、BWWで得た知見を活用すれば、その場で選択した要素技術を別の技術と組み合わせて活用して、先に進むような柔軟な取り組みができるようになったと思う。当然だが、シャシーの技術領域以外にも当時徹底して行なった実験から、操縦安定性以外の車両パッケージのノウハウや衝突時のエネルギー分散の基礎データなど、様々な知見を蓄えることができた。

今にして思えば、当時の会社上層部が、R研究部隊の我々に対して、「FRオープンカーS2000の基礎になるノウハウを取得せよ」などと限定した目的で業務指示をしなかったことは、先々を見越した大変見識の高い指示だったように思う。まったく技術的なアプローチが異なる方法で、それぞれ非常に個性的な魅力を持つ性能を獲得できる。実はそれが一番大切なことだとあらためて感じているし、当時このような形でプロジェクトを進めることができたことを、大いに感謝したい。

さて、楽しく充実した時間ほど過ぎ去るのは早く、BWWプロジェクトも完了報告の時期が迫ってきた。われわれメンバーは蓄積したデータをノウハウとしてD開発部隊に提供できるように、社内ではそれまでほとんど聞いたことがない"ノウハウ書"の作成に取り組んでいた。そんな時、直属の上司に呼び出されて「君はこのノウハウ書を持ってD開発部隊に異動して欲しい」と言われた。まさに、晴天の霹靂（へきれき）であった。

# 新エンジン先行開発

唐木 徹

## ■横置きFF用として最初はスタート

S2000の発売から5年ほど前の1994年にエンジンの先行開発がスタートした。元々はFRスポーツ用のエンジン開発という位置づけではなく、排気量2リッタークラスの新しい直列4気筒エンジンを検討するのが目的であった。

新しいエンジンを検討するに至った背景は以下に述べる三つである。

①排気量2リッタークラス4気筒エンジンの競争力の低下

当時のホンダのエンジンは出力、燃費、エミッション（排気ガス）性能といったエンジンとしての基本性能に加えて、軽量、コンパクトさでの優位性が失われつつあった。車体への搭載性を考えるとコンパクトであることは非常に重要で、また軽量でありながらエンジンの性能が良いことは、結果として車両の走行性能への影響も非常に大きく、商品競争力の上から非常に重要であるからである。

②2リッタークラス4気筒エンジンラインナップの整理

当時の2リッタークラス4気筒エンジンには大きく8種類があり、しかも骨格に相当する部分が異なっていた。具体的には、表に記したように乱立状態であった。

いわば機種ごとや生産工場ごと（大きくいうと鈴鹿工場、狭山工場）にエンジンがあるような状態で、これではエンジンごとに異なる生産設備を構える必要があり、今日ではごく当たり前に行なっていることであるが、生産機種に合わせてエンジンの生産拠点を変更することも容易にはできない有様であった。

そこで、軽量、コンパクトで高性能なエンジンを開発することにより、機種への搭載性を向上させた、汎用性のあるパワートレーンを開発することでエンジンプラットフォームの統一化を図り、

どこの拠点でも同じエンジンの生産が可能となり、ひいては品質の向上や生産に関わる投資等を削減できることが求められていた。

③業界標準となるエンジン回転方向への転換

当時のホンダのエンジンは1番シリンダー側（クランクプーリ側）から見ると反時計回りに回転していた。従って前輪駆動（FF）の場合は運転席より見て左側にエンジン、右側にトランスミッションが搭載されていた。

ホンダ以外の自動車メーカーのほとんどは、1番シリンダー側から見て時計回りに回転するため、同じく前輪駆動（FF）の場合は運転席より見て右側にエンジン、左側にトランスミッションが搭載されていた。

なぜホンダがこのように業界標準と異なる「逆回転エンジン」としたのか、理由は判然としない。一説によれば創業者の本田宗一郎（ほんだ・そういちろう）氏が運転席と対角線上に重量物が来るようにエンジンを左側に置いたというものもあるが、それは右ハンドル車の場合であって、輸出車のほとんどは左ハンドルであることを考えるとそれが合理的な理由とは考えにくい。

ホンダはトランスミッションも自前で設計、生産をしていたので、自社内のみで考えればエンジンが逆転であっても何ら不都合は無いが、他社との協業を考えると色々と不都合があった。すなわちエンジンの回転方向が業界標準でないと、エンジンを他社に販売することもできず、逆に他社のトランスミッション等の駆動系を活用することもできない。そのため、エンジンを一新する機会をとらえて、エンジンの回転方向を業界標準の時計回りに変更することにしたのである。

こうして「新骨格上級直列4気筒（L4）エンジンの開発」というプロジェクト名で、プロジェクトコード「BVD」の開発がスタートした。後述するが、これは横置き前輪駆動用としてスタートしたものであった。これを担当する開発部門の名前が変わっていた。

設計をZERO設計ブロック、研究をZERO研究ブロックといった。元々量産機種開発を担うエン

| エンジン型式 | 排気量(L) | 動弁系形式 | シリンダー ボアピッチ(mm) | ボア×ストローク (mm) | 最高出力(PS) |
|---|---|---|---|---|---|
| B18B | 1.80 | DOHC | 90 | Φ81×89 | 140 |
| B18C | 1.80 | DOHC-VTEC | 90 | Φ81×87.2 | 180 |
| B20B | 2.00 | DOHC | 90 | Φ84×89 | 150 |
| F18B | 1.80 | SOHC-VTEC | 94 | Φ85×81.5 | 140 |
| F20B | 2.00 | DOHC-VTEC | 94 | Φ85×88 | 200 |
| F22B | 2.20 | DOHC | 94 | Φ85×95 | 160 |
| H22A | 2.20 | DOHC-VTEC | 94 | Φ87×90.7 | 220 |
| H23A | 2.25 | DOHC-VTEC | 94 | Φ87×95 | 200 |

**S2000 開発時のホンダの 2 リッター4 気筒クラスのエンジンラインナップ** 同じ 2 リッタークラス 4 気筒エンジンでありながら、シリンダーボアピッチが 2 種類あり、さらには動弁系形式も多岐にわたる等、機種ごとに専用エンジンを持っているような状態であった。

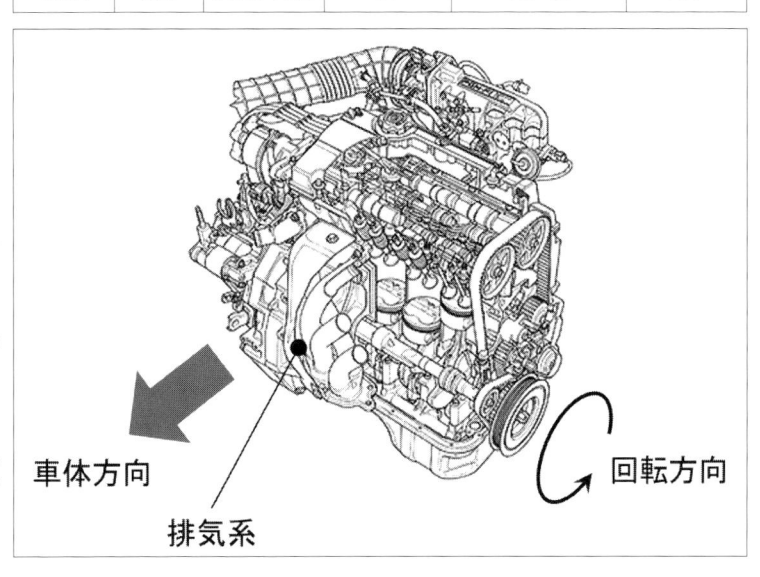

**逆回転を採用していたホンダのエンジン** この図は従来のエンジンであるが、クランクプーリー側から見てエンジンは反時計回りの回転であり、運転席側から見て、左側にエンジン、右側にトランスミッションが配置されていた。他社のほとんどはこれとは逆の回転、エンジン、トランスミッションの配置となっていたため、他社へのエンジン販売や他社のトランスミッション活用ができなかった。

車体方向　排気系　回転方向

ジン部門は、設計が第 1 設計ブロック、研究を第 1 研究ブロックといったが、その量産開発の前段階を担う部門なので、「1」の前の「ゼロ (ZERO)」ということで、このような変わった名称となったと聞いている。

## ■先行開発エンジンの狙い

　エンジンの諸元を決定するにあたり、出力、燃費等の性能に加えて、サイズ、パッケージといった車両側の要求をイメージすることは当然であるが、実はどのような生産設備で製造するかというのが事業としては重要である。

　エンジンの生産は、生産設備、加工設備が全世界の工場に数多く存在するため、基本仕様を変更することは多大な設備投資が発生する。従って基本仕様の設定にあたっては、生産部門の要望や意見を取り入れながら進めることとなるが、最も生産設備や加工設備に影響が大きいボアピッチ (気筒間の寸法) については、2 リッタークラスということから従来の F 系エンジン、H 系エンジンと同様の 94mm を踏襲することになった。

　しかし従来 1.8 リッターから 2 リッターをカバーしていた B 系エンジンはボアピッチが 90mm と小さく、新型エンジンでこれをカバーするためにボアピッチを 94mm とすると、ボアピッチの差 4mm の気筒数分相当、約 16mm はエンジンの長さが伸びてしまうことになる。

　新型エンジンでは、この小さいシリンダーブロックを使っていた機種にも搭載が可能としなければ、機種への搭載性を向上させた汎用性のあるパワートレーンとすることができない。従ってこれまで以上にコンパクトに設計することが非常に

重要な課題であった。

　また汎用性ということのもう一つの側面に、実用エンジンから高出力スポーツエンジンまでを一つの骨格でまかなうことができるということがある。言い換えると高出力エンジンにはDOHCが必要となるが、実用的なエンジンにはSOHCで十分な場合が多い。

　一般的にはDOHCとSOHCはカムシャフトのドライブトレーンのレイアウトが異なるため、タイミングベルトの配置が異なることとなり、シリンダーブロックのレイアウトも分かれているのが普通である。当然付帯するベルトカバーや補器類のレイアウトもDOHCとSOHCで変わらざるを得ないため、非常に投資効率や生産効率が悪くなる。

　そこで最初からDOHCとSOHCが混在できるようにカムシャフトのドライブトレーンを統合化し、シリンダーヘッドから上側の載せ替えだけで、DOHCとSOHCが作り分けられるような構造が求められた。

　「新骨格上級直列4気筒 (L4) エンジン」と名付けられたが、「上級」とあるのはエンジンの振動騒音対策をしっかり行なうということで、このエンジンにおいても従来のF系、H系エンジンで実績のあった2次バランサーシャフトを装着可能とすることとした。

　従来はバランサーシャフトを直接シリンダーブロックに挿入する形でレイアウトしていたが、今回はその有無を作り分けできるように、バランサーシャフトをユニット化し、脱着構造とすることで検討した。

　またこれはエンジン本体部分ではないが、環境対応として年々厳しくなる排出ガス規制を見据え、横置き前輪駆動の場合の排気系を、シリンダーヘッド前方から出してエンジンの下をくぐらせるレイアウトから、直接シリンダーヘッド後方から出すことにより、床下の触媒コンバーターまでの距離を短くすることで排出ガス性能を向上させるレイアウトとした。これまではインテークマニホールドがエンジンルーム後方にあり、エキゾーストマニホールドがエンジンルーム前方に

あったが、今回は「吸排逆転レイアウト」と称して、インテークマニホールドをエンジンルーム前方に配置することにした。

　これらの検討条件を踏まえて主要な開発諸元を以下のように定めた。

1) エンジンの回転方向は正転 (時計回り)

2) シリンダーのボアピッチは94mm

3) 検討するバージョンは、SOHC-VTEC、DOHC-VTECおよびDOHC-VTEC高出力の3タイプ

4) 新設計によるコンパクト高性能シリンダーヘッド

5) カム駆動、オイルポンプ駆動はチェーン駆動によりコンパクト化

6) カム駆動は、2ステージカムギヤ駆動とし、SOHCとDOHCを一つのチェーンドライブレイアウトにより成立

7) オイルポンプは、従来のクランクシャフト同軸タイプから下置き別体タイプ

8) さらにオイルポンプ駆動とバランサーシャフトユニットを一体化し、これの脱着によるバランサー有無の作り分け

9) 補機駆動は、従来の補機ベルト各々かけから1本かけとし前後長を短縮

10) ロアブロック構造の採用で、クランクシャフト回りの剛性向上とコンパクト化を両立

　こうしてみると最終的なS2000エンジンの骨格はほぼこの段階で固まっていたことが分かる。

　特にS2000のエンジンで特徴的な、直接チェーンでカムシャフトを駆動せず、ギヤを介して駆動する「2ステージカムギヤ駆動」は、これまで述べてきたようにSOHCとDOHCの作り分けのためだったが、その後、より環境性能への要求が高まるにつれて、S2000発売後に登場したK型エンジン (i-VTECエンジン) ではVTECにVTC (連続可変バルブタイミング・コントロール機構) を採用することとなった。

　吸気側のカムシャフトを直接VTCアクチュエーターで位相変化させる必要があることから、吸気側カムシャフト、排気側カムシャフトを1本

のチェーンで直接駆動するレイアウトとなり、この2ステージカムギヤ駆動はS2000一代で終わってしまった。

## ■横置き前輪駆動から縦置き後輪駆動へ

　プロジェクト「BVD」の設計は1994年9月から本格化し、SOHC系は機種コード「BVE」、DOHC系は機種コード「BVF」、DOHCの高出力タイプは機種コード「BVF-R」と称して同年11月には出図もスタートした。こうして横置き前輪駆動用の2リッタークラス新骨格エンジンとして先行開発がスタートを切ったが、実は社内的には別の動きが始まっていた。

　それが第5研究ブロックを中心に検討が進められていた「FR研究」である。この「FR研究」に搭載するエンジンとして新しいDOHCエンジン「BVF」を縦置きにレイアウトして搭載してはどうかという話になった。

　エンジンを横置きから縦置きとするには吸気系、排気系のレイアウトもさることながら、潤滑系や補器類の配置まで変更しなければならず開発としては別物となる。しばらくは横置き用のエンジンの開発を進めながら「FR研究」への対応を掛け持ちで行なうこととなった。

　やがて1995年の6月、「FR研究」が正式なプロジェクトとして開発指示が出された。プロジェクトコードは「BWW」となり、従来の横置きエンジン開発チームから多数のメンバーが「BWW」のエンジンチームとして異動して、本格的な縦置き後輪駆動用のエンジンの開発がスタートした。

## ■プロジェクト「BWW」用エンジンの目標性能と諸元

　プロジェクト「BWW」はすでに「新しいスポーツカー用」ということが分かっていたのに加え、1995年の10月に開催された第31回東京モーターショーで「SSM」が一般公開されていたので、新しいFRのスポーツカーを作ることは明確であった。当然ながらエンジンにもスポーツカーに相応しい性能が求められる。

　すでにプレリュード等に搭載されていたH22Aエンジンは2.2リッターで220PSを出していたし、インテグラ タイプRに搭載されていたB18Cエンジンは1.8リッターで200PSを出していたので、当然リッター当たりの出力でそれを上回る性能が目標となった。

　具体的には、ベースモデル用が2リッターで200PS、高出力タイプが2リッターで240PSを目標とすることとした。

　基本諸元としては、
1) 排気量：1997cc
2) ボア×ストローク：Φ87×84mm
3) 圧縮比：10.5

**リッター出力 120PS 超えを目指す**
ホンダのスポーツ用エンジンはモデルイヤーを経るごとにリッター出力（PS/L）が進化していった。当然S2000用としては従来の延長線上にとどまらない、リッター出力 120PS/L を超える位置づけを目指すことになった。

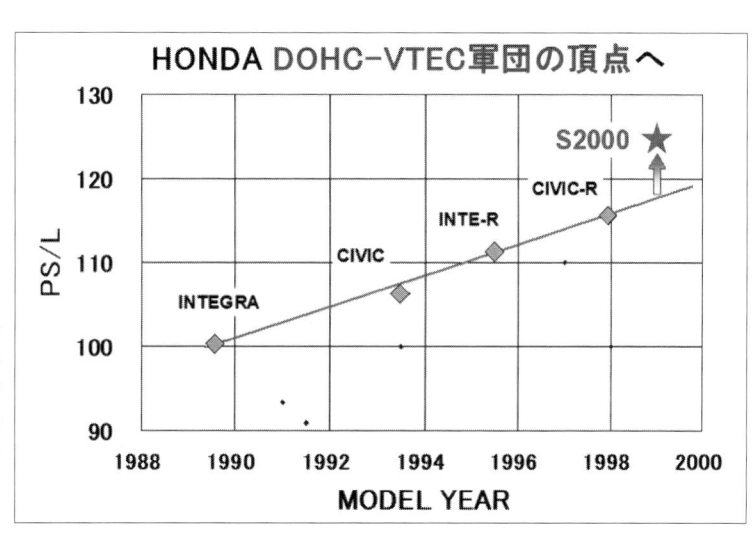

として、ベースモデル用は2次バランサーを付けることで高性能と高品位の両立を図るものの、高出力タイプはバランサーを外し、さらなる高回転を狙って240PSを得ようという目論見であった。

この高出力タイプでは潤滑系でドライサンプを採用することを検討した。通常はウェットサンプといってオイルパンに自然落下したエンジンオイルをフィードポンプで吸い上げて各摺動部に圧送するが、ドライサンプではオイルパンを浅く小型化し、そこに戻ったエンジンオイルをスカベンジングポンプ(回収ポンプ)で強制回収して別置きのオイルタンクに戻して貯めた後、フィードポンプで圧送する方式で、レーシングエンジンでは当たり前に採用されている。

ドライサンプを使うメリットとしては、

1) オイルタンクに安定した油量が確保でき、高い旋回Gを受けてもオイル供給が安定する

2) オイルタンクが別置きのため油温の管理が容易で制御しやすい

3) スカベンジングポンプにより強制的にオイルを回収することでクランクケース内が負圧となり、クランクシャフトによるオイル攪拌抵抗が低減できる

4) オイルパンを浅くできるためエンジンの高さが下げられる。

またドライサンプはスポーツカーエンジンを象徴する装備であるため、商品的価値も高まることを期待して試作をして検討した。

しかしながら実際にテストしてみると(当初からある程度は予想してはいたが)スカベンジングポンプを動かすのにエンジン出力を食われてしまうため効果が少なく、概ね12,000回転以上エンジンを回さないとメリットが出てこない結果となった。エンジンの高さの低減についても、実際のエンジン下部の深さはトランスミッションとフライホイールの大きさで決まるため、エンジンのオイルパンを浅くしても、パワートレーン全体の高さを下げることはできないのである。

このような経緯でS2000にドライサンプを採用することは無かったが、2代目NSXで採用されたことは記憶に新しい。いつになってもエンジン屋というのは、隙あらば何かやってやろうという性

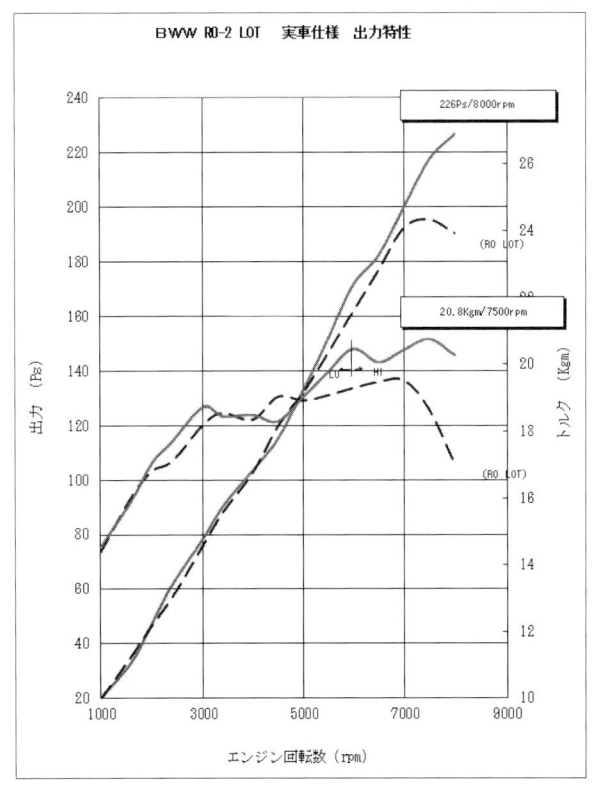

**先行開発エンジンの性能**　先行開発を通じて、バランサーシャフト付きのベースエンジンで195PS、バランサーシャフト無しのスポーツタイプで226PSと目論見通りの性能が得られていた。従って量産開発ではこれをベースに品質の熟成等を行えば良いと、この時は考えていた。

格なのだと感じる。

## ■テスト車製作を経てS2000の開発をスタート

「BWW」では実際にテスト車両を製作した。ベースボディーはインテグラ タイプRを使用し、トランスミッションを含めた駆動系は日産自動車のシルビア用を活用した。

またこれらの先行開発と並行して、いよいよ量産開発の動きが加速してきた。1996年の2月になると量産の「新しいスポーツカー」の量産先行開発指示が出された。この時のプロジェクト名は「GA」と呼ばれた。

量産開発がスタートすると、いままでの純粋な技術開発と異なり経営陣への報告・承認作業が必要となってくる。

この頃は、「新骨格上級直列4気筒（L4）エンジンの開発」プロジェクトコードは「BVD」、「FR研究」プロジェクトコード「BWW」、「新しいスポーツカー」の量産先行開発プロジェクトコード「GA」の3本掛け持ちで、かなり忙しかった記憶がある。

肝心なエンジンの出力も、
1) ベースモデル用が200PS目標に対し、195PS
2) 高出力タイプが240PS目標に対し、226PS
と、1996年2月にGAプロジェクトがスタートした時の目標を概ねクリアできそうな見通しが得られていた。

まだ「GA」の車両コンセプトは固まっていなかったが、商品企画部門との調整の中では、商品のライフサイクルの中でスポーツカーをうまく「育てていく」ことが大切だということになっていた。

例えば、エンジンの出力についても、まずは200PS程度からスタートし、モデルチェンジのタイミングでオートマチックトランスミッションの追加や、さらにはタイプRのような高出力タイプを追加するというように、常にお客様のニーズと期待に合わせて、かつ話題作りをしながら商品展開する予定であった。

エンジン開発の立場からすれば、この段階で230PS弱に手が届いているので、まだ目標の240PSは達成していないものの、ベースモデルが立ち上がってからじっくりと出力アップのための材料刷新も含めた仕様開発をすれば良いだろうと考えていた。

2月に量産先行開発指示が出てから、コンセプトに関する打ち合わせや調整が本格化し、経営陣への事前調整を経て、1996年6月には量産開発指示書が発行された。この時のエンジン出力は「200PS以上」で承認されている。これはエンジン開発部門が商品企画部門と調整した結果そのものであり、約2年間のエンジン先行開発で得られた成果を反映したものであった。

この「GA」の量産開発指示を受けて、エンジンの先行開発部門であるZERO設計ブロック、ZERO研究ブロックは解散し、量産開発を担う第1設計ブロック、第1研究ブロックにチームメンバーが異動することとなった。

このように順当に量産開発に移行すると見えたS2000のエンジンであったが、約1年後に目標性能が250PSに引き上げられ、ほぼ開発がやり直しになるとは、この時には露ほどにも思わなかったのである。

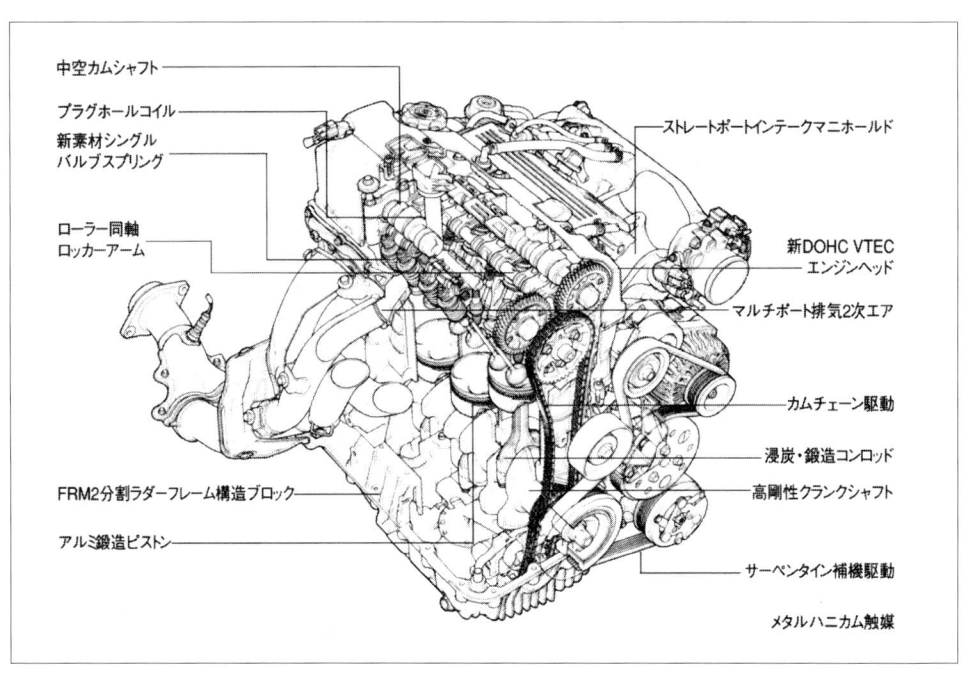

中空カムシャフト

プラグホールコイル

新素材シングル
バルブスプリング

ローラー同軸
ロッカーアーム

FRM2分割ラダーフレーム構造ブロック

アルミ鍛造ピストン

ストレートポートインテークマニホールド

新DOHC VTEC
エンジンヘッド

マルチポート排気2次エア

カムチェーン駆動

浸炭・鍛造コンロッド

高剛性クランクシャフト

サーペンタイン補機駆動

メタルハニカム触媒

＜関連資料＞ S2000 2.0L 直列 4 気筒 DOHC VTEC エンジン構造図（1999 年）

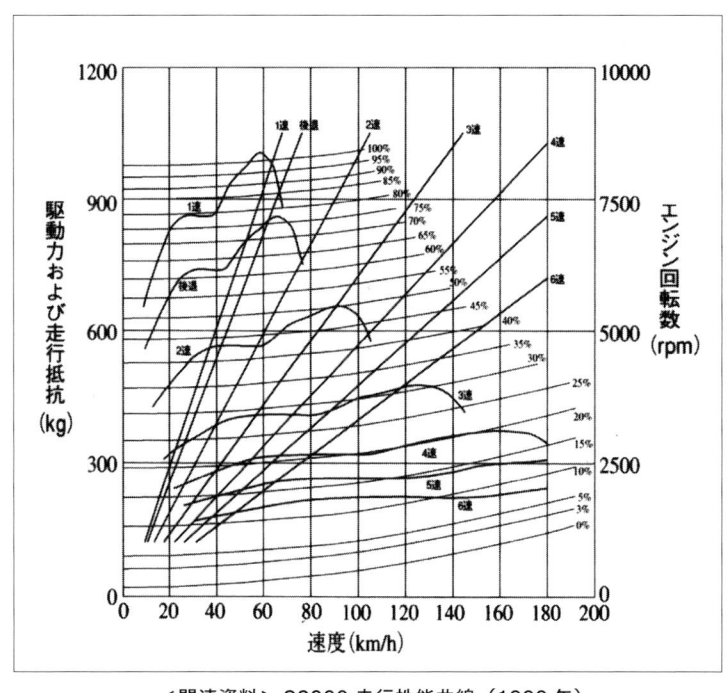

＜関連資料＞ S2000 走行性能曲線（1999 年）

# 第2章 S2000量産開発スタート

## コンセプト立案

上原 繁

### ■初代Sスポーツの血を受け継ぐクルマを

「S8（Honda S800）みたいなクルマを作りたい」。最初にデザイナーの想いがあった。S2000は、デザイナーが作りたいクルマからスタートした。

1960年代のホンダのSシリーズへのオマージュ、それは、Sシリーズのイメージを、現代のデザインで解釈したスタイリングだった。

「俺は、Sをやるために入社した」。欲しいクルマ、作りたいクルマはこれだというデザイナーの主張があった。S2000のデザインの原型となったそのスケッチは、1994年にデザイナーによるデザインスタジオの"ついたて裏"の作業から始まった。ある時、ふと立ち寄った役員によって、デザインは採り上げられ、イメージモックアップが作られ、1995年の東京モーターショーにSSMと名付けられ出展された。そして、ホンダの創立50周年を記念するクルマとして、日の目を見るようになっていく開発チームの発足は、1996年の1月であった。

S2000はまた、開発を担当した者全員が、自分たちの手の届く理想のスポーツカーとして、作りたかったクルマでもある。世の中にない本物のオープンスポーツを。ドライバーの意思に忠実に反応（レスポンス）してくれるクルマを。「リアルオープンスポーツ」として、オープンカーの楽しさと、リアルスポーツの高い運動性を併せ持った、独自のスポーツカーを作りたい。また、そのクルマは、初代Sシリーズの血を受けつぐ存在で

あり、「幅広く一般の人にスポーツカーを」と言うメッセージを持ったクルマにしたい。

このような背景で、S2000はスタートした。

最初にSSMを見た時、緑のワインディングで風と戯れ、人とクルマが一体になって駆け抜けていくシーンが思い浮かんだ。こんな場所を気持ち良く走れたら、さぞ楽しいだろう。磨くべき"性格"は文句なく、"走る楽しさ"、"操る喜び"だ。それには、"気持ち良く吹け上がるエンジン"と"カチッと決まるトランスミッション"、それに、"FRのしっかりしたオープンボディー"が欲しい。室内空間は、快適性、利便性、ドライビングポジションは、"過剰は望まず、程よい空間"があり、幌は簡便に素早く操作できるもの、AT（オートマチック・トランスミッション）は考えず、MT（マニュアル・トランスミッション）のみとし、騒音は、静かさではなく、迫力と心地よさに特化して……等を考えていった。装備は、必要最小限の設備を持った「現代の山小屋」といった考え方で進めていく。もちろん、最先端のエミッション、衝突性能は備えている……、と作りたいクルマへの構想はどんどん膨らんでいった。

その間、開発チーム全員で鈴鹿サーキットを訪

1966年に発売された Honda S800　S2000誕生の源流。

**SSM（スポーツ・スタディ・モデル）アイデアスケッチ**

**SSM クレイモデル**

1995 年東京モーターショーで出展した SSM（Sport Study Model）のアイデアスケッチと検討モデル　デザイナーによりデザインスタジオの、ついたての壁の後ろ（通称 "ついたて裏" プロジェクト）で自己啓発的に生み出された。

**1995 年東京モーターショーで出展されたモデル**　ホンダによる久々の FR オープンモデルであったので、メディアや多くのファンの方々の期待と熱い視線が注がれた。

**鈴鹿サーキット**　S2000 の量産モデル開発チームが編成され、チームは早速コンセプト検討へと入った。まず行なったのは、ホンダの聖地鈴鹿を訪ねて行き、南コースでいろいろなスポーツカーの乗り比べをやった。散々乗った後に、鈴鹿サーキットの温泉につかり、その後夜を徹しての "コンセプトワイガヤ" を実行した。

**箱根のワインディングロード**　箱根では、ライトウエイトスポーツを集め、S2000 の方向性を定めるべく、その本質を探っていった。チームメンバーはネイキッドスポーツカーの刺激や気持ち良さ、特にスーパーセブンの「スパッ、ピタッ、ヒラリ」のレスポンスに魅了されていった。

れ、泊まりがけでコンセプトの議論を戦わせた。議論に疲れると、インテグラ タイプR、シルビア、ユーノスロードスター、CR-Xデルソルなどのスポーツカー、オープンカーを並べて、鈴鹿の南コースを走った。デザイナーも設計者も、テストメンバーもプロジェクト管理の人間もステアリングを握り、汗をかきながら一生懸命クルマを走らせた。デザイナーも目をつり上げて、必死になってクルマを手なづけようと操っている。走行が終わると、スピンしてコースにまいた砂利を掃きながら、「操る楽しさ、走る楽しさ」とは何かという答えを見つけようとしていた。一方、当時ボウリング場の地下にあった、コレクションホールを訪れて、2輪のグランプリレーサーやF1をじっくり観察した。そうすると、「ホンダの原点はやっぱり走りだ」という方向になっていく。

箱根のワインディングロードを走らせて際立った、「ネイキッドスポーツ（スポーツカーとして、走るために必要最低限の仕様装備を持ったクルマ）」の挙動も印象的だった。現代のクルマだけでなく過去のスポーツカーにも乗ってみようと、スーパーセブン CKスペシャル（ローバー製DOHC 1.4Lエンジン＋6MT）、オースチン・ヒーレー・スプライトを、箱根のワインディングロードで試乗するという催しを設けた。もちろん当時、最新のオープンスポーツ、メルセデス・ベンツSLK、BMW Z3、アルファロメオ・スパイダーも持っていって試乗した。

それらを乗り比べてみて、特に強く印象に残ったのは、快適性を持った現代のオープンスポーツカーではなく、それとは対極的な位置にあるスーパーセブン、それにオースチン・ヒーレー・スプライトだった。特にスーパーセブンの、スパッと切れるステアリング特性、瞬時にピタッとリヤが安定するしっかり感、ヒラリとした身のこなし、それでいて乗り心地もよく、その爽快な振る舞いが愉快で痛快だった。

すっかり魅了されたチームは、このネイキッドスポーツの「レスポンス」の良さを、我々の作る「リアルオープンスポーツ」に取り入れたいと考

えた。聞けばスーパーセブンは、まだ現役とのこと、すぐに、比較車の一台に加えることになった。

だが、600キロを切るこれらネイキッドスポーツの「レスポンス」の良さ、「軽快な走り」は、軽量であるが故だ。我々の作る「リアルオープンスポーツ」に、スーパーセブンのような軽快なレスポンスを与えるには、ボディーの剛性を現代のオープンスポーツに比べて、とてつもなく高く取らないといけない。つまり、軽量で高剛性のオープンボディーが必要になってくる。

## ■「ピッツスペシャル」の優れた操縦性

ところでこの頃、軽量化の参考にした飛行機にスタント競技で使われている「ピッツスペシャル」という機体がある。空冷水平対向6気筒230馬力のエンジン、空虚重量は280キログラム程であり、複葉機で木と布でできた構造を持ち、1944年に発表されたこの飛行機は現役バリバリであった。潔い割り切りで、軽量化を極め、鋭い操縦性と旋回性能は、スーパーセブンに通じるものがある。

チームは、機体が収められている茨城県龍ケ崎の飛行場にある格納庫を訪ねた。スポーツカー作りの参考にしたいと話したら、担当してくれた女性は、喜んでコックピットに座らせてくれ、操縦桿を握らせてくれた。パイロットがいたら、飛ばしてくれると言っていたが、残念ながら不在でそれは叶わなかった。

このピッツスペシャルは、戦後間もない時期の機体で、それ以来改良を加えられて今日に至っているとのこと。いわば、スタント機の原点ともいえる存在になっている。この機体の操縦は、結構むずかしく、特にラダーの使い方が、むずかしいようだ。これが操縦できるようになると、最新のスタント機は、すべて、手の内でコントロールできるようになるとのことであった。

軽量化のためには、パワーと名の付くものは一切使っていない。一人で押せるほどの重量だ。コックピットは、下が抜けていてスカスカ、離発着は、フロントノーズが邪魔で前が見えない。

**ピッツスペシャルの見学**
" 軽いこと " の意味やつくりを探るべく、チームは軽量アクロバット機である、「ピッツスペシャル（Pits Special）」を見せてもらうため、茨城の阿見飛行場へ足を運んだ。普段見慣れない飛行機を見て、さらにその徹底した軽量化構造にチームメンバーは刺激を受けた。

**シンプルなコクピット周り**
床や横壁など、超薄っぺらなパネルであり、20Gのアクロバット旋回に耐えられる機体かと驚いた。さらに操縦系の動き（ラダー、エレベータ、エルロン）がダイレクトで、その正確性など、改めて驚いた。

**イギリスの「キャッスルコーム」というローカルサーキットを見学** 週末は家族連れのサンデーレーサーが集まってくる。本格的なレースも開催され、クルマを楽しむ文化の層の厚さを見せつけられた。

感激したのは操縦桿のフィールだ。スムーズで、しかも遊びがゼロ、なめらかな動きでフリクションがまったく感じられない。しかも動きが大きいところから、微小な動きまで、追従性が極めて良く、どんな細かい動きも、正確に伝える。この正確さ、追従性の良さを、これから我々の作るリアルオープンスポーツの操作性に取り入れたいと感じた。

機体、翼面は、エンジン、コックピット以外は羽布（はふ）張りでできており、いかに軽量を意識しているかわかる。これで10Gの旋回が可能であるというのだから、驚いてしまう。コックピットに貼ってあった5歳くらいのパイロットの息子さんの写真が、緊張を緩めさせ、ほっこりとした感じで良かった。

## ■「キャッスルコーム」での感激

ヨーロッパでの調査の時、イギリスを訪れて、サンデーレースを見て感激したこともコンセプトを語る上で残しておくべきだろう。スインドンから30キロばかり西、ブリストル寄りのローカルサーキット「キャッスルコーム」に、レースを見に行った。

老いも若きものんびりとレースを楽しんでいる。お天気も良く、ゆったりといい雰囲気を醸し出していた。力を入れないでプライベートでも参加できる環境が、ここには整っているようだ。年輪の厚さ、奥の深さと言おうか、お年寄りからそれこそ赤ん坊まで、サーキットに来て楽しんでいる。パドックを見物したが、芝生の上でマシーンを整備する人から、しっかりテントを張って本格的にマシーンを調整するファクトリーまがいの人まで、それぞれマイペースでやっている。

圧巻はワンメークレース。その日は土曜ということもあり、プラクティスデーであったが、それでも、走りは尋常でなくレベルが高い。TVRのワンメークレース。スーパーセブンの出る、1.4リッターのほとんどストリート仕様でのレース、それに2.0リッターのボグゾールエンジンの載ったスーパークラスまで、大きくカウンターステアーを当ててコーナーをクリアしていく姿は、FRの醍醐味で見ていて面白い。それにやはりオープンは、運転操作が外からよくわかるのが良い。

それにしてもイギリスのこの環境はうらやましいばかりだ。ボランティアのマーシャル（コースの係員）のおじさんも実に楽しそうだ。翌週はこの人達もレースで走るらしい。こんな肩肘を張らないクラブマンレースが日本でできたら良いなと思った。我々の車も、ノーマルでサーキットを走れるレベルにまで、しっかりと作っておきたい。

## ■ダイナミック性能を考える議論

車両の操縦性を上げ、コントロールの幅を広げ、気持ち良い走りを追求するなら、重量配分50：50を可能にするFRが適している。しかし我々の世代はこの時点で、FR形式を手がけた経験が無い。それならば是非やってみたいし、常識にとらわれない思い切った挑戦ができる。

一般にFRは、車体のヨー慣性モーメントは大きくなる。しかし、ホイールベースの内側にエンジン、ミッション、デフなど重量物を収めれば（フロントミッドシップ）、FRでもミッドシップ車並みにヨー慣性モーメントを小さくすることができる。

そうすると重量配分と相まって理想の操安が実現できるので、このアイデアは是非実現したい。

また、我々の作るリアルオープンスポーツに、500キロ台のネイキッドスポーツの持つレスポンス（応答性）の良さを持たせるには、重量の問題をクリアしないといけないが、いくら軽く作ると言っても、現代のクルマとして通用させるには、必要最低限の快適性と同時に衝突性能も満足させる必要があり、その分の重量を見込んでおく必要がある。そうすると、その分の応答性は低下する。それを補う方法として、車体剛性を大幅に引き上げるという手を考えた。

おそらく、リアルオープンスポーツの重量は、ネイキッドスポーツの重量、約500キロの2倍以上を必要とするだろう。そうすると、レスポンスを

コンセプト　ポイント1（ドライブシーン）　「操る楽しさ」「心の解放」を求め、人車一体となって緑のワインディングロードで駆け抜ける楽しさが味わえるオープンスポーツカーを目指す。でも本籍はサーキット。

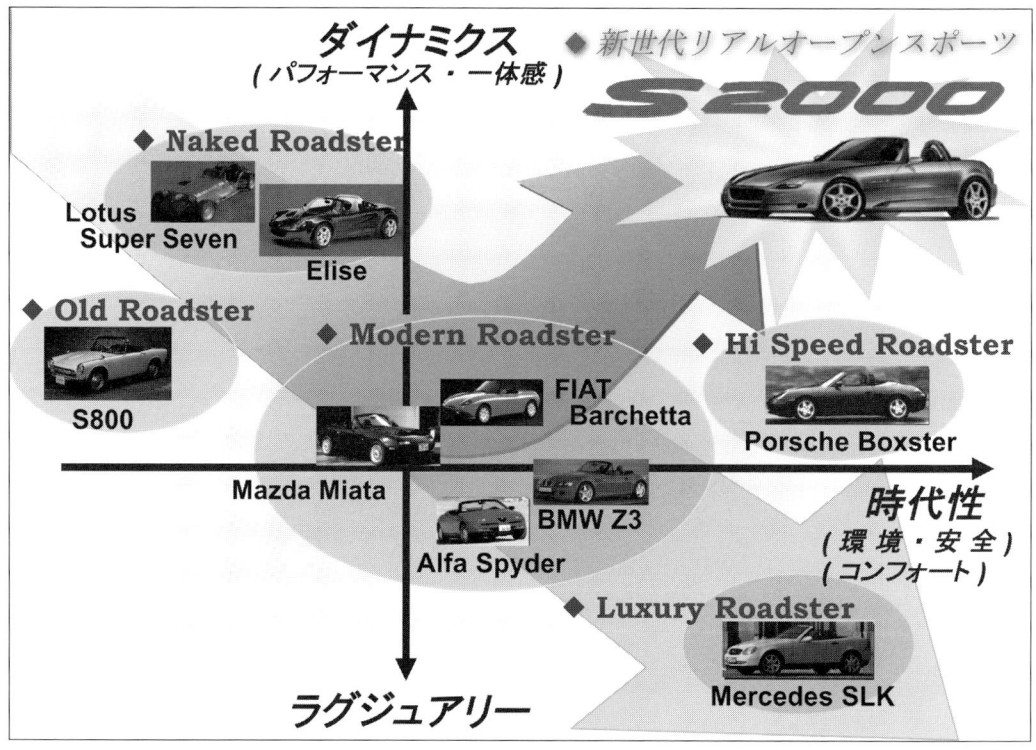

コンセプト　ポイント2（方向性）　21世紀で通用する、環境・安全を兼ね備え、その上でネイキッドスポーツカーのレスポンス性能を実現する。他車とは違う独自の存在を目指す。

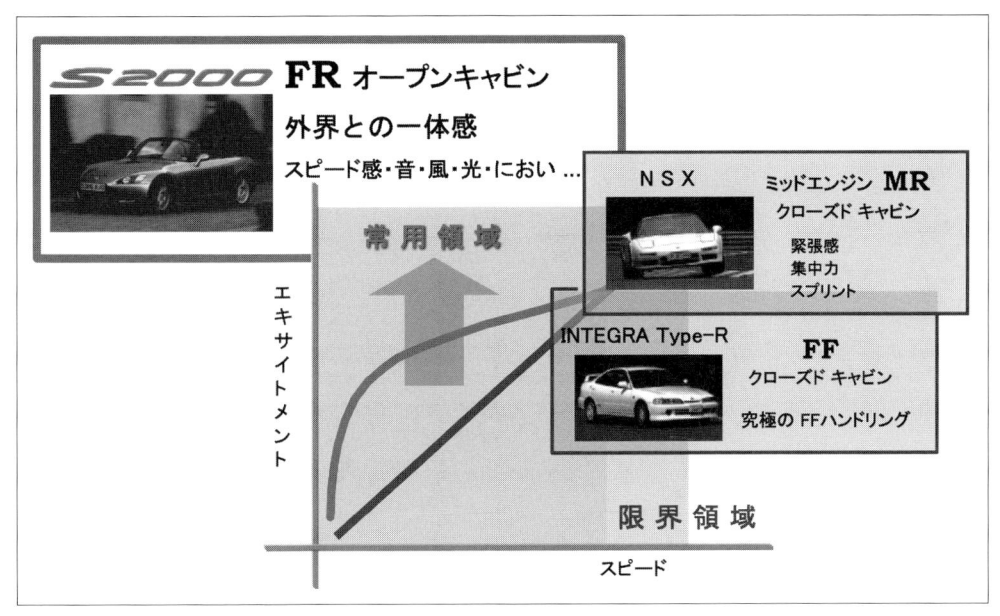

**コンセプト　ポイント3（オープントップによるドライビングプレジャー）**　限界域でなく常用ゾーンでその楽しさを最高に感じることができるスポーツカーであること。

等価にするには、軽量化を行なったボディーでもざっと見積もってもネイキッドスポーツの2倍ほどの剛性が必要だ。とすると衝突安全特性と合わせて、新しいボディー構造を考え出す必要がある。

その答えがハイXボーンフレームストラクチャー（後述）という車体系の中心の技術となっていく。この構造は、車両の乗り味、また衝突安全にも有利に働くはずだ。加えて軽く作るためには、パッケージ効率を上げ、車体は最小限の寸法で作らないといけない。それには、ある程度割り切りが必要だ。エンジンは前後長が短く高回転高出力なものが必要になってくるので、コンパクトな4気筒が、また万人の手の届くスポーツカーにするためにも、4気筒が有利である。さらに、そのエンジンは環境への配慮が必要だ。トランスミッションは、軽量スポーツのS800のように手首で操作でき、ピッツスペシャルの操縦桿のように軽く、遊びが少なく剛性の高いものにしたい。その上で、オープンで気持ちよさを得るには、フロントウインドウの位置も大切だ。フロントウインドウを寝かせると、オープンにした時の一体感のある気持ちの良い視界を得ることが難しくなる。それを実現するには、フロントウインドウを立ててドライバーの近くまで引いた位置に持ってくるのが良い。その点では、SSMのフォルムは有効だ。

### ■リアルスポーツ——コンセプトの収れん

このようにして、我々の作りたいクルマ、「リアルオープンスポーツ」S2000のコンセプト（考え方）と基本構造が決まっていく。

コンセプトは、以下のように収れんした。

①まずそのクルマは、「操る楽しさ心の解放」を求め、都会の喧噪（けんそう）を抜け、緑のワインディングで人車一体となって、駆け抜ける楽しさを味わえるオープンカーであること。同時にシャーシ性能はしっかりとサーキットで鍛え上げたものがベースとなっていること。

②ダイナミック性能に優れ、21世紀をリードする時代性（安全、排気ガス性能）を持ち、ネイキッドスポーツの持つ軽快なレスポンスとダイナミクス（運動性）を有すること。

③常用域で、ドライビングプレジャーを最高に発揮できるクルマであること。

コンセプトは、これら、3点（前頁の図）で表現される「リアルオープンスポーツ」と決まった。

# デザイン開発
## 唯一無二　本当の価値

澤井 大輔　朝日 嘉徳

### ■SSMからS2000開発にGoサイン！

1995年の東京モーターショーでお披露目された SSM（Sport Study Model）は、その後、レッドとゴールドに2度リペイントされ世界各地のショーに出展された。様々なメディアにも取り上げられ、多くの人々から発売を期待するメッセージを頂くことができた。

そして1996年に開発チームが発足する。ホンダの創立50周年を目前にして、ホンダのスピリットを体現するようなスポーツカーの開発が始まることになった。この時点では"S2000"の名前はまだついておらず、通称はまだSSMのままだった。

### ■鈴鹿サーキットでのチーム発足コンセプトミーティング

上原繁LPL（ラージ・プロジェクト・リーダー）のリーディングでチームは鈴鹿サーキットに集まった。クルマの開発はとにかくいろいろなクルマを体験してみなければ始まらない。特に日常的にはなかなか触れることのできない自社や他社のスポーツクーペや2シーターオープンモデルを好き放題乗り回し、議論し尽くす。夜は温泉に浸かり、疲れた身体をほぐし熱くなった頭を冷ます。

リアル体験を共有し、三日三晩議論するホンダの伝統的なワイガヤ（集中議論）をする"山篭（やまご）り"だった。

デザイナーとしてこの時に感じたのは、オープンとスポーツは全く違う世界のものという、オープン2シーター≠スポーツカーということだった。また、この時あらためてFF/FR/ミッドシップなどエンジン搭載位置と駆動輪の関係から生み出される、プロポーションや走りの感覚の違いをまざまざとリアルな感覚をもって触れることができた。このとき自社のインテグラ タイプRもFFながら鮮烈な印象で、正直な感想として「ドライ

バーは超楽しい！　でも助手席に乗るのは勘弁」だった。

帰路につく前に当時鈴鹿サーキットに併設されていたコレクションホールにも立ち寄った。創業以来のプロダクトや歴代レースマシンがずらりと並び、その存在のシリアスさと臨場感に圧倒され、ここに我々も歴史の1ページを刻んでいくのだ、と決意した。

余談にはなるが、そのコレクションホールも創立50周年を機にツインリンクもてぎのオープンに合わせて1998年に移管され、リニューアルされている。個人的にも時々訪れたくなる、ホンダスピリットを感じることができる聖地のような場所である。

### ■ライトウェイトの価値リサーチ

すっかり暖かくなった5月の良い季節に、チームは箱根ターンパイクに集い、様々なスポーツカーの乗り比べも行なった。この時、特に印象的だったのはケーターハムスーパーセブンとオースチンヒーレースプライトmkⅠだった。快適性に関しては現代のクルマと比較するのは酷であるが、シンプルさを極め意のままに操れる喜びを味わうことができる。

スーパーセブンの地面に直に置かれているかのようなシートに身体を埋め、4点式シートベルトを着けるとエンジンキーに手が届かない！　シートベルトを一旦外し、キーを挿しエンジンを始動。身体のすぐ脇にあるマフラーから爆音が響き、目が覚めるような感覚を味わう。再度ベルトを装着し少し気持ちを整える。この動作全てが集中力を高めるお作法のようなものだと感じた。

クラッチを踏みこみギヤを入れアクセルをゆっくりと踏みながらクラッチをつなぎスルスル……と発進。シンプルなサイクルフェンダーで覆われているため、フロントタイヤが路面の凹凸に応じて動いているのが見え、サスペンションがこんなに仕事をしているのか！　と驚く。交差点を曲がるときはリヤタイヤの踏ん張りをお尻で感じる。地面にダイレクトに触れているような感覚。全身

で感じ、全身で操る。

この面白さは実際に体験してみなければわからない。一言で言えば痛快である。

少しとぼけた顔つきのオースチンヒーレースプライトなどは、生きもののような存在感も魅力的だった。軽いボディーは思い通りにコントロールできる。全くもって非力だが、クルマと共に一生懸命走っている気持ちになれた。昼ご飯を食べる時間も惜しんで、ただただ走った（この後、個人的にスプライトを所有することになる）。

そして、軽さを極めたプロダクトのリサーチとして、競技用の飛行機 "ピッツスペシャル" に触れる機会にデザイナーたちも参加した。ビタミンカラーの黄色いコンパクトな機体は完璧に整備された状態で凛（りん）としており、永い月日を経ても変わらぬ魅力を放っていた。そこで印象に残ったのは、コックピットの計器盤に貼られた、アクロバット飛行演目の手描きメモとパイロットのお子さんの写真だった。観るものを魅了する華麗なるアクロバット飛行は、常に危険と隣り合わせであり、人とマシンの真剣な関係性を生みだしている。

スポーツカーを創るということも、人とマシンの緊張感のある関係性をデザインすることなのかもしれないとその時感じた。

## ■リアルオープンスポーツ

SSM のスタディで、スタイリングデザインの基本モチーフは悩むことはなかった。しかしながら、生産可能な本物のクルマにしていくには、創るものの価値をチームで共有していく必要がある。そのために、上原 LPL はチームに体験を共有させる機会をつくったのだ。

自社やライバルの製品に触れ、実際に体験を通じて身体で感じ取ること。歴史を紐解き価値を明らかにしていく。自分たちが一体どんな想いをカタチにしていくのか。コンセプトを言語化していく。スポーツカーとは何か？　オープンカーとは何か？　そんなシンプル過ぎるような問いが開発チームを本質的な思考へ導いていく。

操る楽しさ、心の解放。"リアルオープンスポーツ" というコンセプトがチームの合言葉となった。

## ■エクステリアスタイリングデザイン

初期のエクステリアスタイリングは SSM の極めてシンプルなモチーフを踏襲し、サイズは日本市場の小型車（5 ナンバー）枠内におさめることに集中した。特徴的なフロントのバンパーコーナーが無い形状を衝突安全の要件をクリアしながら成立させることができるか？　これができなければ、根本からひっくり返ってしまう。

ボディー設計 feasibility Study（実現可能性検討）では、当然ながらバンパービームが飛び出してしまっていた。

図面上にはバンパー形状から 150mm 離れた空中に設計要件のポイントが印されており、目の前が真っ暗になった。衝突安全のボディー構造を担当するエンジニアと喧々諤々の議論をたたかわせ、紆余曲折ののちにオーバーハングした軽衝突対応のバンパービームを大胆にカットしてしまう方策を見出した。

また、コーナーをカットするということは当然ながらヘッドライトの機構の入るスペースも削られてしまう。フェンダーも過去に例がないほど厚みが無いロープロポーション。フロントオーバーハングも可能な限り短くしたい。ヘッドライト内部機構のプロジェクターがタイヤとの干渉を避けると寄り目になってしまう。なんともバランスの悪い顔つきになる。

このあたりの調整は、多くの機能領域がかかわる。エンジニア、デザイナー、モデラーがクレイモデルに向き合い、CAD とモデルを行ったり来たりしながらつくりあげた。

エンジンは直列 4 気筒（L4）になったが、ビハインドアクスルレイアウトは量産でも採用されることになり、低いボンネットフードが実現できた。エンジンフードのカットラインは、フェンダーのエッジから下がった谷の内側にし、最大の特徴である横に張り出すような幅広いフロント

**箱根スポーツカー試乗会①**
スポーツカーの体験試乗でひときわ痛快だったのがスーパー・セブンだった。決してハイパワーではないが軽快に自分の思い通りに走る。アスファルトのザラザラした感覚も感じ取れる。自分の身体が拡張したような「人とマシンの一体感」に目が覚める思いをした。箱根から家までのドライブはご遠慮した。

**箱根スポーツカー試乗会①**
もう一台はオースチンヒーレースプライトMk. I。愛称は"カニ目"。人に近い生きもののような存在感がある。こちらはさらに非力な1リッターに満たないOHVエンジン。トランクリッドもない軽いボディで気持ちよく一生懸命に走る。現代の自動車と衝突したら……そう考えると恐ろしかったがこれも記憶に残る一台。

**SSMから量産向けデザインの検討シーン**　初期のデザインチームは少人数だった。エクステリアデザイン担当とインテリアデザイン担当がアイデアを持ち寄り小部屋の中でデザイン作業が行なわれた。

フェンダーを強調させたが、造形的にも製造要件的にも難易度が高いものだった。

フェンダーは横からみたら驚くほどに厚み方向の寸法が無い！ サスペンションのストロークなどもギリギリ、フェンダーの造形としても薄くペラペラにならないようにする必要があった。

低いフェンダーからドライバーのショルダーを通りリヤに一気に通貫させるとウエッジシェイプになる。意図的にウェッジ姿勢にしたのではなく、フロントが低いので自然とウエッジシェイプになったのである。

SSMショーカーは完全なスピードスターでルーフが無かった。フロントウインドウも通常のクルマの2/3程度の高さであり、量産に向けてはキャビンの設計も課題が多かった。

衝突安全の要件をクリアするにはフロントウインドウのピラーを乗員から遠ざけるか、乗員の頭に被せる様にウインドウを寝かせるか？ 選択肢はある。

オープンの爽快さを最大にすることを目指し、フロントウインドウは立てる方向にしたが、立ったウインドウはスタイリングとしては勢いを止めてしまうのでバランスは難しい。また乗降性も考慮してウインドウ上端コーナーは丸くするモチーフとしたが、ソフトトップの水止めシーリングなどとの両立は（地味な部位だが）、難易度の高いところだった。

このようなエンジニアリング要件を反映し、約半年間をかけてなんとか量産可能なレベルの姿にすることができた。

量産開発初期1/1クレイモデルについては、フロントが低いので、グリル開口も比率的にかなり大きくなるので、バンパー下部にも開口を設ける必要があった。ボディー面が少なくなり弱々しい印象になってしまった。

ここまでは、オリジナルの基本モチーフをキープしながらいかに量産できるものとするか？ ライトウェイトとしていかに小さな寸法に収めるか？ そこだけに注力していてなんとかカタチにはなったという感覚だった。

**量産開発初期の
1/4 クレイモデル**

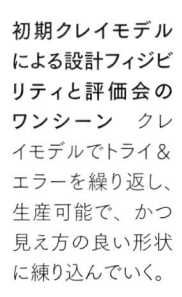

**初期クレイモデル
による設計フィジビ
リティと評価会の
ワンシーン** クレ
イモデルでトライ＆
エラーを繰り返し、
生産可能で、かつ
見え方の良い形状
に練り込んでいく。

## ■スポーツカーのパッケージ・レイアウト・デザイン──インテリアデザイン

比較車を乗り比べての検証から、クルマの車両感覚を掴むことの重要性を体感で知ることになる。ロングノーズのこのクルマの特異性からフロントタイヤの位置をドライバーが視覚的にも感じ取ることができるようにと考えたのが、インパネのキャラクターラインである。このラインの延長線上にフロントタイヤがある。

SSMではドライバーとパッセンジャーの間を梁が貫き、F1を彷彿とさせるドライビングコックピットとしながら、ボディー剛性を高める構造の提案であった。これがハイXボーンフレームの原型となり、オープンボディーに高い剛性を与えるものとなった。

またその高さは、ドライバーが心地よくシフト操作ができるように肘（ひじ）の置かれる高さとシフトレバーの関係が練り込まれた。

### 1) 心の解放　エンジン始動におけるこだわりの儀式

近年のクルマには当たり前のように装備されているエンジン始動のためのスターターボタンは、当時の量産車としてはあまり一般的ではなかった。いや、ほとんど存在していなかった。

S2000の先行デザインとして「週末の心の解放」という裏コンセプトがあった。このこだわりの一つが「心の解放」につながるエンジン始動の儀式である。

喧騒と慌ただしい日常の中から、ドライバーを非日常の入り口に導く体験を生み出そうと考えた。週末の早朝、まだ朝日の昇る前、S2000のエンジン始動と共にドライバーの「心の解放」のスイッチが押されるよう、一つの赤い小さなボタンに想いを込めた。

エンジンスタートボタンは、スイッチの形状としては珍しくコーンケーブ（凹んだ）断面をしている。これはドライバーが親指でスイッチボタンを押すときにしっくりくるように考慮した。インテリアデザイン担当の朝日嘉徳の親指断面をトレースして造られたことは今では笑い話の一つに

なっている。

### 2) チタンシフトノブの形状

チタン製のシフトノブと言えばNSX-Rで採用されたスポーツカーの代名詞。S2000のシフトノブの形状はハイXボーンフレームの異常に高いコンソールから生えたシフトノブの位置と、カチッとショートストロークで気持ちよく決まるダイレクト感を表現したく肘をコンソールに乗せた状態で手首だけで操作できる最適な形状にこだわった。

当時筆者である朝日嘉徳が乗っていたホンダ ビートにアルミニウムシフトノブを取り付け、栃木研究所から帰宅する道でサービスエリアに止まってはアルミのシフトノブを紙ヤスリで削っては走り、削っては走って最適な形状を探した。自宅に着くころには左手がアルミの削り粉で真っ黒になっていた。

### 3) ドリンクホルダーは1個のみ

ハイXボーンフレームは構造上、またこのクルマの命ともいえる車体剛性を確保するために、これ以上はフレームに穴は開けられない、とボディー設計の強い要望もあり、ドリンクホルダーは1個。時計はこのクルマには必要なし。運転への痛快さを極める上での潔さである。

### 4) すべての機能へステアリングを握ったまま、指が届くようコックピット操作パネルへのストイックなまでのこだわり

ステアリングから手を放さず、クルマに必要な機能操作の全てをコントロールできるスーパーコックピットをコンセプトに、究極の操作系の在り方を模索した。衝突安全のレギュレーションギリギリにある位置が見えてきた。クルマの操作系は、こんなにシンプルにできることをここに表現した。ステアリングの切れ角の少ないVGSとの相性がとても良かったのを覚えている。

### 5) オーディオVSエンジンサウンド

1DINサイズのオーディオパネルさえも隠せ。操作系は基本的にステアリング前のコックピットに集約したため、オーディオの操作パネルも隠す、リッド（ふた）を設けた。音楽よりもS2000

**ハイ X ボーンフレーム** ドライバーを包み込むようなタイトな
コックピットをオープンカーの剛性を高める構造と融合させた。

**エンジンスターターボタン** スポーツカーのエンジ
ンを目覚めさせる儀式にこだわったスタートボタン。
当時はまだ珍しかった。

**インパネまわりとシフトノブ** シフト
フィーリングを存分に味わうために、
手に馴染むシフトノブの形状にこだ
わった。スイッチ類はステアリングから
手を放さずに操作ができる。1DIN オー
ディオもリッド（ふた）をつけて隠し、
見た目のシンプルさを追求。

の官能的な、エンジンサウンドを堪能して欲しい
という思いを込めた。

6）アナログメーターかデジタルメーターか？

　SSMのコンセプトカーに搭載されていたのは
先進感にあふれ、未来的な表現のデジタルメー
ターであった。古典的かもしれないが、スポーツ
カーの醍醐味として、アナログ式の針がメモリを
刻むノスタルジックな感覚も捨てがたい。この二
つの選択を迫られながら開発を進める中で、
1989年のF1世界選手権において16戦中10勝を
記録したマクラーレン・ホンダMP4/5を思い出
した。

　極限で争われるF1のコックピットで、的確に

クルマの情報をドライバーに伝えるには、アナロ
グでは再現できない。細かく刻まれたセグメント
表示により、瞬時に変化を伝えるデジタルメー
ターが最適なのである。

　実際にMP4/5に搭載されていた実物のメー
ターを先行モデルに搭載し検証を行なった。

　アナログメーターのノスタルジーではなく、
8000回転も回るエンジンの極限のパフォーマン
スを、当時のデジタルメーターの限界を超える高
精細のデジタルセグメント表示によって、表現し
たいと考えた。ストイックなまでに何もないイン
テリアに、煌々と光るデジタルメーターの開発が
スタートを切った。これがS2000のデジタルメー

ターの起源である。

7) セグメント式液晶ディスプレーの意味

液晶のデジタルメーターも限界に挑む設計だった。当時の液晶メーターのセグメントは、通常7セグメントとされていた。しかし、スポーツカーとしての高速視認性にメーターの表現は、より自然により高精細に見えるようセグメントの限界をメーカーと協働し突破した。

今ではフル液晶ディスプレーが当たり前の時代だが、当時は他に見られない画期的な高精細セグメント液晶ディスプレーであった。

### ■ 1/1モックアップモデルによる検証

1997年2月。約1年かけ機能性や法規をクリアし、なんとか量産できるレベルの姿となった。

エクステリアのモックアップモデルとインテリアパッケージモデルを完成させ、栃木プルービンググラウンドのテストコースにある屋外評価スタジオに持ち込み、評価と検証が行なわれた。

この時、過去に例のないVSフロー（価値検証：Value Study Flow）という、イレギュラーな開発プロセスを採用することが決まった。それはプロトタイプを実際の環境で走らせ、性能を鍛え上げていく前代未聞の開発計画だった。

通常の開発では、このモックアップモデルがほぼ量産の型に反映されるファイナルデータになっていく。しかし、今回は実機プロトタイプにはなるものの、それは量産車ではなく、あくまでも初期の試作車となる。ある意味、フルモデルチェンジを一度量産前に行なうような開発になる。

プロトタイプで勉強すること。外で走って、外の環境の中で見てどうなのか、学びながら創る。コスト、時間、商売に甘んじた中途半端なモノにしない！　という開発手法である。

1997年4月末、川本信彦社長より「デザインも欧州に持ち込んで鍛えてこい！」との号令がかかる。2ヵ月後の6月、開発チームはドイツ・フランクフルト近郊の研究所にいた。

**液晶ディスプレイによる詳細セグメント**

**コックピットまわりのデザイン**　コックピットまわりのデザインは初期の段階から既販車で再現して検証を行なった。スイッチ類などは実際に走行しながら操作性を検討。メタリックカラーのインパネにトライしたが、濃いグレーにしても窓映りが強すぎるため採用を見送った。

## ■欧州でのデザイン検証

　モックアップモデルを欧州に持ち込んでデザインクリニックを行なうこととなった。可能であれば、道に置いてみたいところだが、HRE-G（ドイツ・フランクフルトの研究所）のデザイン室の中庭に、このモデルと欧州コンペティターを並べ、欧州のスタッフと議論を交わした。

　我々のモデルは、潔さがあり個性はあった。"SAMURAI" "Japanese sword（日本刀）"のようだなどの感想もあり、欧州デザイナーからの評価も悪くなかった。

　しかしボディーの線が細い！　圧倒的に弱いのだ。欧州の風景の中では日本で感じているより3割くらい痩せ細って感じた。

　フランクフルトでは、ルノーSport SpiderやBMW Z3/M3などの試乗の機会にも恵まれ、アウトバーンなどの道路環境が、クルマの性能を鍛え上げていることがすぐにわかった。

　また、少しでも陽が差すと道を走るカブリオレは、すぐに屋根を開ける。なるほど、あまり陽が出ない環境では人間は太陽を浴びたい欲求が強くなる。この後、チームは欧州を横断する調査を敢行した。

　ドイツのフランクフルトから、シュツットガルト、オーストリーの山を越え、イタリアのミラノへ。地中海沿いを抜けニース、モナコ、その後北上してスイス・ジュネーブへ（設計チームはさらに北上し、イギリスまで走り抜けた。デザインチームはジュネーブまで同行）。

　欧州でのカブリオレやスポーツカーの価値やクルマ文化の深さに触れ、この時の実体験をもとにグローバルで通用するデザインへのアップデートを施すことになった。これは通常の開発ではありえないような、フルモデルチェンジに等しい、全面やり直しを行なうことになる。

## ■VSフローのデザイン開発

　欧州で走り込んで、ディメンションから見直しを行なうことになった。

　リヤのトレッドを拡大、全幅1750mmとする。

**実体験で様々なことを知る**　フランクフルトでは欧州スポーツカーの試乗機会に恵まれた。これはルノー sport Spider のフロントウィンドウが無い仕様。空力マネジメントで風は乗員に当たらない工夫がされている。しかし小石は飛んでくる！　ヘルメット or ゴーグルは必要。実体験することで初めて知ることが多かった。

最初のプロトタイプを走らせて、チームが導いた結論だった。骨太なデザインとなり、存在感も高まる。

　それまでなぜ5ナンバーにこだわっていたのか？　これもデザインの立場からいえば、やはり日本の常識に囚われすぎていた。当初、チームは5ナンバー枠で開発を進めていた。それは、人間を中心にレイアウトした時に、5ナンバーでドライビングに必要な最小限の室内寸法が取れ、また、重量を抑えるという面からも、十分合理的なサイズだと判断していた（実際、S2000のフロント回りとキャビンは5ナンバー枠である）。しかし、5ナンバーの寸法が全長4700mm以下、全幅1700mm以下、全高2000mm以下という物置きのような大きさであり、少なくとも、走る、曲がる、止まるという、動く物体のディメンションではないのだ。

　日本の道には5ナンバーサイズが合うというが本当なのか？　もう一度デザインの立場から原点に返って考えてみた。そして、自分なりにその答えに辿りついた。

　小型車の5ナンバー規格は、1959年に生まれた公団住宅の設計基準に結びついていた。有識者が集まり、住宅の間取りや設備の標準規格が定められた。その際に駐車場の基準も決められており、そこから一般市民の生活に相応しい小型自家用車

**欧州でデザイン検証**　モックアップモデルを和光のデザインスタジオから出し、欧州に持ち込んでデザイン検証。光の違い、周囲の景色の違いなど、様々な要素が絡み、全く見え方や感じ方が変わることを実感した。

**インテリアも欧州で検証**　インテリアのモデルも欧州のデザインスタジオに一緒に持ち込んだ。特にマテリアルの質感やカラーを中心に検証を行なった。

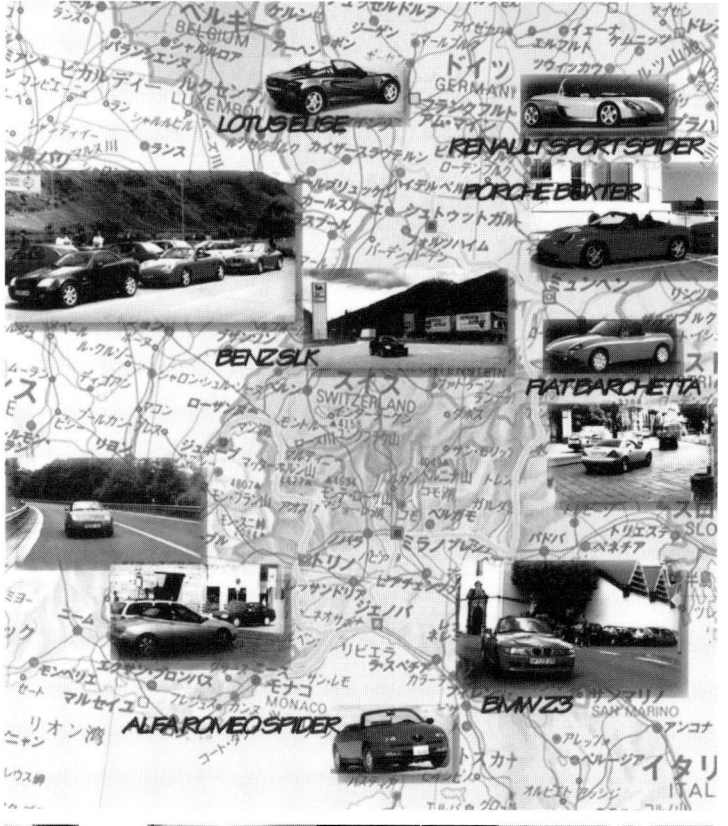

**欧州サーベイにデザインチームも参加**　"1日1000キロ走って心地よい疲れ"を実体験するサーベイにデザインチームも参加。同じ欧州といっても国ごと、地域ごとにスポーツカーの意味が変わる。この経験が後の開発に大きく影響した。

**欧州サーベイでの各地の走行風景**

のサイズも定められた。つまり、国民生活の質の向上のための規格化による、大量生産の方針が根底にある。

スポーツカーの世界にもヒエラルキーはあるが、寸法や排気量が大きければ最上か？と問われると、そうではない。小さなライトウェイトスポーツカーにもそれが存在する世界があり価値がある。駆動方式によっても作法が変わる。クルマづくりにおいて、思想をもとに骨格を構築していくプロセスこそ重要であるという気づきだった。

人工的な規格基準やルールより、物理や自然法則に従うべきというのが結論だった。実際リヤトレッドの拡大は、デザインだけでなく操縦安定性の面でも良い結果をもたらした。

### ■二つの空力課題

VSフローのデザイン決定後にプロトタイプが走り始めるとエンジン研究の乙部豊（おとべ・ゆたか）LPL代行から「外観デザインのせいで性能が出ない！」と怒鳴り込まれた。

ベンチテストでは狙い通りのエンジン性能が出ているが、実車だと走らない。加速しない。空力特性に問題がある、ということであった。

そもそもソフトトップのオープンカーは空力特性が良くない。しかし、見てくれのせいで性能に足枷（あしかせ）がかかってしまうのは本望ではない。対策としてデザインチームは栃木の風洞に籠（こも）ることになる。

VSフローの中で、デザインを骨格から見直し、見た目のプレゼンスを向上させつつ、さらに空力性能も上げるのは難易度の高い課題であった。

エアロダイナミクスは今でこそコンピューターによるシミュレーション技術も向上しているが、基本は風洞で風を流し、カタチを少しずつ変化させてベストなところを探る。

一度に何ヵ所も触ってしまうと、どこが効くのかわからなくなってしまうので根気よく一つ一つ試していくことになる。知識や経験値がものをいうのか、というとそうでもなく、セオリーに従って改修しても良くならなかったりするので、「こ

れ以上手が無い」というところまで何度も何度も試す気の遠くなるようなプロセスが必要になる。

スケールモデルによる風洞での実験では、「例のフロントコーナー切り落としモチーフと、リヤコーナーの丸さをキャンセルしなければ、目標に届かないだろう」というのが空力担当エンジニアの見解だった。そこから地道に数字を稼いで、なんとか基本モチーフを守りながら目標をクリアした。

そのブレークスルーとなったアイデアは、リヤコーナーにエッジを立てることと、トランクリッドのリヤエンドをダックテイル状（アヒルの尻尾のように後ろを跳ね上げる形状）にすることだった。

どちらか一方では効果が無く、実験を重ねて実現可能なベストな形状を探った。すぐさまボディー設計エンジニアと灯火機設計エンジニアと設計変更の検討をし、リヤコンビネーションランプのレンズ形状に凸形状のエッジを設け、ダックテイルはハイマウントストップランプの構造と位置の変更で実現した。

このアイデアの特許取得はできなかったが、リヤコンビネーションランプのレンズにエッジを立てる手法は2000年代になり採用する例が世界中に増えた。

### ■もう一つの空力マネージメント　インテリアの風洞実験

景色良いシーサイドロードを走るオープンカー。女性ドライバーの長髪が、気持ちよさそうに風になびいている。これは全くの幻想である。現実はフロントウインドウで上方に舞い上がった風が行き場を失い大きな渦となり、ドライバー後方から巻き込む風となる。どちらかというと、髪は前にたなびくのだ。

オープンの走行時は、この風の巻き込みをマネージメントしなければ、爽快に気持ちよく走ることはできない。VSフローではインテリアデザインにおいても風洞実験を重ねた。

インテリアパッケージモデルを風洞に持ち込むことも新鮮だったが、デザイナーが自ら長髪のカツラを被り、風洞実験を繰り返したことも初めて

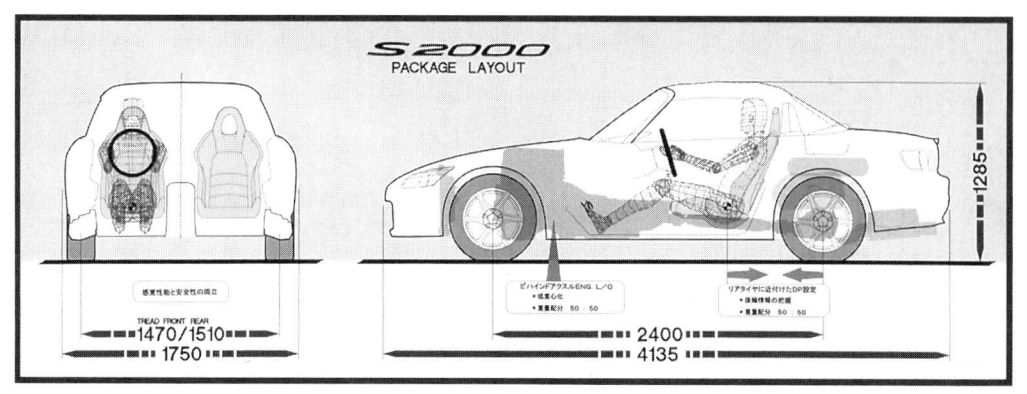

基本パッケージ・レイアウト　エンジンがフロントタイヤの軸を避けて低く搭載されているビハインドアクスルレイアウトが重量配分50:50 の FR ピュアスポーツの骨格を生む。ドライバーがリヤタイヤに近いところに着座し後輪からの情報を感じることができる狙い。

欧州でのプロトタイプ走行テスト①　プロトタイプ 1 の欧州市街地走行テストの様子。

欧州でのプロトタイプ走行テスト②　高速走行時の様子。狙った性能が出ない。

大幅な空力性能改善が課題に　欧州テストの結果、大幅な空力改善がスタイリングデザインに課せられた。エンジニアとデザインメンバー協働で改善方法をトライ＆エラーの繰り返しで探る。メンバーはしばらく風洞から帰れなくなった。

VS フローでの 1/1 フルスケールモデルの風洞実験

の経験だったと思う。

そして風の巻き込みの制御を、ロールバーやシートヘッドレストの形状でコントロールすることを考えた。機能性とスタイリングが両立するロールバーは外装部品なのか、インテリア部品なのか。境界線を引くのが難しいところで、1/1風洞にデザイナーたちが集合し、一時デザインスタジオのようになった。

シートのヘッドレストや、ロールバーの形状で可能な限り風の巻き込みを抑えるように風洞実験を重ねた。

ロールバーの剛性を設計上計算し、盛り込んだ図面がやってきた。ロールバーの内部構造は、感覚とは逆に外へと反り返っている。

この設計図を巡って、「ロールバーは外装パーツでは？」「いやインテリアにあるので内装パーツでしょ」、と喧々諤々やったが、この部品はシート形状とのマッチングを重視して、内装担当がデザインすることになった。

ロールバーのフレームを巧みにカバーリングし

た最終形状は、外観デザインとして見ても一体感があるスタイリングに昇華できた。

シートヘッドレストとロールバーの形状は抜け感があるように見せていきたい。タイトな空間に収まっていながらも、風がヘッドレストからロールバーへ抜けていくようにと、ヘッドレストはメッシュ表現で加工されたパーツにより、ドーム型に抜けている。衝突安全性を高めながら、爽快で抜け感のあるヘッドレスト形状となった。

また、デザイナーたちは2シーターやオープンカーのオーナーも多く、その経験から冬の露天風呂のように頭は冷えながらも、身体は暖かいキャビンも目指した。これも基本は風の巻き込みを抑えることがまずは必要だが、エアコンの送風口をインパネ下に設けることにより、下半身から温め

**風の巻き込み体験テスト** デザイナー自らが長髪のカツラを被り風の巻き込みを体験することで改善策を探った。

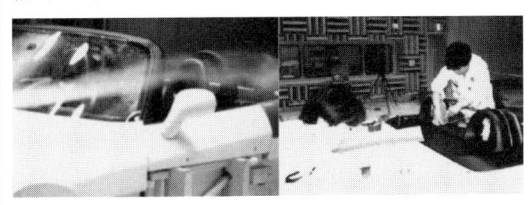

**風の巻き込みを少なくする風洞実験** シートとロールバーの形状で風の巻き込みを少なくする。見え方と機能を満足させるところを見つけ出す。

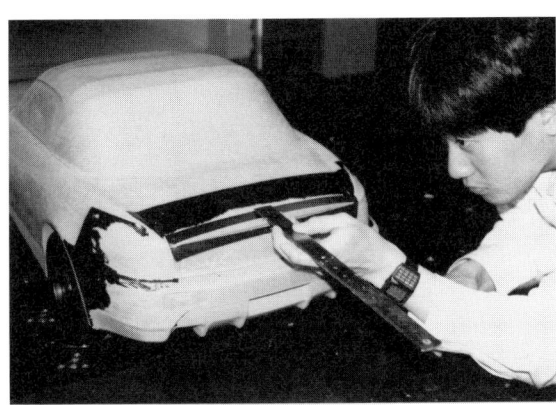

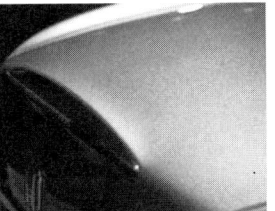

**デザインと空力の両立へ三現主義でトライ** リヤまわりの丸みのあるボディデザインと空力向上の両立ができないか？三現主義で様々なトライを行なった。最終的にテールライトレンズの突起とハイマウントストップランプをトランクエンドのスポイラー形状にすることで空力目標を達成できた。

**とても珍しいインテリアモデルの風洞テスト風景**

る工夫も行なった。これは開発中に"こたつエアコン"と名付けられた。

## ■カラーマテリアルデザイン

キーワードは"Emotional pure sports"（エモーショナル・ピュア・スポーツ）

カラーマテリアルの開発は、ホンダスポーツらしいピュアカラーを目指した。

エクステリアカラーは、金属質なシルバーと発色の良い赤はS2000の専用色として開発。イエローパール、ブラック、メタリックブルー、ホワイトの4色はNSXと同色なので、全てホンダスポーツ専用色となった。

## ■VSフローデザイン完了

VSフローでの性能熟成は、まだまだ継続中だったが、デザインは欧州プロトタイプ検証や風洞実験の約半年の熟成期間を経て、再び和光のデザイン室で1/1クレイモデルを完成させ、デザイン完了となった。1997年9月1日のことだった。

この時、川本社長から「車名はどうするのか？」との問いがあった。

創業者である本田宗一郎氏は数字にこだわっていたという話も出て、開発チームから「S2000ではどうか？」と提案し、その場で決まった。

欧州でファイナルプロトタイプを見てもらう

**1/1 モックアップモデルが完成** デザイン開発メンバーが集合し、モックアップモデルとともに記念写真に納まる。角をそぎ落とした造形が見えるように撮影した。

# 第3章 先行開発テスト

## 先行試作車 (CR-X改) テスト

塚本 亮司

### ■先行開発
#### 新プラットフォームのポテンシャル

開発チームが編成されると、まず、自分たちがつくりたいクルマってどんなクルマ？　を議論する。当然ながら、自分なりのイメージや考えを持って、様々な議論をしつくすことになる。

もちろん、議論にあたりホンダならではの三現主義（現場・現物・現実）なので、実際にたくさんのスポーツカーを試乗した。一般公道なども含めてその体感をした上で、コンセプトを煮詰めていく。先の上位概念である、グランドコンセプトが固まったところで、各領域の目指すところを定めていくことになる。

そこで、スポーツカーとして一番大事な性能領域のところは、いろいろな場面での体感をしようということになり、商品企画や機能開発部門の各開発プロジェクトリーダー十数名が集まり、鈴鹿サーキットの南コースを使用して体感することにした。ここは、もともと主にカートコースとして使用されているコースであるが、このコースは小気味良く、軽快な走りを検証するには適したコースだった。そこで、昼は思いっきり比較車を乗り回し、夕方からは、その体感をした上での議論をしてまとめていく。このようなことを進めてきた。

やはりホンダの人間なので、運転することは大好きで、昼の試乗はみんなとてもうれしがって、乗りまわし、「あれはどうだ、これはどうだ」と楽しげに語り合った。

その後、鈴鹿での議論を終え、最終的にS2000のコンセプトが固まり、「現代版ネイキッドスポーツの持つ "軽快" で "レスポンスの良いダイナミック性能" を目指す」という性能の方向性が定まってきた。

先のコンセプト検討で、多様なスポーツカーを試乗し、軽量化のメリットと、オープンエアの楽しさ、爽快さが肝になるということが我々の中でも明確になった。そこで、これをどうやって実現するかである。

まず、考えなければならない点として、このクルマはホンダスポーツである。絶対に "緩い" スポーツカーにはしたくない。そのためにはしっかりとした土台となるプラットフォームであるボディーが重要なポイントとなる。

先に述べたように現代版ネイキッドスポーツなので、車両サイズとしてはコンパクトなスポーツカーを目指す、そのうえでオープンモデル。いわゆるオープンモデルというと、ボディー剛性的に不利な構造となりがちである。剛性を上げようとすると、その補強分で重くなる傾向がある。

この問題を解決しなければ、レスポンスのいい運動性を持ったスポーツカーになり得ない。これを解決すべくS2000のボディー骨格として、ハイXボーンフレームというフレーム構造を考え、トライアルすることにした。

この考えは、ボディーの章でも詳しく語られているので、詳細はそちらに譲るが、この構造が本当に剛性的に大丈夫なのかを検証する必要がある。これまでホンダは、古くはS500などの昔のオープンスポーツを開発した経験はあるが、これ

はフレーム構造であり、モノコック構造ではなかった。その後のモデルとして、ビートは最初からオープンモデルとしてのボディー骨格開発をした経験があった。

筆者もNSX開発でのNSX-Tでオープントップモデルの開発の際に、構造に関しての経験があったが、もともとクローズドモデルのルーフをカットした後の剛性リカバリーというものであった。ということで、NSX-Tは、バルクヘッド（隔壁）を持ったミッドシップであったが、FRプラットフォームでのボディー剛性確保というのは、あまり経験のなかったものであった。この課題を解決するための案がハイXボーンフレーム構造である。

1996年7月実際その構造を使ったプラットフォームの試作車を製作し、そのポテンシャルを検証することにした。アンダーフロアは、新作のハイXボーンフレーム構造のボディーをつくり、アッパーボディーはCR-Xデルソルの上屋の骨格と外板を改修して、製作した。

CR-Xデルソルの先行試作車は、ロングノーズで、フォルムを見るとある程度FRっぽいことは想像させるが、なんとも不格好でもあり、不思議なクルマであった。

このクルマはエンジンも縦置き直列4気筒（L4）の試作機を搭載した車両で、ある程度のダイナミクステストの検証ができるものであった。ここで見極めたいのは、新骨格ボディーとシャシーのポテンシャルの確認であるので、重量的な

ものはある程度合わせるものの、それ以外の商品性は見ないことにしていたので、内装は必要最小限で防音材などはない状態だった。それなので、乗っているとかなり騒々しいクルマではあった。

この試作車で、様々なテストを行なった。特にボディー剛性に関わる領域は念入りに確認を行なった。オープン特有のスカットルシェイクがどの程度なのか？　これは剛性不足によるAピラー周りの"わなわな"とした振動であるが、このレベルがひどいと、少しでも路面が悪い道を走ると車体がブルブルと揺れて、とても気持ちよく走れない。普通に走って、ドライバーが一番感じやすい事象であるので、リアルスポーツを目指すにはクリアしなければいけない重点ポイントである。

加えて、ハンドリングにおけるボディーのねじれ感や、具体的なハンドリング性能への影響も同様に大事なポイントなので、十分に検証した。ボディー剛性とは、全体の剛性で曲げ・ねじり剛性などを見ていくが、ハンドリングの応答性などは、サスペンションの取り付け部の剛性なども大きく関与するので、その部分を検証することがポイントとなる。サス取り付け部位などのローカルな剛性も、この試作車には事前検討して仕様に反映していたが、まずは大きく全体剛性の検証を軸にまとめていった。

シャシー関連でサスペンションの取り付け構造に関して、通常はサブフレームを介して、ボディーに締結する構造をとるが、軽量化の命題も

**S2000 のプラットフォーム先行車**
1996 年に製作した S2000 プラットフォーム先行車。モノコックフレームは新規に作成したもので、外観は CR-X デルソルの外板を加工して製作した。もちろん駆動形式は FR だった。

あり、サブフレームレス構造も検討した。

　しかしながらさすがにサブフレームレスは、取り付け点精度や生技性（製造上の要件）などから見送られた。そのサブフレームも基本ボディーに剛結する構造をとる。通常の乗用車だと、乗り心地、NV（Noise & Vibration）なども関係するので、ゴムブッシュを介したマウント締結構造だが、このクルマは剛結にこだわった。

　サスペンション構造も、新規のインホイールダブルウイッシュボーン形式のサスを適用し、そのジオメトリ違いの仕様（サスペンションを構成する部品の取り付けポイント違い）などもこの試作車で検証テストが行なわれた。

　オープンボディーに限らず、ねじり剛性などが低いクルマは、応答性も悪く、またステアリング特性も、アンダーステアが強い特性になりがちで、横Gが高くなってくると、一気にオーバーステアになって、気持ちの良いハンドリングにならないのが常である。

　その点でもこの試作車は、まだ粗削りな部分はもちろん残るが、リアルオープンスポーツを目指すベースのレベルとしては、十分ポテンシャルはあるとテスト結果から確信した。

　これらのプラットフォーム先行車でテストした結果は、本格的な試作車仕様に反映し、出図されていった。次の段階は本番試作車での開発へと移行していくことになる。

# 先行バリュー検証（EUサーベイ）

塚本 亮司

## ■新しい価値と価値検証
### 新VSフロー（Value Study Flow）

先のコンセプト立案の章でも語られたように、チームとしてのコンセプト案を固め、役員報告をした際、このクルマが世界で存在が認められるスポーツカーになり得るのか？　ホンダが目指すクルマづくり、本当の価値とは何か、をもっと深く探るべく検討指示がされた。

下の図はその時の報告後の指示である。

チームはその指示を受け、ホンダスポーツとして求められる価値とは？　その企画案を練り上げるためにVS（Value Study）計画を立て速やかに実行を行なった。

1997年のことだった。

VS0評価として、チームがコンセプトの練り上げのために、欧州で認められる価値とは？　といった調査VSフロー（欧州検証）を実施した。まとめた内容をこのVS0で報告した。その様子をここで記載してみたい。

コンセプト検討段階での欧州調査は、様々な欧州オープンスポーツを実際に自分たちで乗り、見え方、存在感、求められる性能などを体得すべく

実行した。参加者は、このプロジェクトの主要メンバーで構成し、デザイン、設計、研究それぞれの部門メンバーが参加した。リアルスポーツカーを目指すには、様々なロードコンディション、山岳や路地の多い街などや風景、天候など、いろいろな要素を含んだクルマの周りの環境を考慮したり、それぞれの地域の人が感じるスポーツカーへの価値観などがあることなどから、欧州の場を選択した。

一ヵ国だけを走るのでなく、南はイタリア〜フランス〜スイス〜ドイツ〜イギリスなど、欧州でも地域特性の違う場所を走りこみながら、それぞれの機能領域のポイントを検証していくことにした。

また欧州でスポーツカーに精通したモータージャーナリスト数名とのディスカッションの場を設定、それぞれの方々の、スポーツカーに対する価値感やホンダらしさなどについて議論する計画とした。まずスタートは慣れ親しんだニュルブルクリンクにあるホンダのワークショップにした。何となくここは、NSXでの開発の故郷でもあるので、上原繁（うえはら・しげる）さん、中野均（なかの・ひとし）さんなど、NSX開発に関わったメンバーにとっては、手の内感があって居心地がいい。ここでクルマを準備して、いよいよスタートする。その当時の欧州のオープンロードスターをそろえた。

ポルシェ・ボクスター、メルセデス・ベンツSLK、フィアット・バルケッタ、ロータス・エリーゼ、BMW Z3、それぞれの個性を持ったクルマたちである。

行程としては、1日目はニュルブルクリンクからシュツットガルトまで。主にドイツのアウトバーンを中心とした走行検証ステージである。走行速度が、200km/h以上にもなる区間でもあり、そこでの性能が検証ポイントとなる。シュツットガルトはもちろんドイツ屈指の名だたる自動車メーカーの本拠地である。ポルシェもこの地を本拠地としていることはご存じの方も多いと思う。2日目はここからミラノまでの行程である。朝からあいにくの雨である。その日はアルプスの山岳

> 提案のコンセプト、モデルを方向性として承認します。
> 次の段階に進むに当たり、以下を指示しますので志高く展開する事。
> 　目指す方向として、アドバンス ファンクショナルな方向で良いと考えますがこれだけではヨーロッパ競合他車が持つ高いイメージと、継続的に市場で評価される状況は造り出せないと思われるので
> 　持つ喜び、一時乗った喜び、誇りが持てる等、人間軸との関係を研究し、今まで我々が充分体得出来ていない、人と車がフィットするという事はどういう事なのか極め尽くし、開発 生産 販売を通じて此れをSSMで造り上げる様にする事。
> 　その為、従来の開発期間にこれを実現する時間を、特別に附加する事も了解します。
> 　人間軸を徹底研究し、ホンダの目指す存在値のあるクオリティーカンパニー実現に向かってSSMが先導することを期待します。

**VS0評価会の役員からの指示**　S2000企画段階のVS0（バリュースタディステップ0）評価会での役員による指示が書かれたメモ。この指示によって、今後の具体的な開発においてもチームが提案した、VS研究開発が承認された。

**シュツットガルトでの出発風景** 走行ルートの途中のドイツ・シュツットガルトでの出発時の様子。ここまでは天候に恵まれたが、この後、雨天へと天候が急変していった。

**雨天のアウトバーンをポルシェ・ボクスターで走行** ドイツ・シュツットガルト郊外のアウトバーンを走行中のポルシェ・ボクスター。以降山岳路までは、あいにくの雨天走行であった。このようにあらゆる天候下での適合性も当然検証項目のひとつである。

地域に入ることになるので、ちょっと気になるところだ。

ヨーロッパの山道も結構狭いし、ウエットでの性能も大事なところになる。ヨーロッパのこのような地域ごとでの、地形・路面条件、天候などが変わることに耐えられるかどうかも、スポーツカーといえども大事な観点である。

欧州山岳路、長いトンネルなど抜けると、イタリアの国境に入る。今と違って、まだ国境検問があったので、パスポートを見せて、イタリア入国。そこからは天気も一気に晴れてきたので、全員オープンにして走行開始。

長く緩やかなカーブの下り坂を快適に、また遅れを取り戻すべく急ぎながら走った。ここでは、心地よい風処理ができているかなど、それぞれのクルマの特徴が出た。オープンモデル独特の、後ろから巻き込んでくる風が強いと、髪の毛が乱れすぎて気持ち良くない。また、帽子も飛びそうなクルマもあった。オープンカーなら絶対に心地よい風処理が重要だと痛感した。

みんな調子よく走っていたが、ここでトラブルが発生した。1台がオーバーヒートして、近くのガソリンスタンドで止まってしまった。どうして下り坂でオーバーヒートしてしまうのか？ 不思議に思ったが、とりあえず冷やして、応急処置をした後に、再スタートした（原因は、冷却系からの水漏れだったことがのちにわかった）。

ようやく2日目の目的地、ミラノについたのは夜の11時近くであった。初めての地で、現代のようにナビなどまだ普及していない時代だから、紙の地図だけで、目当てのホテルにたどりつくことができたのは、これもまた不思議である。メンバーの中の中野均さん（このリサーチの現場のボスみたいな方）は土地勘がとても鋭い人なので、中野さんがそのホテルの看板を偶然発見した。このようなシチュエーションで、得意技を発揮できるのには感心した。夜中に着いたそのホテルの駐車場が怪しげで、地下の洞窟のような駐車場に入れて、大きな鎖とカギを付けて、その日は終了となった。

3日目はミラノからニースまでの行程である。天気も良いし、海沿いのアウトストラーダの走行。ここは高速といっても、クネクネした道で、まるで首都高速を走っているようで、小気味良く走るアジャイル（機敏な）な性能がとても気持ち良く感じる。

もちろんオープン状態で走るのが気持ちいい。このあたりで、オープンカーが多いのもうなずける。ここでは屋根が開くことはとても大事な価値であることに納得した。

モナコ公国を抜けて、フランスへ入る。このあたりは、断崖絶壁のある、山岳路を抜けながら走

る。モンテカルロラリーが行なわれるこのあたり
は、険しい山岳路が続くが、ひらりひらりとかわ
していく性能の優れたクルマにとって、最適なシ
チュエーションである。コンセプト検討の際、さ
んざん議論した、軽さを基にしたネイキッドス
ポーツが真骨頂の場である。

次の行程は、ニースからスイスのジュネーブに
向かう。モンブラントンネルを抜けスイスに到
着。ここでは、スイスホンダの社長である、ク
ロード・サージ氏と落ち合う。サージさんは本当
にスポーツカー好きであり、またレースも大好き
な方で、往年のレースドライバーたちとも懇意に
していて、広い人脈を持つ方である。

ホンダの社長である川本信彦さんとも、とても
仲の良い間柄ということもあり、今回の調査で
は、積極的に協力してくれた。ここに寄った理由
も、ポール・フレール氏（ベルギー）、ロジンス
キー氏（フランス）、ジャック・ファラン氏（フラ
ンス）など数名の欧州のジャーナリストの方々と
のディスカッションをするためでもあった。我々
チームは、様々な議論をして固めてきた、このク
ルマのコンセプトや企画案をしたためてきてお
り、これを基に各ジャーナリストと、"スポーツ
カーの価値"、"ホンダスポーツとしての必要条
件"、"長続きする価値" などに関して、議論した。

これらの方々は、サージさんの盟友でもあり、

**スイスホンダ社長のサージさんも自らドライブ**　スイス・ジュ
ネーブでのジャーナリストとの合同ドライブ＆ミーティング。こ
のミーティングを検討していただいた当時スイスホンダの社長
のサージさんも自ら比較車のポルシェ・ボクスターをドライブ
した。

欧州のレース、スポーツカーを乗りこなしてきた
大ベテランである。彼らと用意したスポーツカー
に一緒に乗り、その後、語り合った。それぞれ独
特のドライビングスタイルとクルマの評価を持っ
ていた。我々の志やアプローチに対しても、様々
なとらえ方があって、興味深かった。

みんなが共通して言ったことは、スポーツカー
としての性能は絶対に妥協せず、チームの言う軽
量化を徹底してアプローチしていくのがいい、と
いう点であった。あともう一つ、"ホンダらしい
独自性"を主張すべきであるという点であった。
やはり企画資料で提案したキャッチフレーズの
"Dynamic Oriented & Advance" は期待されて
いるのだということを改めて感じた。

このディスカッションを終えて、次の行程に
移った。今度は欧州の大陸を北上する。フランス
のパリ近郊まで走る。このルートは、高い山など
なく、欧州の丘陵地帯で、高速も広くストレート
が多い。ただし、ここでは速度制限があり、
120km/h程度のものである。なので、道路が良
くても性能を持て余すような感じで、ドイツのア
ウトバーンのように性能を出し切って走るシチュ
エーションではない、のんびりした感じであっ
た。オープンカーなら屋根を開けてゆったりした
感じで走るおおらかさを求められる。

パリ市内に入ると、クルマがどの車線を走って
いるのか、どのようなルールなのかとても分かり
にくい交通状態で、混沌としていた。さらに交差
点は信号でなくラウンドアバウト形式なので、な
おさら大変だった。市内を抜けて、北フランスの
カレー（Calais）から、地下トンネルをクルマごと
列車で海底を抜けて、イギリスへ渡る。

ドーバー（Dover）近郊に上がって、そこからロ
ンドンの環状線であるM25を走り、M4に入り、
ホンダの研究所HRE-UK（Honda R&D Europe
UK）のあるスウィンドン（Swindon）へたどり着い
た。研究所のメンバーと落ち合って、次の行程の
準備をした。翌日はスウィンドンからM1に入り、
北上し、ヨークシャー地方のハロゲート
（Harrogate）という比較的小さな町が目的地であ

ポール・フレールさんもドライブ　スイス・ジュネーブでの
ジャーナリストとの合同ドライブ＆ミーティングでは、ポール・
フレールさんのドライブで上原さんやその他の開発メンバーも
同乗し意見交換を行なった。車両はボクスター。

比較試乗した欧州オープンスポーツ車両　スイス・ジュネー
ブでの合同ドライブ＆ミーティングで比較試乗した欧州メー
カーのオープンスポーツ車両。手前のクルマはフィアット・バ
ルケッタ。試乗のあと、ジャーナリストとの熱いディスカッショ
ンが行なわれた。

る。

　M1は立派な高速道路であるが、車速制限も日本とほぼ同じであり、さらに左側通行であるので、日本との差異を感じない。このあたりは少し小高いところもあり、道路も狭く、かつバンピーな（うねりの激しい）路面である。

　丘陵の牧場の中を走っていく感じで、車速を上げるとジャンプしそうで、まるでラリーをしているような感じである。当然、ビタッと安定した性能というよりも、アジャイルなハンドリング性能、クイックなステアリングレシオ、接地性など要求される道である。今までの大陸の道路環境とは明白に違う。

　余談であるが、この地での宿泊は、Old Swan

UK の丘陵地帯の走行　UK の郊外路は山岳路ではなく、北
海道の郊外の道路に近いイメージである。ヨーロッパ大陸と
はまた違う道路環境で、求められる性能も変わる。

Hotel というホテルに泊まることになったが、ここは作家のアガサ・クリスティが失踪後、長く滞在していた有名なホテルらしく、レンガ造りの建物の壁が、葉っぱで覆われている古いホテルであった。床も木でできており、やや傾いている感じである。またエレベーターも旧式のもので、ゆっくりと動いていく。イギリスならではの歴史感も、感じたものだった。

　翌日は、そのハロゲートの近郊のルートをイギリスのジャーナリストのセットライト氏とのミーティングをセットしていた。ホンダ・ヨーロッパの広報のマネージャーである、リズ・ラベンダーさんのセットアップで行なった。

　セットライト氏もなかなか、個性の強い方で、独特の運転スタイルで、例のバンピーな道路を走っていく。話す英語もとても分かりにくい文学的な表現で語るので、理解するのがとても大変だった記憶がある。ここでも、ホンダらしい個性の強いことと、先進性が大事だとのご意見を頂いた。この方は、スイスで話し合った方々より常識にとらわれない発想で、まるでSF映画に出てくるようなクルマを語っていた。なんとも不思議な方であった。

　この行程を終えて、再度HRE-UKのあるス

ジュネーブ市近郊のドライブコース　途中のレストハウスにてショートブリーフィング。

北イタリアの郊外路を走行中　ドライバーは上原繁氏。

ポール・フレールさんと、スポーツカーに関しての議論　左からサージさんとチームメンバーの渥美淑弘。

NAVIのない時代、地図が唯一の頼りになる術　ヨーロッパの複雑な道を間違いなく走るのは至難の業。

ドライブを終えてポール・フレールさん交えたスポーツカー議論　ポールさんのホンダスポーツカー論やドライビング論についてお互いの意見を交えた。

HRE-UKにてサーベイ結果の報告の様子

ウィンドンにもどり、今回のまとめと現地の鈴木久雄社長に報告を行なった。今回の全行程を走行し、我々チームメンバーは、様々な欧州の地域性、道路環境、天候などを経験し、そこで求められる性能価値、スポーツカーとしての普遍的な価値とはなにかを学び、さらにホンダに求められるものへの“想い”を確固たるものとして持ち帰った。

　1日数百キロの走行で、トータル約5200km走りこんだ経験。そこから見えてきた様々な価値が自分たちの中に確立していった。欧州のいろいろな風景、荘厳な建物や広大な光景、アルプスの山々の中など、強い背景の刺激の中でどんなふう

に見えるのか？　古典的な中におけるアドバンスの価値、求められる性能は？　他社との違いは何？　といったことをそれぞれのメンバーが感じ取り、自分たちがつくりたいスポーツカーのイメージのつくりこみへと昇華させていった。

　ここでのまとめは、帰国後の9月、VS0（Value Study 0）として、社長の川本さんはじめ、役員への報告を行なった。今回の欧州での価値調査では、この新しい“ホンダスポーツとして必要不可欠なポイント”、“長く継続する価値”を見定めることができ、その内容を報告し、結果を基にした本格的な開発へと進んでいったのである。

# 第4章 量産開発の本格スタート

## 量産プロトモデルの開発

塚本 亮司

### ■S2000 量産プロトモデルの開発

企画段階において、クルマのコンセプトも固まり、またデザインにおいてもその方向性など大体のところが決まってきた。一方、価値検証フロー（VSフロー）から見出してきたこのクルマの価値、それを達成するための仕様なども固まってきて、本番の試作車への図面化を行なう段階にきた。

先行開発のところで述べたが、外観がCR-Xデルソルの形をした先行車で実施したボディーやシャシー関連のテスト結果などもふまえ、次の本番試作車に向けた出図のための仕様の精査を行なっていた。当時は最初のプロトモデルに入れ込む仕様に対して、各機能部門の領域において細かな検証が行なわれるのが通例で、その関門を通過しなければ図面が出せないことになっていた。

企画の説明を述べた章の中にあるS2000のグランドコンセプトを基に、各機能部門でそれを達成するための細かな仕様を、シミュレーション、単体テスト、先行車実車テストなどの結果から、その効果・実現性などを検証し、検証結果を見ながら、試作車図面仕様を決めていく。この作業はとても手間のかかる大変なステップではあるが、設計部門や生産部門との連携などもからんで、後々の進行にも大きく影響が出てくるところなので、ここでの手間はとても重要な部分である。

その一部分を紹介するが、シャシー関連では、軽量化を目指し、タイヤサイズなども、最終仕様のタイヤよりも小さいサイズ、かつ前後同サイズの検討からスタートした。最終的には前後異サイズのタイヤ設定とした。また、性能とデザインの両立を目指してサスペンション形式は4輪インホイールダブルウイッシュボーン形式を採用した。またリヤのサブフレームも軽量化のために、当初は採用しない方針であったが、サスペンションの取り付け点精度、生技性（生産工程での作りやすさ）などから、サブフレーム付きで本番の仕様は出図された。

S2000のコンセプトでは、「本籍はサーキット」とうたったように、スポーツカーとしての性能を満たさねばならないという意気込みと、NSX開発で培ったノウハウもあって、そのような結論に達した。

プロト1と呼ばれる最初の試作車の図面が出図され、いよいよ本番プロトモデルが試作工場から出てきたのは、1997年7月頃であった。それから、量産に向けての様々な開発テストが多岐にわたって実施される。 ハンドリング性能やブレーキ性能、動力性能などのダイナミック性能テスト、使い勝手などの商品性テスト、エンジン・駆動系実車テスト、強度耐久、衝突安全、等々。

ここでのテスト結果を踏まえ、次の最終プロトモデルへの仕様の熟成を図っていくことになる。

各性能領域での話は、それぞれのパートでの記述にお任せするとして、ここでは、量産プロトモデル段階で行なったVSフローの取り組みに関して、少し書いておきたい。

### ■VS1（Value Study Step 1）プロト1での実地検証

企画の段階で、このクルマとしての価値を探る

ために、欧州での価値検証を行なったことを先に述べたが、今回はいよいよ量産開発試作車をもって、現地での検証を行なう段階である。様々なテストを研究所のある栃木で、着々と実施していきながら、また一方で、リアルワールドでのテストも行なうため、その前段階として北海道の鷹栖にあるPG（プルービンググラウンド）と呼ばれるテスト施設での各種動的性能の磨き上げを進めていった。

鷹栖のテストコースは、冬季での雪上テストを実施するのはもちろん、冬以外でも、いろいろな走行テストが可能な様々なテストコースが設定されている。最も特徴的なのは、NSX開発以降、このような場所で鍛え上げることは、世界に通用する性能レベルを達成するにはとても重要であるとの判断で、この鷹栖の地にホンダ版"ニュルブルクリンク"オールドコースを作ったことであった。また、ニュルブルクリンクコースだけでなく、ニュルブルクリンク近郊の欧州郊外路の検証コースも作った。現地から道路標識なども仕入れて、本物感にこだわる念の入りようで本気度がわかる。このコースは1993年に建設され、それ以降のすべてのホンダの4輪車はこの関門をくぐって世の中に出てゆくのである。

S2000も当然ながら、ここで十分テストを行なったうえで、ドイツをはじめ欧州でのリアルワールド検証のステップへと進んでいく。

予定通り鷹栖でのテストのステップを終了させ、いよいよ欧州リアルワールド検証の場に出向く。場所はドイツのニュルブルクリンク近くのホンダのワークショップで、NSXの開発時から使っている。

ここは、ニュルブルクリンクのオールドコースがあることはもとより、ワークショップ近郊は、欧州の郊外路、ワインディングロード、アウトバーンなど、テストシチュエーションとして、とても有効な場所である。我々が、ハンドリング、乗り心地、動力性能等々ダイナミクス性能を検証するにはとても最適なロケーションである。研究所のテストコースのように決まったパターンの路面状況でなく、様々な路面状況、交通状況、天候などいろいろ条件が変化していく。ここで、実車での膨大な検証項目をきめ細かく確認していくのである。

もちろん検証をするだけでなく、様々な対策案別仕様も持ち込むので、ワークショップでの組み換えなども行ない、その都度確認を進めていく。サスペンションなどは、バネやダンパーの仕様違いはもちろん行なうが、新しいボディーでの剛性確認も行なっていく。リアルワールドなので、PGでのチェックで確認しきれなかった事象なども出てくる。例えば旋回しながらマンホールなどの出っ張った部分を乗り越したりした時の挙動なども見逃さず、課題として共有する。

ダイナミクス性能に関しては、サスペンション仕様での対応だけならいいが、ボディー剛性に関わるところもあるので、現場での暫定補強での効果なども確認し、次のボディー仕様への反映をしていく。

S2000はハイXボーンフレーム構造のボディーを適用した初めてのクルマでもあり、仕様を2案ほど組み込んで、試作車を製作した。やはりボディー仕様は後々の開発スケジュールに大きな影響を与えるので、その仕様を早期に決めていくことは開発の中ではとても重要なことなのである。

一連の検証が進んだところで、いよいよ企画段階で実施した検証コースでの実車検証をスタートしていく。ルートは、前回の事前の価値検証ルートの一部を使用して行なうことになった。ニュルブルクリンクワークショップからUKのハロゲートに向けてのルートで走行検証した。　前回のように、ヨーロッパ大陸での性能価値検証、またUKにわたり、UK独特の丘陵ワインディングでの走行など、プロト1試作仕様での検証である。

ここでの検証は、前回の価値検証を終えて、ホンダスポーツとして必要な価値を見定めたものを具現化した試作車が、実際にどうなっているのか？　コンセプトの方向性に合致しているかなど、参加したメンバーによる検証を行なうことが主眼である。

**北海道鷹栖 PG でのテスト風景**　ニュルブルクリンクを模した鷹栖 PG のワインディング路で、ダイナミクステストを実施。

**北海道鷹栖 PG のワインディング路でのハンドリングテストの様子**

**ハンドリングテストのひとコマ**　ひとつの走行テストが終了したら、次のサスペンションのセッティング案のテストへと、仕様案別の検証が進んでいく。

**ドイツのニュルブルクリンクでのテスト風景**　ホンダのワークショップで走行テストに向けた準備を終え、郊外路へダイナミクスの確認に出発するところ。

**ニュルブルクリンクにあるホンダのワークショップにて**　走行テストを終えてワークショップへ戻り、次のテストへ向けての準備を行なっている。

**ドイツのアウトバーンでの高速走行テスト** アウトバーンでは高速域での安定性、ブレーキ性能といったダイナミクス性能から、音、振動まで確認を行なう。

**UK に上陸** 海峡トンネル列車で UK に上陸し、高速道路M1 を走って北上、目的地のハロゲートへ向かう。UK の高速は日本の高速とほぼ同じスピードレンジなので、検証できるスピードゾーンは 100km /h 強となる。マイル表示なので、キロメートル表示と混同しないように気を付けて走行する。

　このプロト1での検証で大事なポイントとして、目指したコンセプトである"現代のネイキッドスポーツ"らしい軽快でアジャイル（機敏）でレスポンスの良いスポーツカーになりうるものかどうかであった。欧州大陸での走行ではなかなかわかりにくいところであったが、UKのワインディングを走ると、その特性がとても明確にわかった。"緑のワインディングを気持ち良く"をとても感じる"でき"になっていた。ハンドリング性能での、車両の姿勢、路面アンジュレーショ

ン（起伏）での接地性など、また加速レスポンスや重要視していたシフトフィールなどもいい感じであった。

　やはりこのクルマは、こういった走行シーンで特性を発揮できるのだと、自信めいたものも出てきた。もちろん、まだまだ世の中に出せるほど完成したものではない。この段階では、あくまで狙ったコンセプトの方向性に向かっているかが重要である。

　実は、このプロト1の試作車ができる前に、と

**海峡トンネル列車で UK へ** フランスのカレーから UK のフォークストーンまでの海峡トンネル列車ル・シャトルに自走で搭載。同乗する一般客から「どこのクルマ？」などのたくさんの質問攻めにあうが、うやむやにごまかしてその場をクリアした。

**UK ジャーナリストと試乗＆ディスカッション** UK の中部エリアのハロゲートに到着。VS0（バリュースタディステップ 0）の時から 2 度目のオールド・スワン・ホテルへ到着した。ここをベースに UK ジャーナリストとの試乗とディスカッションを行なう。

ても大きな事件が起こっていた。エンジンの仕様が大きく変更になったのである。この件は、エンジン開発の章で語られているので詳しくは書かないが、エンジンが変わることで、当然ダイナミクス性能関連の影響も出てくる。しかし、このクルマでの結果を次に継がなくてはならない。

また、さらに今回のこの検証ではデザイン領域も検証項目であり、デザイナーも数名この検証に加わった。その検証結果により、デザインの見直し、特にリヤ周りのデザインを大幅に修正することになった。理由は欧州の強い景色の中でのしっかりした存在感が、まだ不足しているというものであった。

また性能面でも空力性能、特に安定性を向上させるためにリヤ周りの形状も併せて改善する必要も出てきたこともあり、その空力特性（リフトの改善）も含めたデザイン修正を行なうことにした。また、ハンドリング性能の改善のため、リヤのトレッドの拡大なども大幅変更項目に含めた。

UKから戻り、今度はスイスのジュネーブ（Geneva）に向かい、役員に対しこれまで行なった欧州での検証結果を説明し、各機能テストにより熟成されたクルマを試乗して頂いた。

ここでの結果として、
1) 狙ったコンセプト、性能特性のポテンシャルは見えてきた。しかし、これからさらなる磨き上げを進める必要がある（現状ではまだ未達）。
2) 存在感あるデザインに関しては、リヤを中心にデザイン変更を実施する。
3) デザイン、エンジンやその他機能領域での性能向上を進めるが、重量の増加は極力最小限に抑えることを徹底し、重要管理項目とする。

以上をもって、VSフローを終え、栃木での各種テスト結果と併せ、次のプロト2へのステップへと進んでいくことになる。

## ■次の試作車プロト2でのテスト

VS1報告を終えて、デザイン部隊は早急にデザインの変更に向けて検討が始まった。もちろん、空力性能などの機能領域との整合も進められ

ていき、造形と性能の検証が風洞テストなどで着々と進んでいく。一方エンジンも250PS化を達成するための開発も急ぎ進められており、そのエンジンを搭載し、プロト1でのテストの結果が反映された車体仕様の、プロト2のテスト車の完成が待たれた。デザインは1997年の年末に、社長承認まで終えるところまで進んだ。「まあやや機能・機能しているところもあるけど、基本的にはこれでよし」といったコメントも出た。そしてS2000という名前もほぼ決定した瞬間であった。

これでデザインが決まったので、いよいよプロト2の図面出図が急ピッチで進められた。

プロト2のテスト車が1998年初夏に製作されてきた。いよいよ本格的なテストが進んでいくことになる。このロットでは、新しい250PS仕様エンジンにまつわる、冷却耐熱系、動力性能、NV（Noise & Vibration：振動・騒音）関連を中心に機能テスト、総合的なダイナミクステスト（運動性能テスト）が行なわれる。加えて、デザイン変更領域の機能テスト、電動幌の採用など、結構盛りだくさんの変更が入り、様々なテストをこなさなければならない。

この試作ロットでも、本拠地である、栃木のテストラボや、テストコースでの走行テストなどが着々と進められていく。

別章で機能テスト関連は語られるので、ここでは最終の公道検証とテスト完了のところを記載してみる。このプロト2も、各種のクルマとしての基本的なテスト項目を終え、鷹栖での最終テスト関門を通過し、いよいよ欧州での公道検証へと向かった。

これでいよいよ開発も最終段階に入る。1998年の夏、ジュネーブのスイスホンダ社長（当時）のクロード・サージさんのところに持ち込んで、スイスホンダを拠点に走りこんで検証する。最終的なチームの公道検証となる。特にこのクルマの性能のキーポイントである"感覚性能"（別章で詳細紹介）に関わるところの"でき"がどうか、が最大関心事項であった。この点は、チームの主要メンバーが寸暇を惜しんで、現地で検証を進めて

ジュネーブに戻り最終確認テスト　スイス・ジュネーブに戻りプロト2のテストを実施。プロト車としては最終確認テストの段階で、完成車全般にわたっての仕上がり具合の確認を行なう。

最終確認テスト前の車両チェック　スイスホンダのワークショップを借りて、走行確認前の準備。この後、ジュネーブ近郊の郊外路での最終チェックへ向かう。

サージさんも下回りをチェック　同じくスイスホンダで下回りをチェック。スイスホンダ社長のサージさんも自ら下回りを確認。彼は無類のスポーツカー好きで、じっとしていられない様子であった。

最終確認テストに出発　車両のチェックを終え、いよいよ最終確認へ向かう。

比較車とともにジュネーブ郊外路を走行　比較車とともにジュネーブ郊外路で走行の様子を確認する。いよいよ開発の最終段階である。この確認を終えると役員への報告に進むことになる。

**プロト1での高速検証①**　ドイツのアウトバーンでの、高速性能の検証を実施。高い速度ゾーンでの安定性から、風処理までも検証の対象となる。

**プロト1での公道検証②**　ドイツ・ニュルブルクリンク近郊の郊外路での検証走行シーン。

**公道検証風景**　開発メンバーはその他の競合車両と比較試乗しながら、検証を進める。

いった。

　スイスでの検証を終え、出てきた結果をまとめ再度磨き上げのテストを進めることになった。

　スイスからニュルブルクリンクのワークショップに戻り、検証で出てきた課題をクリアするため、運動性能関連の仕上げテストを進め、現地での役員による試乗を行なった。結果は仕上がりのレベルを評価していただき、無事に終えることができた。その後、日本に持ち帰り、いよいよ全項目に関して最終仕上げテストを行ない、目指した性能が達成できているかを確認して、役員の最終評価を迎えることになったのである。

## エンジン
## 高出力と環境性能の両立
### 唐木 徹　明本 禧洙

### ■社長の一声で出力目標が250PSに決定

　エンジンの開発には時間と費用がかかるため、機種開発に先行してエンジンの開発を行なってきたことは第1章にて述べた通りである。ここからは、S2000の量産エンジン開発について述べることにする。

　エンジンの性能は完成車のコンセプトや要求性能から決まるため、このような商品（クルマ）にしたいからこのような性能やサイズをエンジンとしては目指す、というアプローチが一般的であった。

　またその商品のモデルサイクルの中でどのようなバリエーションを持たせるかを想定し、最初から基本レイアウトに反映しておかないと、モデルチェンジのたびにボディー等を変更することにもなりかねず、開発や投資の観点から非常に効率が悪くなる。

　また、スポーツカーはファミリーカーと異なり、安定的に販売台数が確保できるというものではなく、だいたい一年程度でコアなファン層に商品が行き渡ると、販売台数が低迷するのが一般的な傾向である。それを長期間ある程度安定的に販売していくためには、毎年のように商品にてこ入れを行なうことが重要であった。そして、常に話題を喚起することにより販売台数を維持していくことで、長期にわたりお客様に商品を提供していくことが可能となるのである。

　マツダのユーノスロードスターは1989年に発売が開始されたが、だいたい毎年、商品のてこ入れを行なうことで、生産販売台数を維持していく手法を展開していた。最初のスタート仕様は排気量1600ccと5MTの組み合わせからスタートし、AT（オートマチック・トランスミッション）の追加、排気量のアップ、数々のスペシャル仕様やリミテッド仕様の販売等、実に丁寧にファンの心をくすぐる作戦で話題喚起を行なっていた。

　当然ながらS2000もこのユーノスロードスター

の商品展開を参考に、「小さく生んで大きく育てる」ことを主眼に商品の企画が行なわれた。

1) エンジンは2リッター、200PSでスタート
2) VGS（バリアブル・ギアレシオ・ステアリング機構）バージョンの追加
3) AT（オートマチック・トランスミッション）の追加
4) 廉価仕様（エンジン160PS程度）の追加
5) RS仕様（エンジン240PS、ボディーの大幅軽量化）の追加、等。

　このような商品企画部門の戦略を受けて、エンジンとしてはベースを200PS、また高出力タイプ用に240PSを目標として、先行開発を続けてきたわけである。

　改めてエンジンのコンセプトを以下のように位置付けた。

1) NA（自然吸気）エンジンで世界一の高出力
2) ハイレスポンス
3) 全世界LEV（Low Emission Vehicle）対応
4) 軽量かつコンパクト

　そのためにエンジン先行開発で培ってきた、世界初の技術、ホンダ4輪初の技術を惜しみなく投入していった。

　そして最終的には240PSを狙うものの、その骨格を使って200PS程度から小さく生んで、後に240PSに大きく育てる戦略であった。

　しかし、1996年6月に量産開発指示が出てからエンジンの目標性能は、目まぐるしく二転三転した。1996年6月量産開発指示発行時のエンジン出力は200PS以上。

　1996年8月の企画0次評価時には240PS。

　1996年12月の企画1次評価時には225PS。

　というのも、このS2000はほぼ同時に開発がスタートしたハイブリッド車インサイトと共に、ホンダの創立50周年記念車と位置付けられたからである。S2000には世界一のエンジン出力を、インサイトには世界一の燃費を求められることとなり、ホンダの経営陣の間で色々な想いが錯綜（さくそう）した時期と言ってよい。

　そして翌年、1997年2月の企画1次モデル決済

会では225PSと、このあたりでだいたい会社の方針も固まるかに見えた。

エンジンの開発現場では機種の評価イベントと並行して仕様熟成に向けた開発が進行しており、エンジンの出力だけでなく排気ガス性能（エミッション性能）の確立や、耐久信頼性の確立に向けた数多くのテストが進められ、ほぼこれなら量産可能という段階まで仕様が熟成され煮詰められていた。

ところが、1997年5月の企画2次評価で大きく情勢が動いた。企画2次評価とは企画の完了を確認する評価会で、基本仕様はここで承認され、この後は各部門が量産開始に向けた段取りをすることになっている。良くも悪くもこの企画2次評価が仕様を決定する最後の機会となるのである。

ここで当時の川本信彦社長から信じられない発言が飛び出した。

「ホンダのメッセージとして世界にアピールするには、エンジンは切り良く行かなきゃな！」

すなわち、切りの良い数値に目標値をさらに上げろ。具体的にはエンジン回転数は10,000回転、出力は250PSということである。

評価会に出席していた開発チームは一瞬息を飲んだ。250PSのためにはエンジンを9,000回転程度まで回さなければならない。エンジン先行開発では8,000回転程度までは実績があったが、さらにその上の1,000回転は未知の領域であり、壁はとてつもなく大きかった。エンジンの設計を一からやり直すことになるからである。

機種の企画完了評価が、実はエンジンにとっては開発スタートの日になった。

## ■ゼロから始まった250PSへの挑戦

当時の4輪量産車、自然吸気エンジンでの最高出力は100PS/Lを超えるものは少なく、少量限定の特別仕様などに限られていた。排気量2.0Lで250PS、125PS/Lを達成するのは、未知へのチャレンジである。

幸いホンダは、世界的にも数少ない2輪・4輪・汎用製品（発電機等）を手掛けているメーカーで、モータースポーツにも積極的に参戦してきている。そこで、カテゴリーを問わず高出力エンジンのデータを集めて、125PS/Lを達成するためのボア×ストローク、吸・排気効率、燃焼効率、冷却損失、フリクションロスなどを複合的に検討して、それぞれに機能ターゲットを定めた。

描いたエンジン骨格で最大のボトルネックとなったのは、排気効率の向上である。量産エンジンの場合、排気ガスを浄化してクリーンな空気にもどすために、排気触媒を配置する必要があるが、これが排気抵抗となって高出力化の足かせとなっていた。そこで従来使われてきたセラミックハニカムの触媒に替えて、新開発のメタルハニカム触媒と新技術の排気2次エアーシステムを採用することで、排気抵抗を極限まで低減することに成功した。

また、よりスポーティな運転を楽しんで頂くために、エンジンレスポンスを高める研究も行なった。当初、4連スロットルなども視野に研究を行なった結果、人間が感じるエンジンレスポンスは、ピックアップの周期に依存し、回転数の上げ－下げ－上げ－下げの周期が短いほど高レスポンスに感じる。さらに、回転数の下がりの応答性を高めたほうが、周期が短くなる結果を得たことから、アクセルオフでいかに早くエンジン回転数を下げるかに注力した。

手法としては、慣性マスの低減と、吸気負圧をいち速く最大化させることが重要である。吸気構造的には4連スロットルで、単気筒ごとの吸気ボリュームを最少化する手法が最も優れていたが、当時の量産車では、ブレーキ負圧に吸気負圧を使う必要があるため、4連スロットルのポテンシャルを生かしきれない課題があった。そこで、従来構造のインテークマニホールドの吸気ボリュームを可能な限り最少化することで、狙った効果が得られるまで、粘り強く開発が続けられた。

一方で、自然吸気エンジンの場合、高出力と高回転は相関関係のため、125PS/Lを達成するには9,000回転以上とする必要があった。当時の9,000回転以上のエンジンとしては、2輪エンジンと

レースエンジンが存在していたが、いずれも超ショートストローク型で低速トルク不足や燃焼安定性不足など、4輪エンジンには不向きなタイプであった。また一度決定したボアピッチ94mmを拡大することは生産設備への影響が非常に大きくなるし、車体への搭載性も損なわれてしまい、ボディーへの影響が非常に大きいためボアを拡げるわけにもいかない。

従って先行開発で決定した基本諸元は守りつつ回転数を上げるためには、ピストンスピードの増加に対応するため、ピストンやコンロッド等の主運動部分を極限まで軽く強くする必要がある。信頼性・耐久性が求められる量産車において、9,000回転は未知の領域であり、やはり、ここに課題は集中した。

未知のピストンスピードから起きる課題との格闘は、私たちの想像を絶していた。特にレシプロ系の課題は難を極めて、何が原因なのか、どのような対応が有効なのか、チーム一丸となって昼夜を問わず、あらゆるトラブルのつぶし込みに明け暮れていた。そのレシプロ系の課題解決のため、それまで鋳造だったピストンを思い切って鍛造に変更することにした。

当時、トラブル事象を捉えるにも計測技術・デジタル技術も乏しい時代であったため、個々の計測センサーのアナログ信号をコンピューターに入力し、自らプログラムをつくり、自作のデジタル計測器でピストン挙動、コンロッド挙動、バルブ挙動などの事象解析を行ない、初めてトラブル事象をつかむことができた。

その後は、シミュレーション解析部隊、材料開発部隊の協力により、最適な対策案が考案されて、125PS/L、9,000回転に耐えうるエンジン骨格へと鍛え抜かれていった。

ある日の会議では、コンロッド小端部のブッシュメタルを廃止する案が出された。その時、チームの一人が言った。「それなら2輪でやっているよ」彼は朝霞研究所（後の二輪事業本部ものづくりセンター）の出身であった。すぐにその技術をはじめ、各技術に精通した朝霞研究所の技術者

との会合の場をセッティングしてくれることになり、2輪技術の採用や応用によるスピーディな問題解決が実現した。

高回転化はまた、動弁系にも大きく影響を及ぼす。バルブスプリングにおいては、部品メーカーと協力して材質から見直した。

かくして250PSのメドは立った。しかし、当初発表予定にしていた創立50周年記念式典は、目前に迫っていた。しかも量産試作エンジンは次々と壊れた。新技術を数多く採用しているため、予知・予測ノウハウに乏しく、とにかく作ってテストする以外に方法が無かったのである。

こうした中、研究所の総力を結集する特別開発体制がとられた。柔軟な体制がとれるのもホンダの強みといえる。当時、同時進行で初代インサイトも開発しており、全社的に集中力が高まった時期であった。

試作エンジンのトラブルは、まずシリンダーヘッドまわりとピストンのクラックとしてあらわれた。そして、それらを徐々に改善して耐久テスト時間が伸びてくると、今度は他の弱点が顕在化してきた。

改修の繰り返しは半年もの間続いた。しかし逆にこのプロセスは、時間はかかったが商品としての完成度や信頼性を大きく高めることとなったのである。そしてS2000の発表は半年延期されることになり、創立50周年記念式典ではプロトタイプを発表した。

以上のようにS2000エンジンの開発は未知の領域へのチャレンジの連続であった。それには、いかに先入観を捨て、そこで起きていることに向き合えるかが重要であった。三現主義（現場・現物・現実）の実践である。例えば、試作エンジンでピストンが大破する事象があった。この頃は鋳造ピストンを用いており、エンジンを開けてみると、粉々に壊れたピストンが冷えて球状に固まっていた。こうなると原因がわからない。

ピストンの担当者は「バルブが落ちた」、バルブの担当者は「高回転に耐えきれずピストンが飛んだ」などと原因をよそに求めがちになる中、

チームが一つになり、冷静な原因究明を行なうよう努めた。

また、設計図と実物が異なる場合がある。シリンダーヘッドの金型化の際、設計図上は問題なくても、現物を調査してみると肉厚不足が判明した。これについては、生産部門の協力により解決できた。

そのほか、究極を目指したエンジンだけに、多くの部品に高い精度が求められた。図面上、寸法公差を小さくすることは簡単である。しかし、実際に形にするのはたやすくないため、取引先や生産部門と協力し合い、設計でカバーできる部分、製作で達成できる部分を見極めた。

開発者だけでなく、取引先や生産部門等、数多くの関係者が一丸となって250PSに果敢に挑戦をしてS2000用のF20C型エンジンは完成に向かったのである。

### ■S2000コンセプトを実現する実車パッケージング

ここで実車のパッケージングについて少々触れておきたい。F20C型は後述する新技術・新機構により、従来エンジンに対して非常にコンパクトとなっている。アコード用のエンジンに対して、幅でマイナス13％、クランクシャフト方向の長さでマイナス6％の短縮が達成でき、これは1.6L

クラスのエンジンとほぼ同等の長さとなっている。

幅が小さいことでハイXボーンフレームのフロント部分はまっすぐ通すことができたし、長さが短いことでビハインドアクスルレイアウトを達成することが可能となった。また重量についても当時の他社、自社と比較しても大幅に位置づけを進化させることができた。

そのように軽量・コンパクトなエンジンであったが、フロントエンジン・リヤ駆動（FR）のレイアウトは創業期にS600やS800の実績があったとはいえ約30年前のクルマであり、当時のノウハウ等は何も無い状態であった。

そこで見よう見まねというと表現が悪いが、エンジン前端のクランクプーリーからリヤディファレンシャルまでを、ほぼ直線状に並べるように後傾させてレイアウトした。

エンジンルームのパッケージングではFRのノウハウは無いとはいえ、筆者自身は1990年あたりから縦置き直列5気筒（インスパイア等）、縦置きV型6気筒（レジェンド）のようなフロントエンジン・フロント駆動（FF）の縦置きエンジンの開発に携わっていたため、比較的抵抗もなく進めることができた。

しかしながら一番パッケージングで苦労したのが排気系であった。エンジン本体や吸気系はコン

### アコードに対し、下記の如く大幅サイズダウンを達成

長さにおいてCIVIC用84ピッチENG同等

コンパクト化されたS2000のエンジン　エンジンの長さ方向では、補機ベルトの1本掛け化、点火システムの刷新で大幅な短縮を達成、1.6リッタークラス（CIVIC用84ピッチエンジン）同等とした。エンジンの幅方向では、吸気系レイアウトの見直しにより長さを短縮した。このようにコンパクト化したことにより、ビハインドアクスルレイアウトの成立に大きく寄与した。

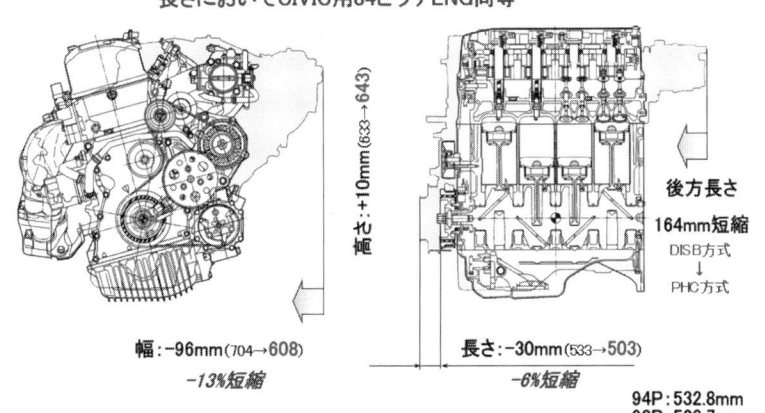

高さ：+10mm(633→643)

幅：-96mm(704→608)
-13%短縮

後方長さ
164mm短縮
DISB方式
↓
PHC方式

長さ：-30mm(533→503)
-6%短縮

94P：532.8mm
90P：528.7mm
84P：502.7mm

**容積(幅×長さ×高さ)において-17%コンパクト化**

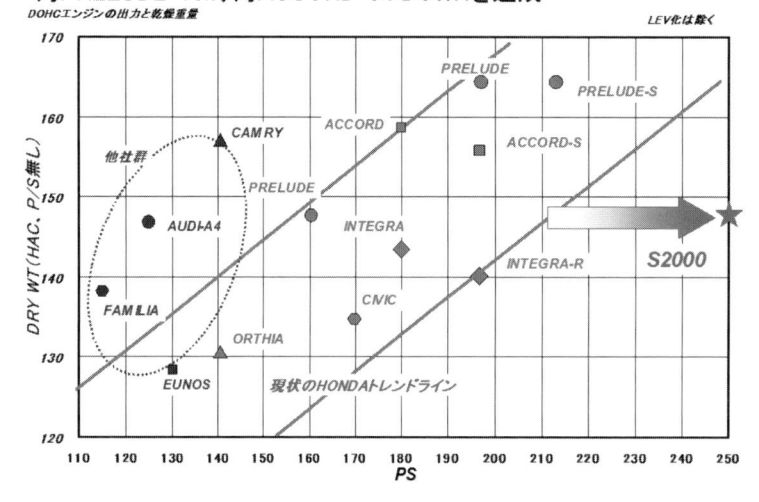

### 対PRELUDE-10%、対ACCORD-5% DOWNを達成

DOHCエンジンの出力と乾燥重量　　　　　　　　　　　　　　　　　　　LEV化は難く

**馬力当たりの重量を低減**　従来よりホンダのエンジンはアルミを多用するなどして、他社よりもエンジン重量当たりの出力は大きい傾向（軽くて高出力）だったが、S2000ではさらに従来のトレンドラインを大幅に超える軽量化を達成した。

パクトなのであるが、排気系は出力向上のため4-2-1形式のステンレスパイプ製を使っており、最初の4本部はΦ41mm、続くデュアル2本部はΦ54mmと非常に太い仕様であり、さらにその上に熱害防止のためエキマニカバーを付けた上でエンジンルームに収めるのがまず難関であった。

　さらに苦労したのは触媒コンバーターの位置であった。一般的に触媒コンバーターの位置はエンジンに近ければ近いほど触媒の昇温特性が良くなり排気ガス性能に有利であるが、出力性能のため4-2-1デュアルタイプとしているために触媒をエンジン側に近づけるわけにはいかない。かといってあまり後方に触媒を配置すると、いくらエアポンプを使ったとしてもLEV（Low Emission Vehicle）対応はできないのである。

　そこでダッシュボードロアからセンタートンネルに至るあたりに触媒コンバーターを置くことになるが、これが非常に問題となった。

　スポーツカーであるためヒップポイントが低く、乗員と触媒コンバーターを高さ方向ですれ違わせることが難しいのである。ペダルレイアウトや、ドライビングポジションとのせめぎあいは1mm単位で続き、最後は右側乗員の左足ふくらはぎ付近に若干のフロアの膨らみを持たせることで解決することになった。

　逆にビハインドアクスルレイアウトをうまく生かした事例として、エアクリーナモジュールを紹介したい。通常、エアクリーナはダンパーハウジングの前（ヘッドライトの後ろ）に置くか、エンジンに載せるかするが、S2000ではダンパーハウジングの前にはスペースが無く、エンジンに載せることも不可能であった。

　しかし、ビハインドアクスルレイアウトのために、エンジンとラジエーターの間に広い空間が空いていたのである。そこでこの場所を利用して、エアクリーナケースと消音室を一体化して配置することにした。

　これにより合計で約10リットルの容量が確保でき、円錐軸流型のエレメントを採用するとともに、ラジエーターの上側から直接新鮮な外気を取り入れることが可能となり、走行時の吸気温度を低減し、同時に吸入抵抗を低減することができた。

　またエアクリーナケースの下部を若干後ろに傾けることで、ラジエーターの排風をエンジンルームの上方にいかせないような工夫もしている。

### ■F20C型エンジン構造概要

　ここでF20C型エンジンの主要技術と狙いをまとめたい。以下に主要な構造について説明する。

①シリンダーヘッド・動弁系

　シリンダーヘッドの断面および外観をF20B型（アコード SiR用DOHC-VTEC）と比較し図に示す。

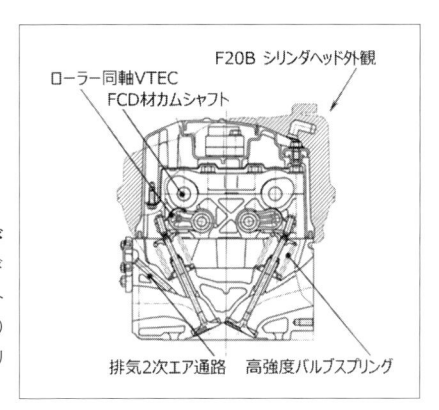

F20B シリンダーヘッド外観
ローラー同軸VTEC
FCD材カムシャフト
排気2次エア通路　高強度バルブスプリング

**F20B 型エンジンのシリンダーヘッド**
コンパクトな燃焼室と相まって、ヘッド周りのレイアウト最適化、カムシャフトのギア駆動化等により、DOHC でありながら SOHC 並みのコンパクトなシリンダーヘッドとなった。

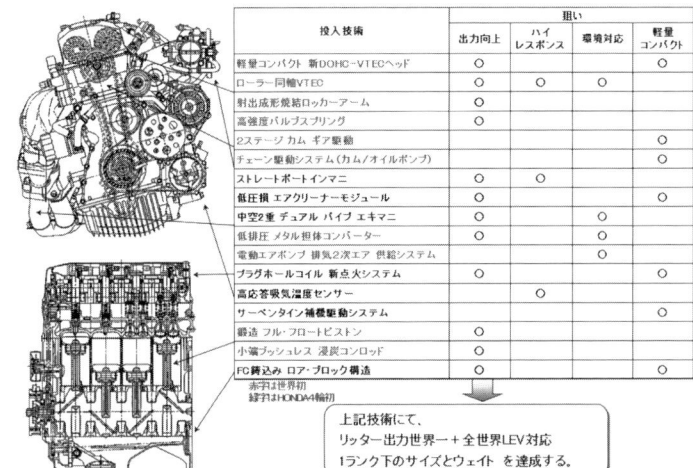

| 投入技術 | 狙い | | | |
|---|---|---|---|---|
| | 出力向上 | ハイレスポンス | 環境対応 | 軽量コンパクト |
| 軽量コンパクト 新 DOHC-VTEC ヘッド | ○ | | | ○ |
| ローラー同軸 VTEC | ○ | ○ | ○ | ○ |
| 射出成形焼結ロッカーアーム | ○ | | | |
| 高強度バルブスプリング | ○ | | | |
| 2ステージ カム ギア駆動 | | | | ○ |
| チェーン駆動システム(カム/オイルポンプ) | | | | ○ |
| ストレートポートインマニ | ○ | ○ | | |
| 低圧損 エアクリーナーモジュール | ○ | | | ○ |
| 中空2重 デュアル パイプ エキマニ | ○ | | ○ | |
| 低排圧 メタル担体コンバーター | | | ○ | |
| 電動エアポンプ 排気2次エア 供給システム | | | ○ | |
| プラグホールコイル 新点火システム | ○ | | | ○ |
| 高応答吸気温度センサー | | ○ | | |
| サーペンタイン補機駆動システム | | | | ○ |
| 鍛造 フル・フロートピストン | ○ | | | |
| 小端ブッシュレス 浸炭コンロッド | ○ | | | |
| FC鋳込み ロア・ブロック構造 | ○ | | | ○ |

赤字は世界初
緑字はHONDA4輪初

上記技術にて、
リッター出力世界一 ＋ 全世界 LEV 対応
1ランク下のサイズとウェイト を達成する。

**F20C 型エンジンの主要技術と狙い**　新エンジンの狙いである、出力向上、ハイレスポンス、環境対応、軽量コンパクトのために、世界初の技術やホンダ 4 輪初の技術を惜しげも無く投入した。

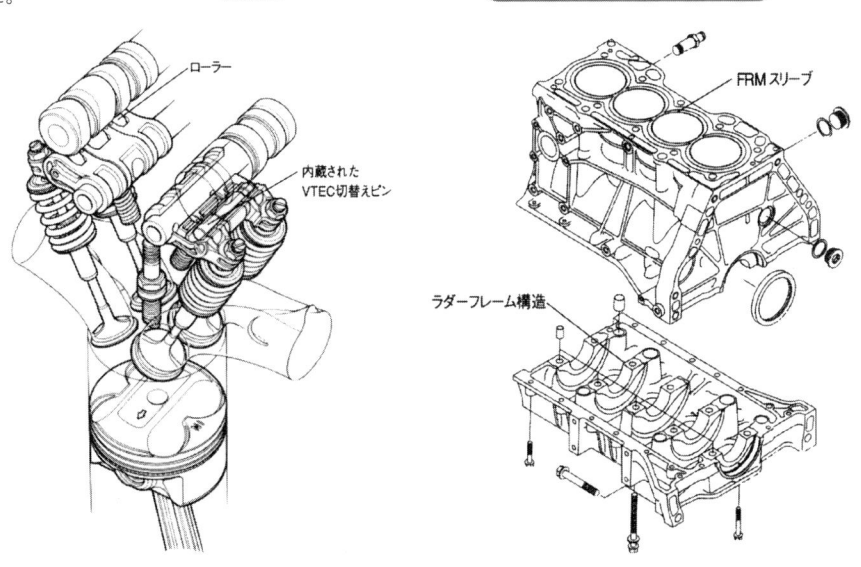

ローラー
内蔵された VTEC切替えピン
FRM スリーブ
ラダーフレーム構造

**F20B 型エンジンのロッカーアーム**　ロッカーアームは高精度な金属射出成形にて作られ、ローラーフォロワー化と、VTEC の切り替え用連結ピンをインナーシャフト内に内蔵する構造により、ロッカーアーム周りが大幅に軽量コンパクトとなり、新しいバルブスプリング材を用いることと合わせて、高回転高出力化への対応を図った。

**F20B 型エンジンのクランクケース**　クランクケースはクランクシャフトを挟むように上下に分割され、下半分をラダーフレーム構造とすることでクランクベアリング部の剛性を向上し、高回転高出力化に対応させた。この構造は同時に、トランスミッション締結部の剛性を上げることにも寄与した。

| 項目 | | S2000 F20C | ACCORD F20B | 低減率 |
|---|---|---|---|---|
| 排出ガス目標値 10-15モード | CO | 0.3 g/km | 0.8 g/km | ▲62.5% |
| | HC | 0.02 g/km | 0.10 g/km | ▲80% |
| | NOX | 0.03 g/km | 0.10 g/km | ▲70% |
| 触媒コンバータ | | メタルハニカム 400cpsi 容量：1L | セラミックハニカム 400cpsi 容量：1L | |
| 排ガスシステム | | 排気2次エアシステム | EGRシステム | |

**排出ガスの目標値** 一般的に排気ガス浄化性能は触媒コンバーターと排気ガスの接触面積を増やすことで向上するが、それでは排気抵抗が増えて出力が低下するため、新たに触媒コンバーターと排ガスシステムを開発した。これにより従来比で炭化水素と窒素酸化物を7割以上削減することに成功した。

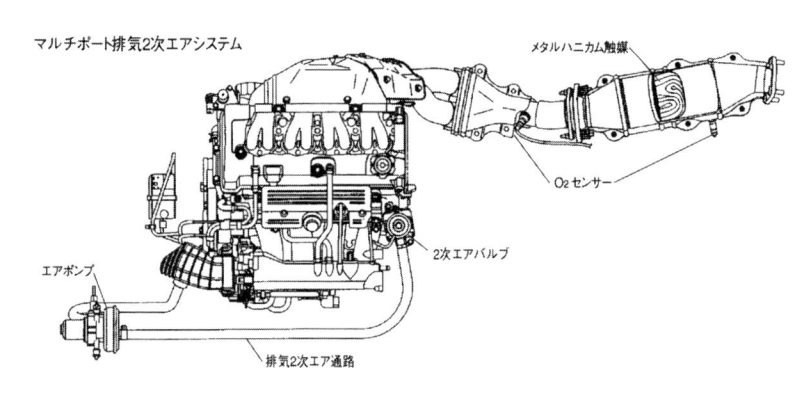

マルチポート排気2次エアシステム

メタルハニカム触媒

O₂センサー

エアポンプ

2次エアバルブ

排気2次エア通路

**エアポンプ式排気二次エアによる触媒急速暖気システム** 冷機始動時に触媒コンバーターを早期活性化（昇温化）させるため、電動エアポンプにより排気ポート側に空気を送り、排気管と触媒で混合気と反応させることにより、短時間で触媒の温度を上昇させるシステムとした。

シリンダーヘッドを三段重ね構造としたことや、カムシャフト駆動にサイレントチェーンとギヤを採用したことで、シリンダーヘッド全体の小型化、およびエンジン長さの縮小を図った。その結果、DOHC-VTECシリンダーヘッドが従来のSOHCシリンダーヘッド並の大きさ、および重量となった。

ロッカーアームは、高精度な金属射出成形法（MIM：Metal Injection Molding）を用い、図に示すように、ローラーフォロワー化すると共に、そのインナーシャフト内にVTEC切換用の連結ピンを内蔵した。このようなローラー同軸VTEC構造の採用により、フリクションと慣性モーメントを低減し、高回転運転可能なVTEC構造を成立させた。

バルブスプリングは、低炭素・高ニッケル系の高強度材を採用することによりシングルスプリング化を図り、省スペース軽量化と高回転対応の両立を図った。

②シリンダーブロック系・主運動系

シリンダーブロックは、アルミダイキャスト製でスリーブにFRM（Fiber Rainforced Metal 繊維強化金属）を採用し、ボアを拡大しつつボア間部分の温度低下を図った。

クランクケースは、図に示すようにクランク軸センターで上下に分割し下半分をラダーフレーム構造とし、ベアリング部の高剛性化とクランクケースのコンパクト化を図った。

ピストンは、高回転・高出力化に対応し、強度・耐久性を確保するため、アルミニウム鍛造材を採用した。

コネクティングロッドは、クランクケースを小型化するため、ナットレスとし浸炭材を採用した。小端部は、ブッシュ（軸受けメタル）レス化、および小端先端をテーパー状にして軽量化を行なっている。

③排出ガス浄化システム

F20C型エンジンの排気ガスシステムは、このエンジンの特徴である出力特性に対する影響を最小限に抑えつつ、平成12年規制の1/2にあたるJ-LEV基準に適合することを目標とした。

従来の手法で排気ガス低減を行なうとすると、高出力化とは相反する仕様設定となってしまうため、F20C型の開発にあたってはエンジン本体、

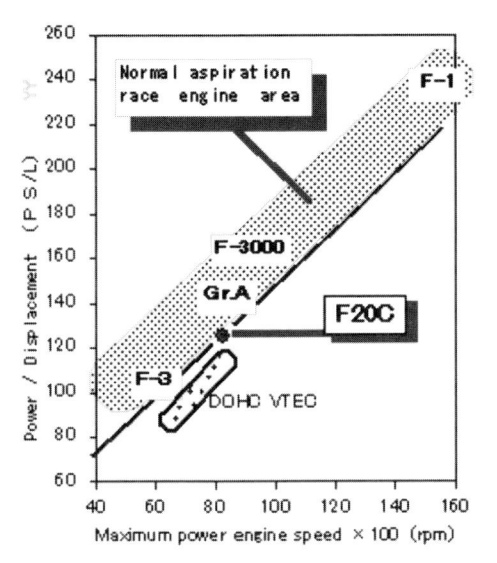

**F20C 型エンジンの出力目標**　従来の DOHC-VTEC エンジンの位置づけというよりも、F-3 やグループ A、F3000 といった、自然吸気レーシングエンジンの領域を目指すこととした。

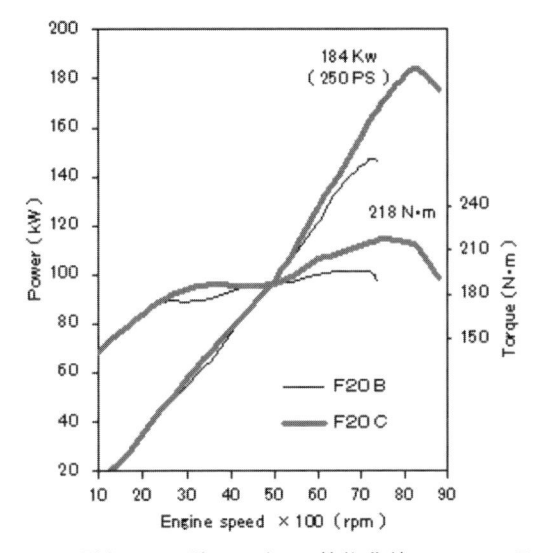

**F20B 型と F20C 型エンジンの性能曲線**　アコード用 DOHC-VTEC エンジン（F20B 型）エンジンと比較して、低中速トルクを損なうことなく高回転化を図ることで 250PS を達成した。

排気系の仕様は、出力特性に重点を置いた仕様設定とし、排気ガスに関しては新規システムにより、対応を行なうこととした。

　触媒は排気抵抗を極力落としながら排気ガス濃度を低減するため、熱容量が小さく昇温性に優れた従来のセラミックからメタルのハニカム担体（Catalytic Support）を採用した。

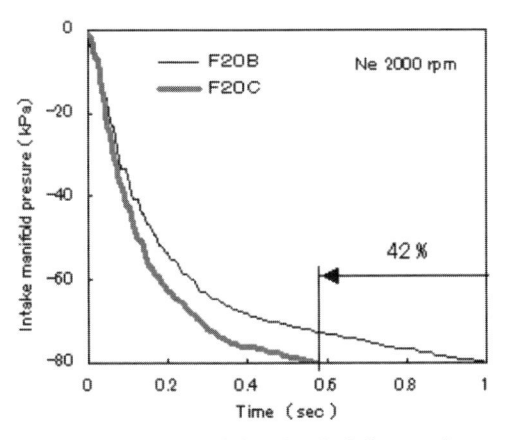

**インテークマニホールドの内部圧力が規定値に至るまでのレスポンス時間**　S2000 に求められるエンジンレスポンスを達成するため、コンパクトなインテークマニホールドの採用などを行なった結果、スロットルを閉じた時のインテークマニホールドの内部圧力の低下スピードは、従来のアコード用 DOHC-VTEC エンジン（F20B 型）に対して 40％ 以上速くなった。

　またコールドスタート後の触媒を早期活性化させるため、エアポンプ式排気二次エアによる触媒の急速暖機システムを開発した。これはエンジンの暖機過程で通常よりやや濃い混合気を燃焼させて未燃成分の多い排気ガスを発生させ、同時に各気筒の排気ポートにエアポンプで空気を送り、排気管と触媒で反応させて短時間に触媒の温度を上昇させるシステムである。

　メタルハニカム触媒と急速暖機システムを採用することにより、高出力と低排気ガスとを高い次元で両立させることができた。

### ■高出力とハイレスポンス実現のために
①出力

　F20C 型エンジンの開発目標は、排気ガスのクリーン化（J-LEV）を前提にレーシングエンジン並みの出力を得ることであり、目標出力はレーシングエンジン領域を目指し、自然吸気エンジンでエンジン回転数 8,300 回転において 125 PS/L とした。

　このため、エンジンのボアストローク比を大きくとった高回転型エンジンとし、さらに排気系の圧力損失や機械損失の低減を図った結果、F20B 型に対し、低中速トルクを損なうことなく 目標

出力250PSを達成した。

②最大回転数と体積効率向上技術

前述のように FRM（Fiber Rainforced Metal 繊維強化金属）シリンダーブロックを採用し、ボアを2mm 拡大することで、F20B型エンジンに対して吸気バルブ径 および排気バルブ径をそれぞれ2mm 拡大できた。その結果、吸気弁有効開口面積は、最大リフト領域で、15%の向上が図られた。

吸入系は新型のエアクリーナモジュールを採用することで、吸気騒音を悪化させることなく通気抵抗を低減し、従来比20%の流量向上を可能とした。排気系は圧力損失の低減のため、メタルハニカム触媒を採用し、大幅な流量向上を達成した。

③機械損失低減技術

ボア、ストロークの変更、ローラーフォロア付きロッカーアームの採用、鍛造ピストンおよび浸炭材コネクティングロッド採用により、F20B型エンジンに比べてレシプロ系で10%の軽量化、補機振動低減を考慮した集約型補機ブラケットレイアウトによるバランサレス化により、エンジン回転数7,000回転において25%の機械損出の低減が図れた。

④エンジン回転レスポンス

スポーツエンジンは、高出力、高効率化の追求と、ドライバーの意志に即座に反応する回転レスポンスもまた重要である。このため可変吸気型のインテークマニホールドは採用せず、スロットルバルブ下流の容積を低減し、スロットルの動きに対してインテークマニホールド内圧のレスポンスの良い独立ストレートポートのコンパクトなインテークマニホールドを採用した。

インテークマニホールドは最大出力を損なわないように、ポート径、ポート長とチャンバ容量の縮小化を図り、2.0 L でありながら 1.6 L と同等まで容積の低減を図った。

これによりアクセル全開レスポンスはむろんのこと、図に示すとおり スロットル全開から急全閉時、インテークマニホールド圧力が規定値に至るまでのレスポンス時間は、可変吸気タイプ（F20B型）に対して42%の向上が図れた。

この効果としてシフトチェンジ時クラッチを切った際の"エンジンの吹き上がり"が防止できた。

さらに、徹底的なレシプロ系およびフライホイールの軽量化、高精度な燃料制御系およびエア系デバイス制御により、エンジンをスナップ（アクセルペダルをクイックに操作する）した時のレスポンスは、自社DOHC-VTEC より 18 %向上ができ、素早いシフトチェンジやヒール・アンド・トゥなどの高度な運転テクニックがさらに容易となり、スポーツカーにふさわしいレーシングフィールが実現できたのである。

## ■まとめ

S2000用に開発したF20C型エンジンは、2.0Lクラス世界最高水準の250PS（125PS/L）という高出力と、平成12年規制の1/2レベルの高い排気ガス性能を同時に達成した。高出力エンジンでありながら、時代を先取りした低排気ガスレベルを達成し、同時にコンパクトで軽量なエンジンとしたことで新世代リアルスポーツ S2000 のコンセプトの具現化、ならびに動力性能と運動性能の目標達成に大いに貢献できたと考えている。

## 駆動系開発
## シフトフィールへのこだわり

三谷 眞一

ホンダの創立50周年を記念して発売される新世代リアルオープンスポーツカーS2000にふさわしいドライブトレーンとして選択されたのは、FR（フロントエンジン・リヤドライブ）形式のドライブトレーンだった。

ホンダは独自のMM（マンマキシマム・メカミニマム）思想の実現のため、ドライブトレーンはFF（フロントエンジン・フロントドライブ）形式を選択し、多くの製品に適用してきており、技術的なノウハウも蓄積されつつあった。

しかしS2000のドライブトレーンとして選択されたFR形式は、FF形式とはトランスミッションの車両搭載配置の違いはもとより、プロペラシャフトや、独立したデファレンシャルギヤボックスの存在など、構成部品的にも技術的にも多くの相違点がある。当時ホンダでFR形式のドライブトレーンをもつ4輪自動車の開発と言えば、S800以来（1968年まで販売）実績がなく、私を含めた現役のドライブトレーン開発メンバーの中には、FR形式のドライブトレーンの開発経験があるものはいないのが現実だった。

そのため、1996年、我々はS2000ドライブトレーン開発チームを発足させ、新世代リアルオープンスポーツカーにふさわしく、新たな価値を発信できるマニュアルトランスミッションFRドライブトレーンを開発するべく活動が必要となった。

その頃、オープンスポーツカーとしてはマツダのロードスターが発売されて7年程経った時期であったが、販売開始以来様々な魅力をブラッシュアップしながら、日本のお客様のオープンスポーツカーに対する注目や期待をけん引する役割を発揮していた。そんな中、ホンダが創立50周年を記念して送り出す新世代リアルオープンスポーツカーとして、それにふさわしいドライブトレーンはどうあるべきかを考えた時、決して何にも似ていないS2000だけのドライブトレーン、これから伝説となる究極のスポーツドライブトレーンであ

りたいということがメンバー全員共通の思いであり、それが強い開発意欲を"メラメラ"と募らせることになった。

まず我々は、先人たちが生み出した同クラスのFRドライブトレーンを片っ端から部品購入し、創業者の本田宗一郎氏が"路上にこぼれたエンジンオイルの匂いをクンクン嗅いだ"のと同じように興味津々いじり回し、分解しまくった。FFドライブトレーンに慣れ親しんで来た我々にとっては、車両前後に長いトランスミッションのギヤ配置や、トランスミッションに直接取り付けられたシフトレバー等々、FRドライブトレーンはあらためて新鮮で勉強になった。しかしながら、S2000にふさわしいものとするべくキーポイントは何かということに関しては、その時はなかなか答えを見つけられなかった。また、他社の同クラスのスポーツカーを乗り比べる取り組みも行ない、スポーツカーを通じてお客様はドライブトレーンに何を感じ、求め、期待するのかを模索した。ホンダはNSXを1989年に発表、翌1990年には販売を開始していたので、本格的スポーツカーのドライブトレーンに対する一つの方向性を表現することに成功していたが、NSXはフェラーリ等を競合とするいわゆるスーパースポーツカーであったため、オープンスポーツカーというS2000のドライブトレーンのあり方は、"NSXとは異なったものを求めるべき点があるはずだ"、という考えがあった。

そのような考えのもと、他社のスポーツカーの乗り比べをする中で、我々がオープンスポーツカーとして極端なキャラクターとして注目したのは、イギリスのスーパー・セブンだった。スーパー・セブンはパワーウェイトレシオに優れた車両全体のバランスから得られる、アクセル操作に、俊敏で軽快な走り感がスポーツカー乗りの感性を刺激するものに思われた。洗練ではない、どちらかと言えばレーシングカーに近いスパルタンな感覚からくる非日常的な緊張感にも近いワクワク感、これがスーパー・セブンから得られたドライブトレーンの感覚性能のヒントだった。

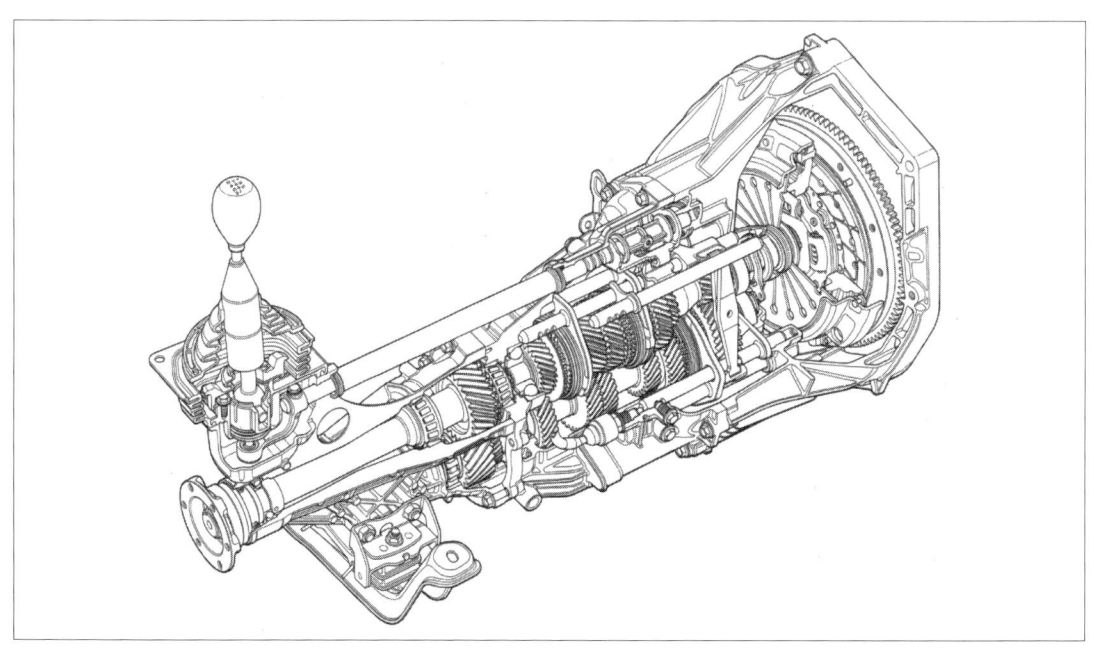

S2000の6速マニュアルトランスミッション

さらにスーパー・セブンから反面教師的にドライブトレーンのシフト操作や、クラッチ操作の重要性を再認識させられた（スーパー・セブンの操作性は好きか嫌いかでいうと、個人的には正直決して好きにはなれなかった）。

スーパー・セブンのような俊敏で運動性の高いスポーツカーを意のままに操る上で、正確かつ確実にギヤポジションのセレクト操作ができ、クラッチエンゲージ操作ができるという基本機能は非常に重要である。万が一限界走行時にそれが破綻するものなら、最悪は命に関わる可能性もある。これは重要な項目であるが、その基本操作を喜びや楽しさにまで高めることができたならば、新たな価値として、ドライバーに提供できるのではないかというヒントが得られた。

例えばギヤポジションのセレクト操作は、エンジンから得られる素のパワーを、ドライバーが望む最適な状態にマネージメントする手立ての一つであるが、このプロセスに軽快さや爽快さが加わることによって、スポーツカー乗りがイメージしているドライビングにさらなる彩（いろどり）を添え、より高い満足に繋がるだろうと思った。

もう一つ、ドライブトレーン開発メンバーが注目していたのはエンジンの開発動向であった。

ホンダはすでにVTEC技術を適用したリッター当たり100 PSを優に超える高性能エンジンをインテグラ タイプR、シビック タイプR、プレリュード Si等に搭載し、市場投入していた時期であった。これらエンジンは、社内でも羨望に近い眼差しを受けるほど、ホンダを象徴する歩みを着実に進めていたと思う。

したがってS2000においても、創立50周年を記念するという商品役割もあり、これまでの指標をさらに上回る目標性能を目指していくだろうということは明白だった。

一方、ドライブトレーンとしてはVTECという飛躍的なエンジンの高性能化をきっかけに、高回転・高出力化に対応する強度耐久性強化の進化を遂げてきたが、あくまでFF形式のドライブトレーンの経験値に基づくものであり、今回のFR形式のドライブトレーンに対しては、知見が及ばない部分が多いのが現実だった。例えば車体に対して縦向きに搭載されることによる車両から受けるG（加速度）の影響の違いによって生じるギヤトレーンの潤滑性能変化や、パワープラント全体（エンジンとトランスミッションの結合体として）の

曲げ剛性の重要度が増し、場合によっては強度や静粛性に対する課題解決が、必要になってくると思われた。

結果的に対エンジンとしてドライブトレーンに課せられた開発目標は、「2.0 L エンジンに相応しい体格（大きさ、重さ）で、250 PS、最高回転数9000 rpm に対応せよ」ということであった。これは3.0 L クラスのエンジンに2.0 L 対応サイズのドライブトレーンを搭載して商品化するに等しい極めて困難な至上命令であり、ドライブトレーン開発者は、エンジンに対する大きな期待とは裏腹に、溜息をつかざるを得ないのが正直なところであった。

かくして、S2000用のドライブトレーンの開発にあたって課せられたものは、FR形式のドライブトレーンとして、9000 rpm という高回転エンジンに対応する強度耐久性をもちながら、「スポーツカーとして高回転を生かした走りの中にあっても、軽快かつ爽快なシフトフィーリングを得ることができる」という点に集約された。この難易度が高い課題を解決するためには、従来からあるFR形式のドライブトレーンの知見や技術だけでは不足と判断し、S2000専用の6速マニュアルFRドライブトレーンの新規開発を行なうことにした。

本稿では、その中でも特に軽快かつ爽快なシフトフィーリングの実現に至る思いや考え方、そしてその代表手法について記したいと思う。

スポーツカーの楽しさとはドライバーが思い通りに加速ができ、曲がる、止まるという車両の運動性能が注目されるが、それをもたらす操作の観点では軽さや手応え、滑らかさなど、クルマからフィードバックされる感覚要素も非常に大きい。また実際に手を触れる操作部分の形状や大きさ、位置なども非常に重要なファクターであり、さらにそれらを介して伝達される音や振動などのクルマからのフィードバックも重要である。

ドライブトレーンにおいてはそのシフト操作により、ギヤポジションのセレクト操作が確実にできるという基本的な機能を有することはもちろん

であるが、このS2000のドライブトレーンでは商品コンセプトである「人車一体、軽快なレスポンス」といった部分を継承した操作感覚を磨き上げ、軽快でかつ爽快なシフトフィールを実現すると共に、最大の目玉となる高出力エンジンから伝達してくる振動や音を適度に遮断し、クルマからの心地良いフィードバックが得られるようにすることとした。

シフト操作の操作感覚は、一般的に「重いor軽い」、「短いor長い」、「固いor柔らかい」、「ゴツゴツするorなめらか」等といったいくつかの触感で表現ができるが、それらを相互に関連させ、適度に絡み合わせることによって、シフト操作感覚の特徴を生み出すことができる。S2000では先に定めた軽快かつ爽快なシフトフィールを特徴づけるための感覚キーワードを "クイック感"、"ダイレクト感"、"スムーズ感" と定め、幾つかの触感との関連づけを行ない、開発するハードの構成検討に繋げていった。

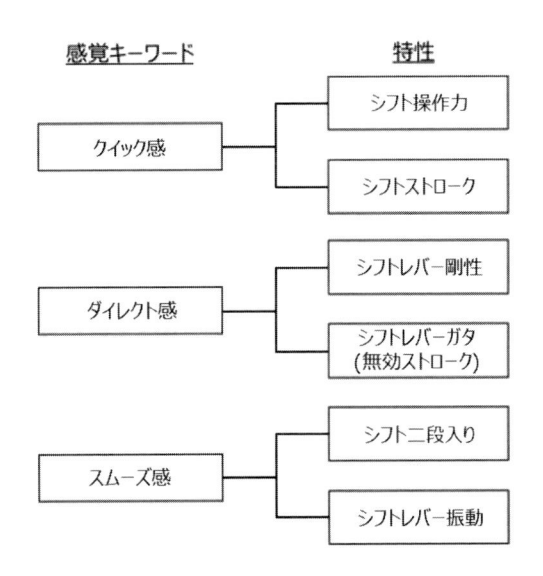

**シフトフィールの検討** キーワードを "クイック感" "ダイレクト感" "スムーズ感" と定めた。

### ■クイック感

スポーツカーとして、その走りの状態（加速や車両の姿勢）がどのような状態にあっても、また最大の売りでもあるエンジンの特性を生かした高回転域を多用する走行状態にあっても、素早くか

つ正確なシフトを可能とするという観点で"クイック感"という感覚が非常に重要と考えた。このクイック感を表現する触感の物理値を"シフト操作力"、"シフトストローク"と定め、この二軸のマトリクスを用いて他機種を凌駕（りょうが）する目標領域を定めた。

この目標領域のシフト操作力とシフトストロークを実現するために、トランスミッションのギヤトレーンの回転慣性質量（これが大きいほど、シフト操作が重くなる）の根本的低減と、ギヤシフトの基幹部品であるシンクロナイザーのパフォーマンス向上を実現した。

①IOR（独立出力軸減速機構：Independent Output Reduction）の開発によるギヤトレーン回転慣性質量の低減

従来のFR形式用トランスミッションは入力側で減速（Input Reduction）をした後、各シフト段に動力を伝達する。そのため、シンクロナイザー被同期側の回転慣性質量は、これまでホンダが採用してきたFF形式用トランスミッションのそれよりも比較すると大きくなる。このためこのS2000では、入力を直接各シフト段に伝達した後に出力側で減速を行なうという世界で唯一のFR用トランスミッション形式IORを開発し、ギヤトレーンの回転慣性質量を最大で41.6%低減し、シフト操作荷重の大幅な低減を実現した。

②シンクロナイザーのパフォーマンス向上

1速から4速にマルチコーンシンクロナイザー（摩擦面が複数あるシンクロナイザー）を適用、特に2速にはIORギヤトレーンのスペースレイアウトメリットを生かした大口径のトリプルコーンシンクロナイザー構造を適用した。

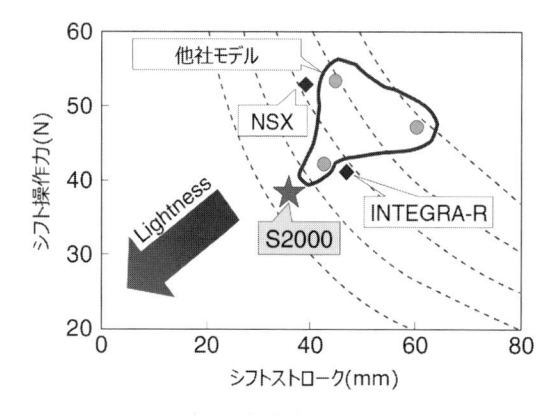

**シフトストローク及びシフト操作力** NSX、インテグラ タイプRと比較しても短く、操作力の軽い位置づけとした。

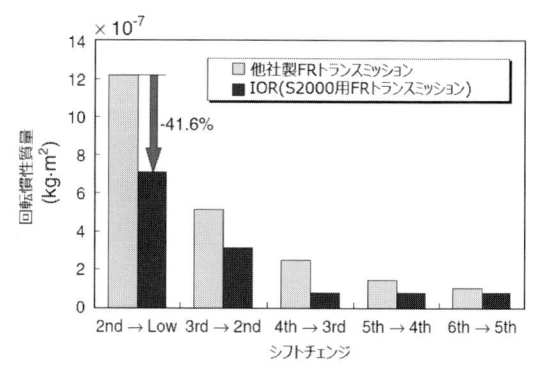

**IORトランスミッションと他社製の比較** IORによってギヤトレインの回転慣性質量を最大で41.6%低減。シフト荷重（操作力）の大幅な低減を実現。

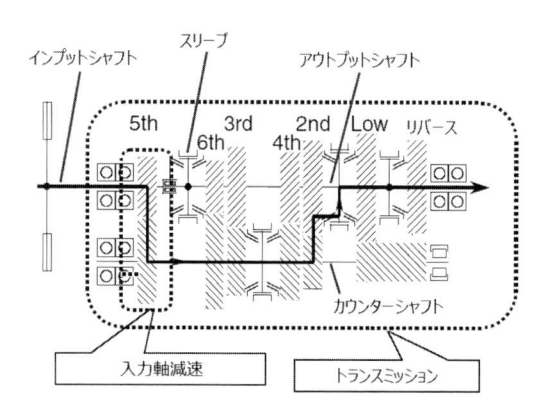

**従来のFR形式用トランスミッション** 入力軸側で減速を行なう入力軸減速機構（Input Reduction）である。

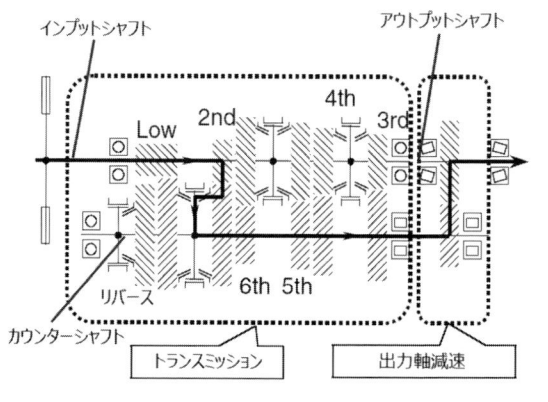

**S2000用IOR（Independent Output Reduction）** 出力軸側で減速を行なう独立出力軸減速機構を開発。

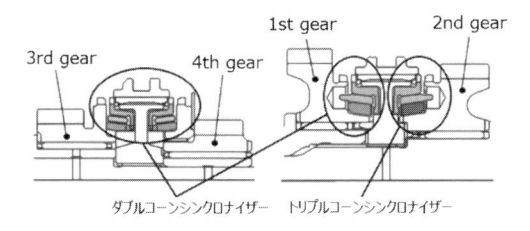

1速〜4速にマルチコーンシンクロナイザーを適用した

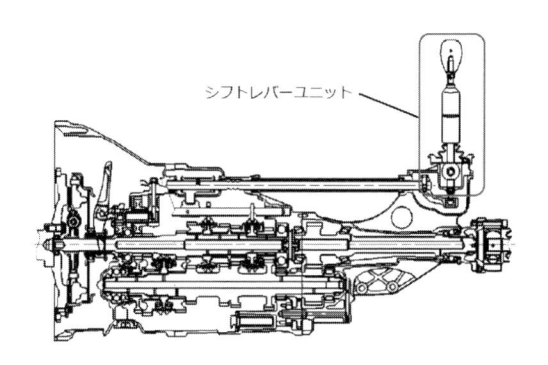

シフトレバーユニットをトランスミッションに直接マウントする構造を採用

## ■ダイレクト感

S2000の商品コンセプトである「人車一体」という観点で、ドライバーのシフト操作の意思を、瞬時かつ正確に伝えることができ、車両からのレスポンスを明確に得ることが可能であるという"ダイレクト感"が必須である。このダイレクト感を表現する物理値を"シフトレバーの剛性""シフトレバーガタ（無効ストローク量）"と定め、この二軸のマトリクスを用いて目標領域を定めた。

そして目指すシフトレバー剛性とシフトレバーガタの低減のために、シフトレバーユニットを直接トランスミッションにマウントする構造とした。これにより、シフト動作を伝達する構成部品を最少化し、シフトレバーガタが極めて少なく、かつ高剛性な操作機構とした。

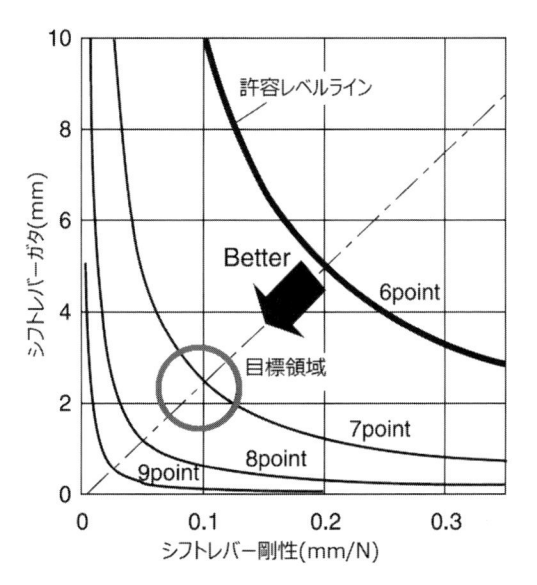

**ダイレクト感の目標特性** シフトレバー剛性とシフトレバーガタの相関関係から、ダイレクト感の目標特性を設定。

## ■スムーズ感

スポーツカーとして、車両からのフィードバックを明確に得るために、ダイレクト感を突き詰めて高めていくことも必須と考えた。しかしながら、そのダイレクトな特性がゆえに、本来は伝えたくはない不快なフィードバックもドライバーに伝わってしまうことがある。シフト操作においては、シフトの"二段入り現象"や、シフトレバー振動といった不快なフィードバックが存在するが、それらを取り除き"スムーズ感"を実現するためのハードの構成とした。

①シフトアップ操作時に発生する二段入り現象の低減。

シフトアップ時の二段入り現象は、シンクロナイザー作動後の作用トルク消滅時に、出力軸側の捩（ね）じれが回復した瞬間に発生する回転同期の崩れによって、カップリングスリーブとクラッチギヤが衝突することによって発生する。

そこで、シフトアップ時に限って作用するよう、クラッチギヤのチャンファ（クラッチギヤの先端部）片側の角度のみを小さくし、クラッチギヤとのタイミング寸法を短縮した片チャンファ構造を採用した。

②シフトレバー振動の低減

ダイレクト感の実現のために、シフトレバーユニットを直接トランスミッションにマウントするということにより、パワープラントの不快な音や

振動を伝達してしまう可能性がある。

　特にS2000のエンジンは、高回転高出力ユニットであるために、その良さを十分に感じるためにはこれらの音振動を遮断しつつも、シフト時のダイレクト感をスポイルしない構造が必要である。そのため、シフトレバーに二段フローティングダンパー構造を採用した。

　二段フローティングダンパー構造は、シフト動作を行なっていない状況や、シフトレバーに軽く手を乗せている状況、すなわちシフト操作荷重が入らないかあるいは非常に小さい状況においては、しなやかなダンパー特性を有し、パワープラントから伝わる音振動を遮断する効果を発揮する。

　しかし、ひとたびシフト動作に入り、シフト操作荷重が発生した状況下においては、内蔵ストッパが作動することによって、剛性の高いダンパー特性に移行して、ダイレクト感が得られる構造とした。

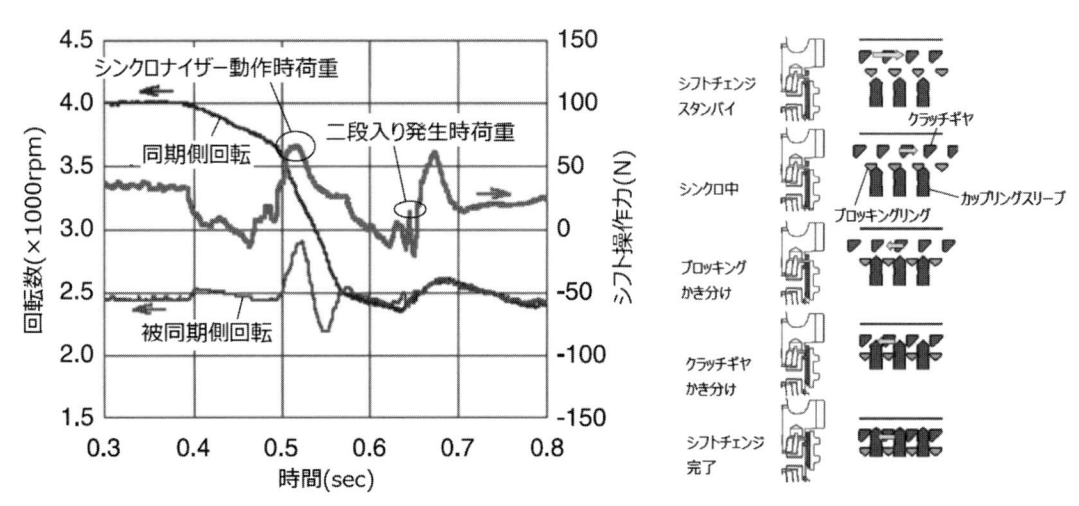

シンクロナイザー動作後に二段入り現象が発生する

クラッチギヤかき分け時に片チャンファの構造の効果が発揮される

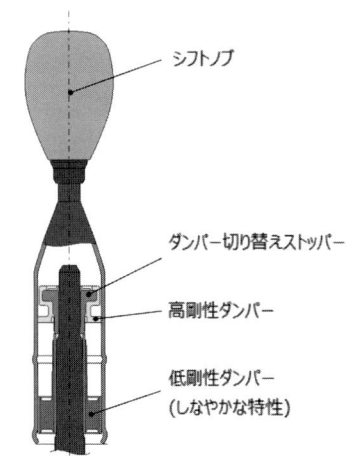

シフトレバーに低剛性ダンパーと高剛性ダンパーを内蔵

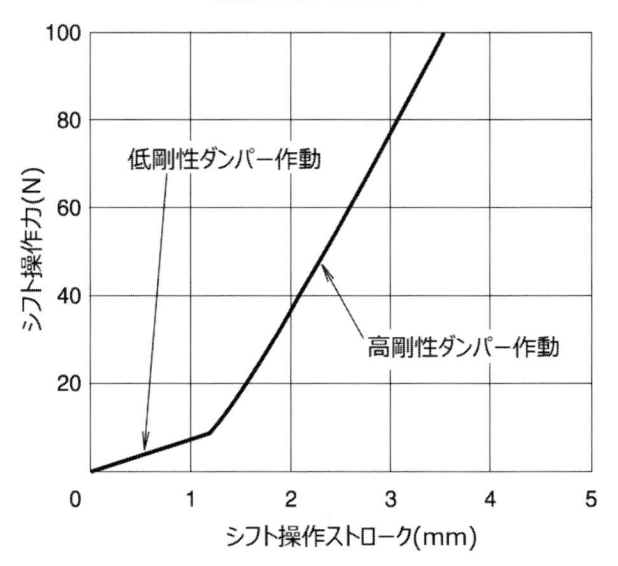

**ダンパー作動の切り替え**　シフト操作力に応じて、低剛性ダンパーと高剛性ダンパーの作動を切り替えることで、パワープラントからの音や振動の遮断とダイレクト感の実現を両立させる。

S2000 のシフトノブ（2001 年モデル）

　以上、S2000 のドライブトレーン開発に着手するまでの小さなヒストリーと、特にこだわりをもって開発した "軽快かつ爽快なシフトフィール" への考え方を解説し、それを実現したハードの構成について、簡単に振り返ってみた。

　開発途上は紆余曲折、様々な課題にも出くわしたが、お客様からの高い評価と、賛美を頂くことができたと思う。これは製造、購買、品質などを含めたホンダの各部門の総力であることと、そして何よりホンダからの困難な要求に応えて頂いたサプライヤーや、協力会社の皆様のご理解とご尽力の上にあることも決して忘れてはいけないと思う。

　S2000 の販売から20年を超えた今でも、巷では、ピカピカにメンテナンスされ、時として現代風にドレスアップされ、街をクルージングしたり、峠の山道を疾走する姿を見かけることが珍しくない。そんな光景を見るにつけ、いつも「カッコいい！」と思うし、嬉しい気分になる。

　これから自動車は、脱炭素社会への実現に向かって、さらなる変化と進化を遂げてゆくことになるが、S2000 が具現化したリアルオープンスポーツカーの魅力は、世の中のクルマ好きの方々の心に永遠に響き続けることだろうと思う。

# ボディー　高剛性と安全性能

高井 章一

## ■ハイＸボーンフレーム構造の発想

職場のテーブルの上に大柄な体でよじ登り、脚を前に投げ出した姿勢で座ると、冨沢利功（とみざわ・としのり）は後輩を呼んでメジャーを持ってこさせ、テーブルから自分の肘までの高さを測らせた。そして無言のままそわそわと端末の前に腰掛けて3次元製図機（3DCAD）のCATIA画面を操作し始めた。前側バンパービームからフロントサイドメンバー、自分の肘、そしてリヤフレームから後ろ側バンパービームまでが、同じ高さで一直線に並んでいるのを確認すると、ゆっくりと息を吐きながら、椅子の背に体を預けて満足げな笑みを浮かべた。

コンセプトモデルのSSMが発表された後、これを商品化するためのプロジェクトが始まり、「山たく」さん（山本卓志（やまもと・たかし）氏：当時の担当役員、のちに本田技研工業専務取締役）からボディー設計担当者として指名された冨沢が、後に述べるハイＸボーンフレームの着想を得た瞬間だった。

## ■S2000用モノコックボディー構造の狙い

オープンボディーでありながら、リアルスポーツと呼ぶにふさわしい運動性能を実現するために、S2000はクローズドボディー同等以上の剛性を実現するという高い目標を掲げ、ゼロから作り上げる専用設計で自由な発想をとりいれた。

しかし、構造部材のひとつであるルーフが存在しないことが、オープンボディーの剛性を低下させる主な原因である。ボディー剛性が低いと、走る・曲がる・止まるといったクルマとしての基本性能に大きく影響し、様々な振動が発生する。さらに操縦安定性や、俊敏な応答性の低下につながってしまう。

一般的なオープンボディーは、これらの懸案を解決するために、単純にルーフ以外の基本骨格の板厚増加および補強部材追加などをほどこしているが、クローズドボディーに比べて重くなりながら不十分な剛性しか得られていない。一般的にクローズドボディーをベースにしてオープン構造にすると、このような結果になるのは想像できた。

S2000を新世代リアルオープンスポーツと位置付けるためには、高剛性化と軽量化の両立が欠かせないため、あくまでもその目標はクローズドボディー同等以上のボディー剛性を、同等の重量効率によって実現することとした。そして、車両重量からみれば、オープンカーとリアルスポーツと

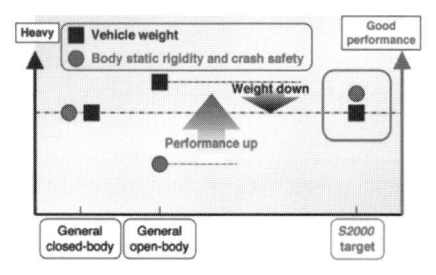

**ボディー剛性、衝突安全と車両重量の関係**
一般的なクローズドボディー、従来型オープンボディー構造とS2000を比較したイメージ図であるが、従来型のオープンボディー構造では、剛性や衝突の対策を行なうとボディー重量が重くなっていくが、剛性レベルや安全性能は思ったほど上がらない。S2000のハイＸボーンフレーム構造では、性能と重量を効率的に高いレベルで両立せることができた。

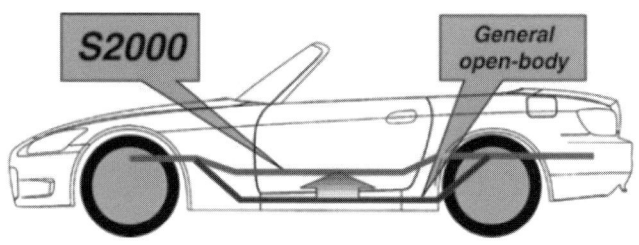

**側面から見たボディー剛性中立軸**　フロアトンネル上部に閉じた強固な断面を持たせることで、前後サイドフレームとつなぎ、剛性中立軸を前後のサイドメンバーの高さで、水平につなぐことができた。このことで、図に示す下の線（従来構造）に対し、上の線（ハイＸボーンフレーム構造）は剛性中立軸の折れを少なくすることができる。

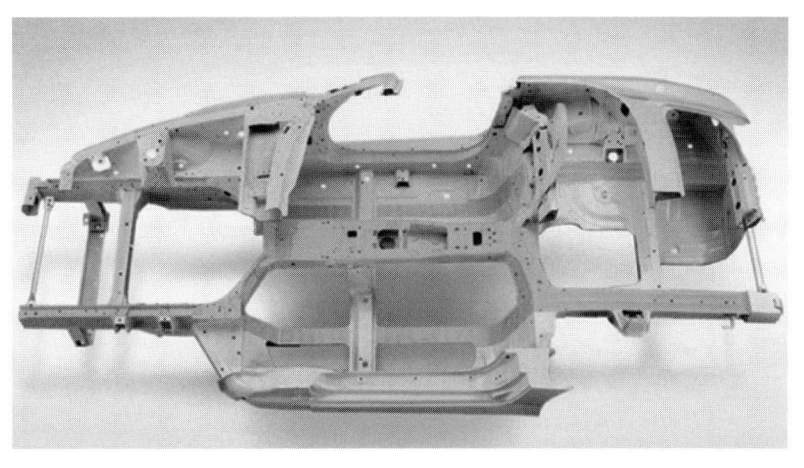

ハイXボーンフレーム構造 フロアトンネル上部に閉じた強固な断面を持たせ、前後のサイドメンバーの高さまで引き上げ、これを水平につなぐX型の構造とした。これにより剛性中立軸をストレートにでき、オープンボディー構造の弱点への対応を行なった。またサイドフレームからフロアトンネル（断面構造）、サイドシル、フロアフレームへと入力を分散する三つ又分担構造となっており、高剛性と高い衝突安全性能を実現させた。

いう、ともすれば相反する要素を高次元で両立するために、オープンボディー専用設計を前提とすることで、既成概念にとらわれることのない開発をこころざし、「ハイXボーンフレーム構造」や「三つ又分担構造」などの新骨格構造の構想が進められていった。

### ■ハイXボーンフレーム構造技術について

ハイXボーンフレーム構造は、ボディー構造剛性中立軸が低い位置に移動してしまうという、従来のオープンボディーの普遍的課題を解決する画期的な構造技術である。オープンボディーは、クローズドボディーの骨格をベースに開発を行なうこともあり、低い位置にあるサイドシルやフロアフレームなどとメインフレームとのつなぎの補強を中心とした剛性対策を行なっていた。そのため、いくら補強を行なっても、ボディー構造剛性中立軸を高い位置に戻しにくく、結果として大幅な重量増加を招きながら、クローズドボディーより低い剛性しか確保できないのが現状だった。

新開発のハイXボーンフレーム構造は、フロアトンネルをメインフレームとして活用することに着目し、「ボディー構造剛性中立軸」を高い位置に設定する新たな骨格構造である。フロアトンネル上部に閉じた強固な断面を持たせたうえで、前後のサイドメンバーの高さまで引き上げ、これを水平につなぐX型の新構造をとる。

これにより、クローズドボディー同様の、全長

にわたりほぼ一定の高さの「ボディー構造剛性中立軸」を確保した。補強ではなく、骨格構造によって剛性を高められることから、クローズドボディー同等の重量効率でクローズドボディー同等以上の剛性と衝突安全性能を確保できるのである。

### ■三つ又分担構造技術について

ハイXボーンフレーム構造のもうひとつの特徴は、サイドメンバーからフロアトンネル、サイドシル、フロアフレームへとつながる三つ又分担構造を形成することである。ハイXボーンフレーム構造によって生まれたこの構造を、さらにボディー剛性と衝突安全性能を高めるために最適化した。

特に衝突時の入力における変形に対し最も強固な骨格とするために、各部材をボディー構造剛性中立軸の変化を極力少なくできるよう最適な位置に配置した。

具体的には、フロアフレームを真上から見たときに前後のサイドメンバーと一直線になるように配置するとともに、サイドシルの上下幅を大きくとって高く配置。これにより、きわめて効率よく荷重を分担する三つ又分担構造を形成し、ハイXボーンフレーム構造の構造的優位性をさらに高め、ボディー剛性と衝突安全性能を向上させた。

### ■前面オフセット衝突テストへの対応

前面オフセット衝突は、衝突時の車両の運動エ

ネルギーが片側 1 本のサイドメンバーから入力するため、キャビンが反力（衝突のエネルギーに対して元の形を維持しようとする力）を発生しにくく、変形が大きくなる。そのため、キャビン変形による生存空間の確保が大きなテーマとなる。

通常のオープンボディーの場合、オフセット衝突によるサイドメンバーからの入力に対し、サイドシルなどに大幅な補強を行ない反力を発生させることで、キャビン変形を抑えることを狙っている。しかし、通常のオープンボディーはもともとサイドシルがサイドメンバーからオフセットした位置にあることから、乗員の生存空間の確保が難しいとされてきた。

新開発のハイＸボーンフレーム構造では、フロアトンネルが入力点であるサイドメンバーと同じ高さにあるため、キャビン上側の後退量を最小限に抑えられ、また、効率よく荷重を分担できる三つ又分担構造により、高い反力を発生させることができる。

オフセット衝突入力に対するフロアトンネルの反力発生の割合が、通常のクローズドボディーでは 1 割以下なのに対し、S2000 の場合は約 4 割も荷重を分担する構造となっている。つまり、フロアトンネルが完全にメインフレームの機能を果た

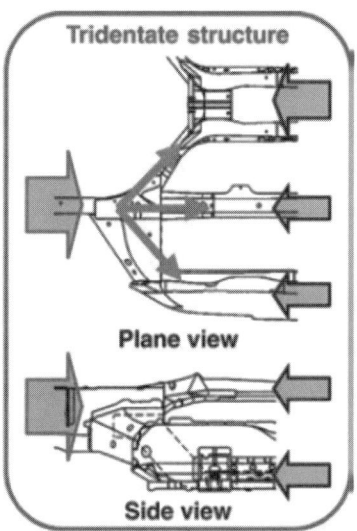

**三つ又分担構造**　高い衝突安全性能を実現するために、フロントサイドフレームから三つに分岐し、最適に配置されたフロアトンネル・サイドシル・フロアフレームへとつなげる構造（三つ又分担構造）とした。これにより、衝突時にサイドフレームに入った入力荷重をうまく分散させる構造にすることになり、高い安全性能と重量効率を達成することができた。

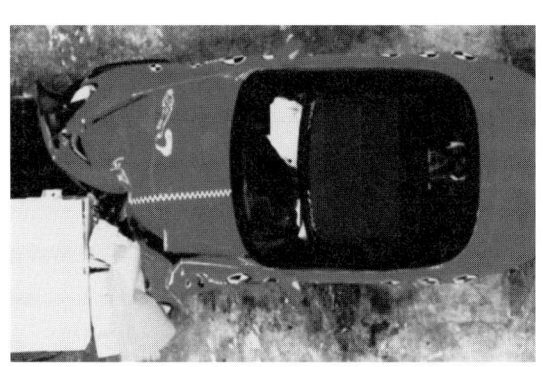

**S2000 の前面オフセット 64km/h 衝突テスト**　プロトタイプによる社内テストの写真。オフセット衝突の場合、片側のサイドフレームに衝突時の入力が入るため、キャビンの空間確保に対して、とても厳しいモードであるが、S2000 の場合は、三つ又構造により、荷重の効率的分担ができるため、キャビンのつぶれは少なく、十分な空間が確保できている。

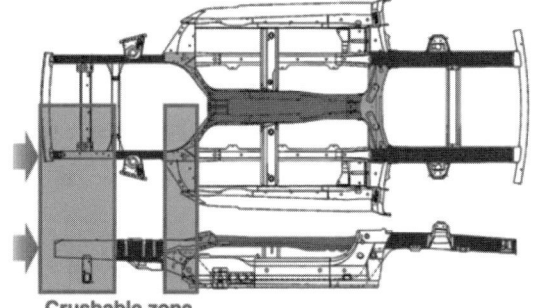

**前面オフセット 64km/h 衝突テストでのクラッシャブルゾーン**　オフセット衝突時の模式図を示しているが、衝突バリアにぶつかっていく際、オフセット衝突の場合、片側のサイドフレームだけで運動エネルギーを吸収する必要がある（四角で囲まれたエリア）。このため、高荷重を片側で受け止めねばならず、とても厳しい条件となる。四角で囲んだ前方の二つのエリアで、このエネルギーを吸収しなければならない。

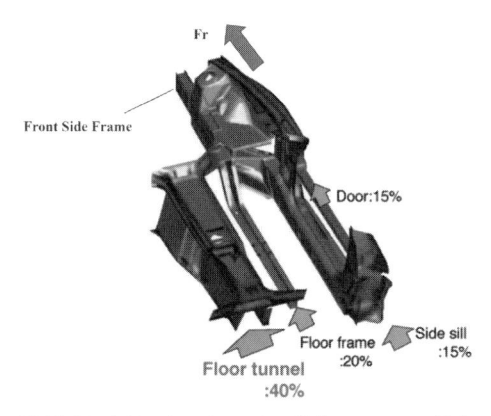

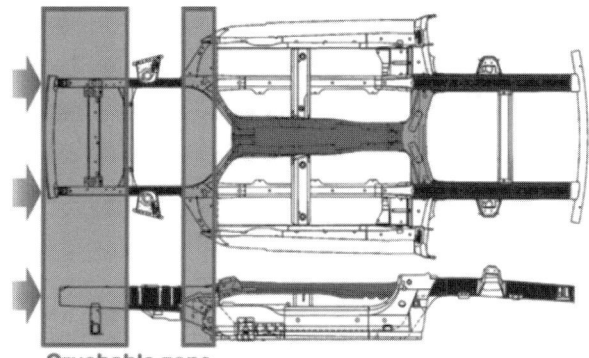

**S2000におけるキャビン反力の割合**　オフセット衝突時フロントサイドフレームに入った荷重はフロアトンネル、フロアフレーム、サイドシル、ドアの構造部材が荷重を受け止める。フロアトンネルで約4割の耐力を分担できており、その他部材への効率的な分担がなされる。三つ又分担構造の効能である。

**前面フルラップ55km/h 衝突テストでのクラッシャブルゾーン**　前面フルラップ衝突では、車両全幅の範囲で運動エネルギーを吸収しなければならない（四角で囲まれたエリア）。フロントの左右のサイドフレームで、荷重を受けることになり、二つの四角で囲んだ部分でこのエネルギーを吸収し、キャビンの空間を確保できるようにする。

しており、その結果、前面オフセット衝突64km/hにおける生存空間の確保を高いレベルで実現することができた。

### ■前面フルラップ衝突テストへの対応

　前面フルラップ衝突は、前面オフセット衝突とは異なり衝突時の運動エネルギーが左右両方のフロントサイドメンバーから入力するため、キャビンに発生する反力の合計値が大きくなる。そのため、衝突時の車体の減速度が大きくなり、乗員の傷害値に厳しい結果を及ぼす。したがって乗員傷害の低減が大きなテーマとなる。

　S2000はフロントビハインドアクスルレイアウト（エンジンの中心が前輪よりも後ろに配置されたレイアウト）によって生み出されたボディー前部のクラッシャブルゾーンを最大限有効に活用し、車両の運動エネルギーの大半を吸収することで、乗員の受ける衝撃（G）を軽減する構造とした。

　具体的には、フロントサイドメンバーをテーパー状にストレート化した。これにより、衝突時に一気に座屈（ざくつ：急に変形すること）せず、蛇腹状に圧壊させる設計とし、さらにサイドメンバーの断面をダブルデッカー状（日の字断面）とすることで単純な箱断面の場合より、約40％エネルギー吸収特性を向上させた。

　こうした構造と、3点式ロードリミッター付プリテンショナーELRシートベルト、両席SRSエアバッグシステムの採用などにより、前面フルラップ衝突（55 km/h）における乗員傷害を高いレベルで軽減させた。

### ■つくりやすさへの配慮

　フロントサイドメンバーをはじめとして、投資を極力減らして、製造しやすくなるように部品を設計する配慮も行なわれた。

　ボディー設計チーフを務めたのは、鳥谷尾博之（とやお・ひろゆき）である。将来技術研究を担う部門へ配属となり、「次世代大衆車のアルミスペースフレームの開発のために骨をうずめてこい」という指示から一年半もたたないうちに、今度は「少量生産のスポーツカーをつくるから」と元の部署に呼び戻されていた。

　会社にとってあまり収益が期待できない、むしろつくればつくるほど赤字になりかねない少量販売のスポーツカー製作に対しては、製造にかける投資を極力小さくすることが必須条件であり、これが実現できなければ開発プロジェクトが中止になってもおかしくない。

　鳥谷尾は、フロントサイドメンバー、フロアフレーム、サイドシル、リヤフレームといった部品

ダブルデッカー状（日の字断面）フロントサイドフレーム　前面フルラップ衝突時の入力を最初に受け止めるのはフロントサイドメンバーとなる。この部分でかなりのエネルギー吸収を行なう必要がある。S2000の場合、ビハインドアクスルレイアウト構造となっており、エンジンがフロント車軸後ろに位置するため、このゾーンを有効に使い、衝突時にフレームが一気に座屈（ざくつ）せず、蛇腹状に圧壊してエネルギーを効率よく吸収することで乗員の傷害値低減をはかった。

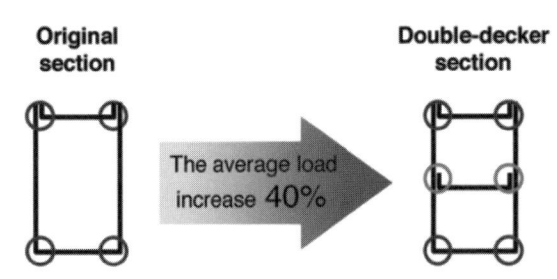

**Original section** → **Double-decker section**

The average load increase 40%

ダブルデッカー（日の字）断面化の効果　フロントサイドフレーム断面構造であるが、フレーム断面内にバルクヘッドを入れ、サイドフレーム側面で溶接し（中段の○で囲まれたところで溶接）、日の字断面構造にすることで、単純な箱断面にくらべて、約40％エネルギー吸収特性を向上させた。

群を、金型を使わずベンド（曲げ加工）成型できるような形状で、なおかつボディーの左側と右側で同じ部品を使えるように工夫した。これらのことは、フロントサイドメンバーの断面図を見るとそのことが理解できるだろう。

このように、クルマとしての性能や魅力を下げないで、かつ、企画コンセプトにある多くのホンダファンが購入できる価格で提供するため、少量生産車のつくり方の地道な取り組みも必要なのであった。

### ■S2000のボディー開発で得たもの

　ホンダは自動車の開発にあたり、常に走る楽しさを追求し、操る喜びの水準を時代と共に向上させることに情熱を注ぎながら、安全性や機能性も高度に進化させてきた。

　そして私たちはS2000において、オープンカーの常識を超えた高いボディー剛性と、本格的スポーツカーに必要な性能を損なうことなく、世界最高水準の衝突安全性能を実現することで、「新世代リアルオープンスポーツ」という新しい価値を創りだすことができたと考えている。

# カタログ・史料でたどる、ホンダS2000

ホンダS2000は、1999年に世界トップレベルの高出力4気筒自然吸気エンジンを搭載、50：50の理想的な車体前後重量配分を実現し、「走る楽しさ」「操る喜び」を具現化したFR（フロントエンジン・リアドライブ）のリアルオープンスポーツカーとして発売された。また、運動性能だけでなく、当時の排出ガス規制値を50パーセント以上下回る排出ガスレベルや、新開発オープンボディ骨格構造の「ハイX（エックス）ボーンフレーム」を採用、クローズドボディー同等以上のボディー剛性を実現し、環境への配慮と世界最高水準の衝突安全性も兼ね備えていた。その後、VGS（車速応動可変ギアレシオステアリング）の追加、タイヤサイズの変更、排気量アップなど進化を続け、生産終了した2009年までの10年間に約11万5000台生産された。そこで、S2000の変遷をカタログでたどってみることにした。国内仕様をはじめ、S2000の最大市場であった米国仕様とわずかではあるが欧州仕様を加えている。

## 東京モーターショーで発表されたホンダの広報資料（1995年）

### ホンダ流スポーツカー新説

#### NEWスポーツカー「SSM」の意義と新提案

モビリティのリーディングカンパニーを目ざすホンダは、21世紀に向けてクルマの可能性は二つあると考えています。ひとつは移動手段としてのもの。安全に、快適に目的地まで人を運んでくれるクルマです。もうひとつは「操る愉しみ」を求めるもの。すなわちスポーツカーです。今回のモーターショーにスポーツ・スタディ・モデルとして出品した「SSM」は、まさにそのスポーツカーのシンボルといえます。ホンダはどんな時代になってもつねに「操る愉しみ」とは何かということを追求し続けてきました。それが、ホンダがホンダであるゆえんだからです。この「SSM」がいま提案するのは、「操る愉しみ」を高いレベルで実現することであり、21世紀に向けてのスポーツドライビングの可能性です。思えば、ちょうど32年前の秋、1台のクルマが誕生しました。S500というホンダ初のスポーツカーです。エンジンはAS280E型直列4気筒DOHC、ロングストロークタイプながら、8,000回転で44馬力の最高出力を発揮して時速130キロをマークするという高性能ぶりでした。当時の高回転エンジンといえば、毎分5,000回転程度が一般的でしたから、常識の枠をはるかに超えていたわけです。すでにモーターサイクルシーンで世界グランプリを制していたホンダだからこそできた技術だったのです。S500は、その後、S600、S800と続いていくわけですが、これらのクルマは日本だけではなく海外にも輸出され、外国のスポーツカーファンを魅了したのです。そして、その背景としてのモータースポーツ活動が

あります。その頃ホンダは、F-1やF-2で活躍していました。担当したエンジニア達は、F-1やF-2のエンジンを開発することに血まなこになっていたものです。その時、彼らの胸に熱く迫ってきたのは、ホンダは、モータースポーツやスポーツカーを未来永劫忘れてはならない、という思いでした。レーシングフィールドで磨かれた技術は、必ず市販車に反映されます。「走る実験室」というキャッチフレーズも生まれました。そうした考えから現在でもホンダはインディやル・マンなど多方面で積極的に活躍しているのです。レーシングフィールドからの技術と熱いスポーツスピリットが注ぎ込まれたクルマとしてNSXというピュアスポーツカーを私達は持っています。「SSM」はこのNSXとは異なる方向性をめざしたスタディモデルです。走りも、外観も、コクピットもすべてが新しい主張と提案性に満ちています。現代風に言えば少しトンガったクルマかもしれません。あるいは乗る人を選ぶかもしれません。そこに「SSM」の存在理由があるのです。答は明瞭です。ホンダが「操る愉しみ」を前提につくれば、それがスポーツカーになるということなのです。ホンダはつねにクルマづくりの原動力として世界でも例のない技術を投入したり、未知の分野であるF-1にも参戦してきました。どんな時代になっても挑戦するということを忘れませんでした。とりわけレーシングフィールドでのチャレンジングスピリットはつねに持ち続けてきたのです。その意味で「SSM」は、ホンダのスピリットそのものといえるのです。

スポーツカーの可能性を広げこ考えたら、FRになった。操る愉しみを追求する基本は変わっていない。

1995年の第31回東京モーターショーの会場で、ホンダ・ブースから配布された資料。タイトルは「ホンダ流スポーツカー新説」とされており、展示していた「SSM（Sports Study Modelの略）」の意義などが克明に説明されている。この「SSM」が後に市販されたS2000の源流となるのである。

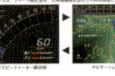

1995年10月、第31回東京モーターショーのホンダのブースに出展されたコンセプトカー「SSM（スポーツ・スタディ・モデル）」。これは会場で配布されたカタログ。スポーツカー本来の楽しさである「操る楽しみ」を追求し、21世紀に向けて提案する新時代のライトウェイトFR（フロントエンジン・リアドライブ）スポーツカーのスタディモデルであった。2.0L直列5気筒DOHC VTEC（可変バルブタイミング・リフト機構）エンジン＋シーケンシャル電動セレクト5速AT、FRの駆動方式やマルチモード・ディスプレイメーター、独創的な車体設計技術から生まれたフルオープン2シーターのキャビンなど、スポーツカーに求められる基本性能を現代的なテイストで具現化していた。サイズは全長3985mm、全幅1695mm、全高1150mm、ホイールベース2400mmであった。尚、SSMのデザインモチーフが、その後誕生するS2000に採用された。

# S2000プロトタイプ発表（1998年9月）

ホンダが創立50周年を迎えた1998年9月24日に発表されたS2000プロトタイプのカタログ。新設計のコンパクト2.0L直列4気筒DOHC VTEC最高出力240馬力以上のエンジンを、前輪車軸の後ろに配置するビハインドアクスル・レイアウトなどにより、50：50の理想的な前後重量配分を実現したFRの駆動方式を採用、新開発の6速MT、電動オープントップなどによって操る喜びの追求をテーマに開発された新世代オープンスポーツであった。サイズは全長4115mm、全幅1750mm、全高1285mm、ホイールベース2400mm。

# S2000国内販売開始（1999年4月）

1999年4月に発売されたホンダS2000最初のカタログ。個性的で存在感のあるエクステリアデザインは空力特性を追求し、揚力の低減により、優れた高速安定性に寄与している。スイッチひとつで約6秒で開閉する電動ソフトトップを装備する。サイズは全長4135mm、全幅1750mm、全高1285mm、ホイールベース2400mm、最低地上高130mm、車両重量1240kg。価格（東京）は338万円（消費税含まず）。16インチのBBSアルミホイールは、発売当初からのメーカーオプションであった。

S2000の運転席。ステアリングまわりにスイッチ類を集中させ、プッシュボタン式エンジンスターターとするなど、フォーミュラーレーシングカー感覚を彷彿させる演出をしている。

F20C型1997cc 直列4気筒自然吸気 DOHC VTEC 250PS/22.2kg-mエンジン＋新開発したショートストロークでクロスレシオの6速MTを積む。

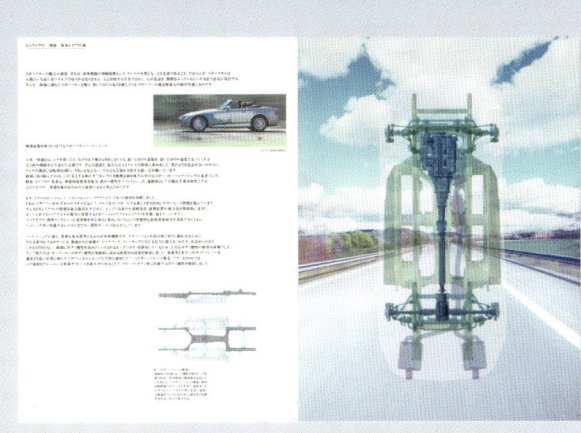

S2000に採用された、ボディー中央部に位置するフロアトンネルを
メインフレームの一部として活用し、フロアトンネルを前後のサイ
ドメンバーと同じ高さで水平につなぐX（エックス）字型の新構造、
「ハイX（エックス）ボーンフレーム」。

栃木製作所高根沢工場で製作される「ハイXボーンフレーム」。

ボディーカラー6色とシー
トカラー3色が設定されて
いた。インストゥルメント
パネルの右端の赤いスイッ
チがプッシュボタン式エン
ジンスターター。

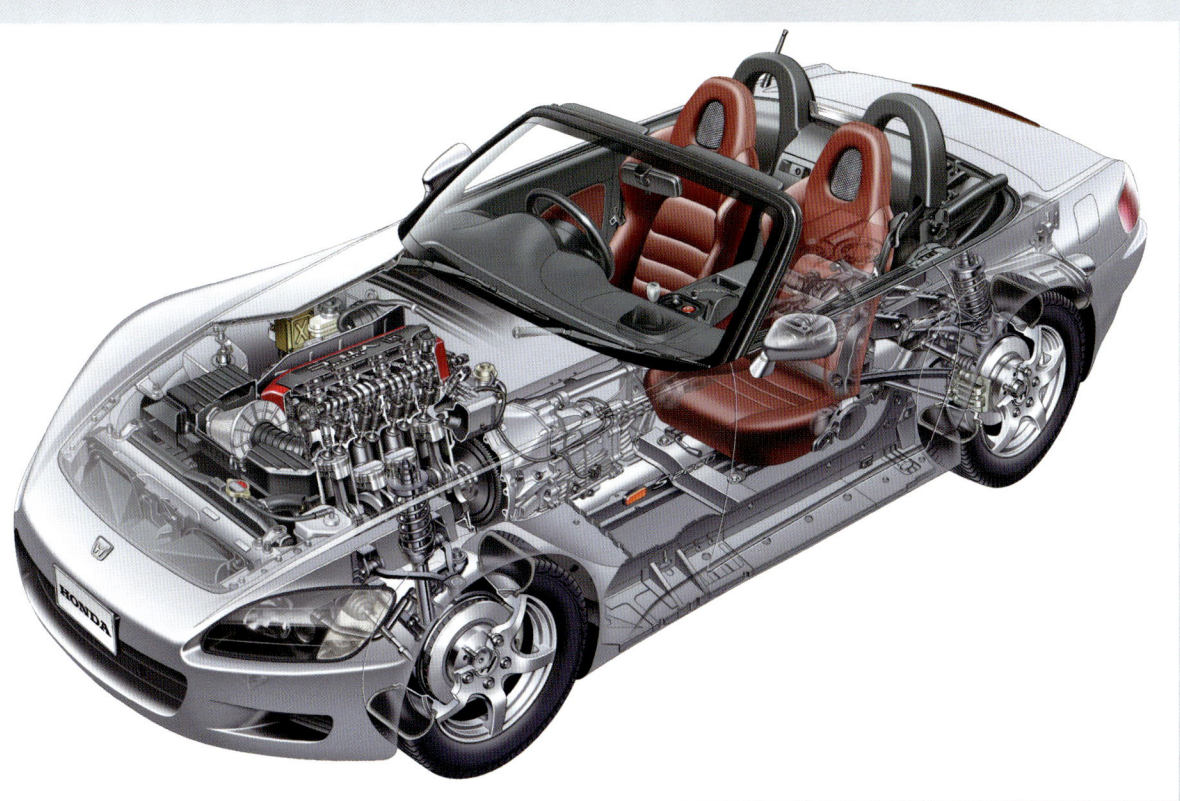

S2000の透視図。

## アクセサリーカタログ（1999年4月）

1999年4月発行のアクセサリーカタログ。チタン製のシフトノブ、ノンアスベストタイプのブレーキパッド、専用のニーパッドなどが用意されている。

## ハードトップ発売（2000年2月）

2000年2月、アルミ製ハードトップが発売された。内装はフルトリム、リアウインドーは熱線入りガラス、脱着は4点ロック手動式、重量は20kg、カラーはボディーカラーに合わせた6色が設定されていた。

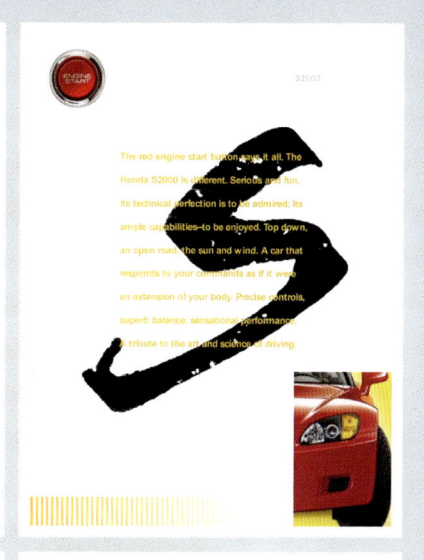
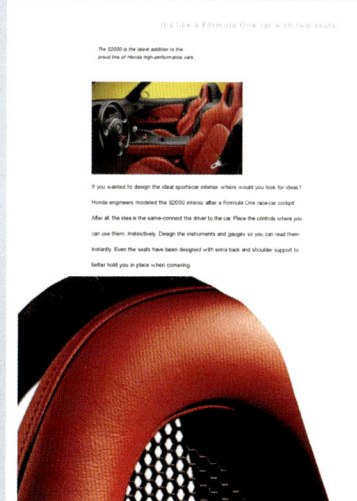
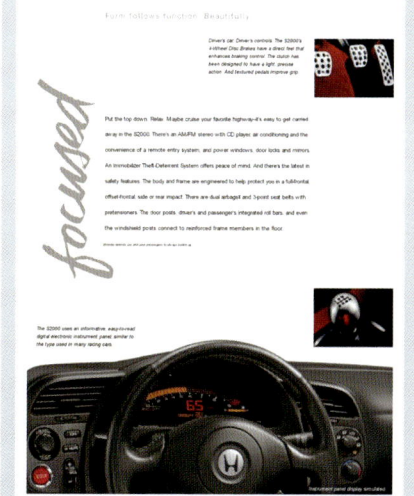
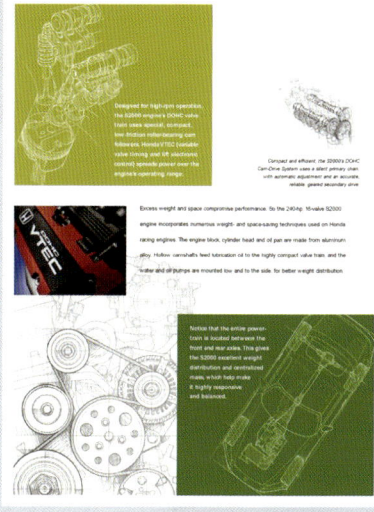

1999年9月、アメリカン・ホンダモーター（American Honda Motor Co. Inc.）から発行された2000年型S2000のカタログ。エンジンは圧縮比11.0：1（国内仕様は11.7：1）で240HP（SAEネット）。ボディーカラーは4色。タイヤはフロントがP205/55 R16 89W、リアはP225/50 R16 92Wを履く。

# ホンダ イタリア発行のカタログ（2000年6月）

**Honda S2000**

2000年6月、ホンダ イタリア（Honda Automobili Italia S.p.A.）から発行された
S2000のイタリア語版カタログ。国内のカタログには載らないデータで、最高速
度240km/h、0 -100km/h加速6.2秒、0 -400m加速14.5秒。燃費は都市サイクルで
7.58km/L、郊外サイクルで12.66km/Lとある。

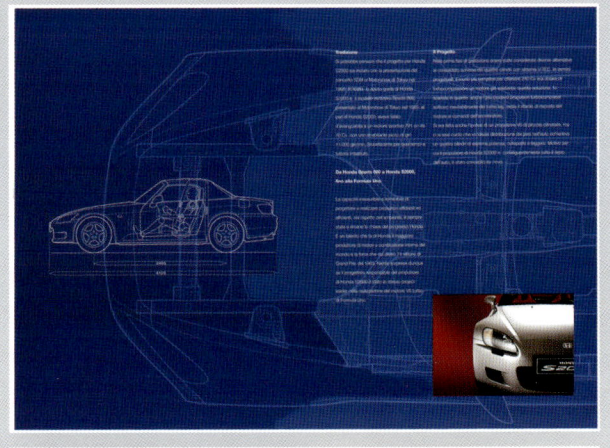

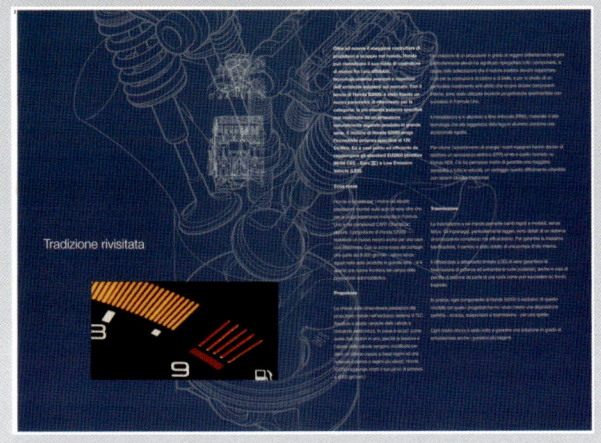

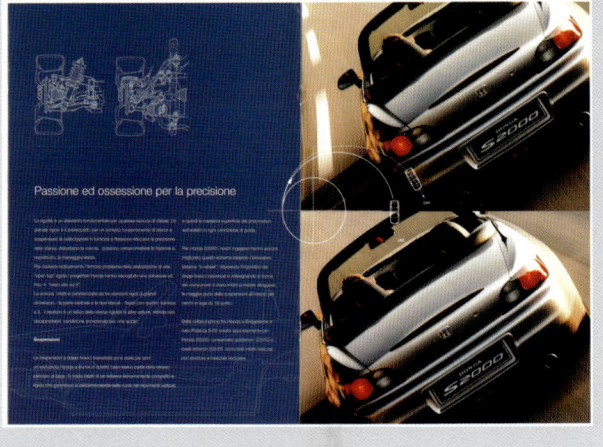

## S2000 type Vを発売（2000年7月）

2000年7月に発売された、車速と舵角に応じてステアリングのギアレシオを無段階に変化させる、世界初のステアリング機構VGS（Variable Gear Ratio Steering：車速応動可変ギアレシオステアリング）を装備したS2000 type Vのカタログ。VGSによるステアリングレスポンスに対応して操縦安定性を高める専用シャシー（専用のダンパー、スタビライザー、LSD装着）、専用ステアリングホイールを採用。リアにはVGSエンブレムが付く。

ボディーカラーはミッドナイト・パール（左から3台目）が追加されて7種となった。価格（東京、消費税含まず）はS2000が338万円、S2000 type Vは356万円。

## アクセサリーカタログ（2000年7月）

2000年7月発行のアクセサリーカタログ。クルマはtype V。

## マイナーチェンジ（2001年9月）

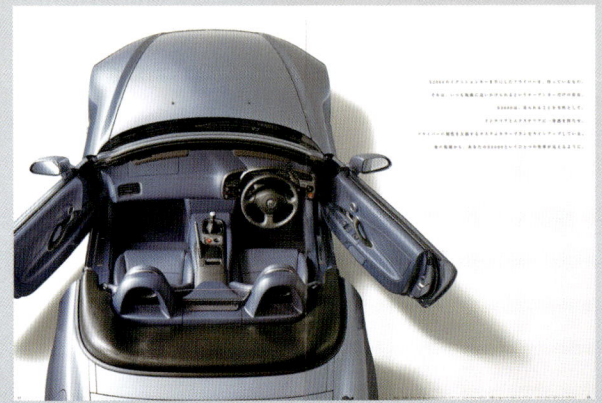

2001年9月にマイナーチェンジされたS2000のカタログ。主な変更点は、サスペンションを熟成させ、しなやかな乗り心地を実現。ウインドシールドフレームを黒からボディーと同色に変更など。右上のクルマに装着されたBBSアルミホイールはメーカーオプション（20万円）。価格（東京、消費税含まず）はS2000が343万円、S2000 type Vは361万円。

## カスタムカラープラン開始（2001年9月）

2001年9月のマイナーチェンジと同時に、自在に外装色（13色）・内装色（5パターン）・幌色（2色）から好みの色を組み合わせ、130のカラーコーディネイトから趣味に合った自分だけの1台を作ることができる「カスタムカラープラン」を導入した。2002年10月にミッドナイト・パールが中止され120通りとなっている。

Honda S2000

2001年9月、ホンダUK（Honda［UK］- Cars）から発行されたS2000のカタログ。エンジンはF20C型2.0L圧縮比11.0：1の240PS/8300rpm、208N・m（21.2kg-m）/7500rpmを積む。ボディーカラーは4色、内装は2色の設定であった。

# 日本限定の特別仕様車ジオーレ発売（2002年10月）

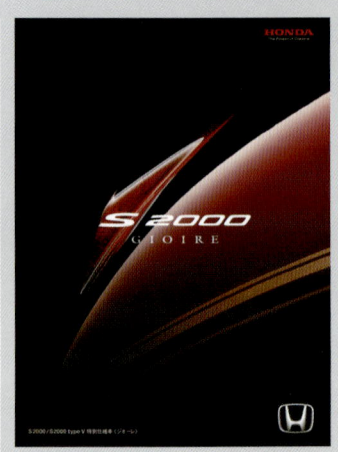

2002年10月に発売されたS2000の特別仕様車「ジオーレ」のカタログ。「ジオーレ」はゴールドピンストライプ付専用ボディーカラー2色に、専用タン内装を組み合わせ、内外装を充実させたこだわりのモデルである。価格（東京、消費税含まず）はS2000「ジオーレ」が368万円、S2000 type V「ジオーレ」は386万円。ジオーレ（GIOIRE）はイタリア語で"喜ぶ、楽しむ"という意味。2002年12月、社団法人 日本流行色協会主催の「オートカラーアウォード2003」において、「ファッションカラー賞」を受賞している。

# 米国で2.2リッター化、アメリカン・ホンダモーター発行の2004年型カタログ（2003年10月）

2003年10月にアメリカン・ホンダモーター（American Honda Motor Co. Inc.）から発行された2004年型S2000のカタログ。前後デザインの変更と同時に、ボディー剛性の向上、サスペンションの熟成が行なわれた。エンジンが2.0Lから2.2Lに拡大され、6速MTのギア比変更とカーボンシンクロナイザーが採用された。また、タイヤサイズが16インチから17インチに変更され、フロントがP215/45R17 87W、リアはP245/40R17 91Wを履く。

2004年型では、ステリングホイール、センターコンソール、ドアトリムなどのデザイン変更、肩と肘まわりのスペースが広くなるなどの改善が施された。XM衛星ラジオやヘッドレストスピーカーなどが新たにオプション設定されている。

# マイナーチェンジで外観変更、17インチタイヤ採用など（2003年10月）

2003年10月、マイナーチェンジしたS2000のカタログ。新デザインのアルミホイールとタイヤサイズを16インチから17インチに変更し、フロントがP215/45R17 87W、リアはP245/40R17 91Wを履く。プロジェクタータイプ ディスチャージヘッドライト（ロービーム）を採用した新デザインのランプユニット、ストップランプとテールランプにLEDを採用した新デザインのリアコンビネーションランプ、新デザインのフロントおよびリアバンパー、力強い後姿を演出する2本の大径の排気管などが採用された。価格（東京、消費税含まず）はS2000が350万円、S2000 type Vは370万円。

ドアセンターパッド、ショルダー部のデザイン変更により、肩や肘まわりの空間を拡大。センターコンソール部やオーディオリッドなどにメタル素材をあしらい、スポーティーで上質な室内空間を演出。新デザインメーターの採用。センターコンソールボックスやサイドドアポケットの収納量を増やし、実用性を向上させている。

これは S2000 type V で、メインスプリング、フロントスタビライザー、トルセン方式の LSD（リミテッドスリップデフ）は専用パーツを使用。サスペンションシステムも専用設計としている。

### S2000 typeV

スタンダードカラーに新色ムーンロック・メタリック、ニューインディイエロー・パールを採用し、プレミアムカラー 4 色と合わせ全 13 色のボディーカラーをラインアップ。さらに 6 バリエーションのインテリアカラー、2 色のソフトトップカラーとの組み合わせにより、156 通りのカラーコーディネーションが可能なカスタムカラープランを設定している。本革シート＆インテリアは 10 万円高のオプション。

# 日本も2.2リッター化（2005年11月）

2005年11月にマイナーチェンジしたS2000のカタログ。エンジンを2.0LからF22C型2.2L 178kW（242PS)/221N・m（22.5kg-m）に拡大。DBW（ドライブ・バイ・ワイヤ）を採用。6速MTのギアレシオをリファインし、ローレシオ化して、より日常での走りの質感を高めている。新デザインの17インチアルミホイールを採用。インテリアでは、ステアリングホイールのデザイン変更とともに、シート剛性向上のため、シート形状の変更など。価格（消費税含まず）はS2000が360万円、S2000 type Vは380万円。

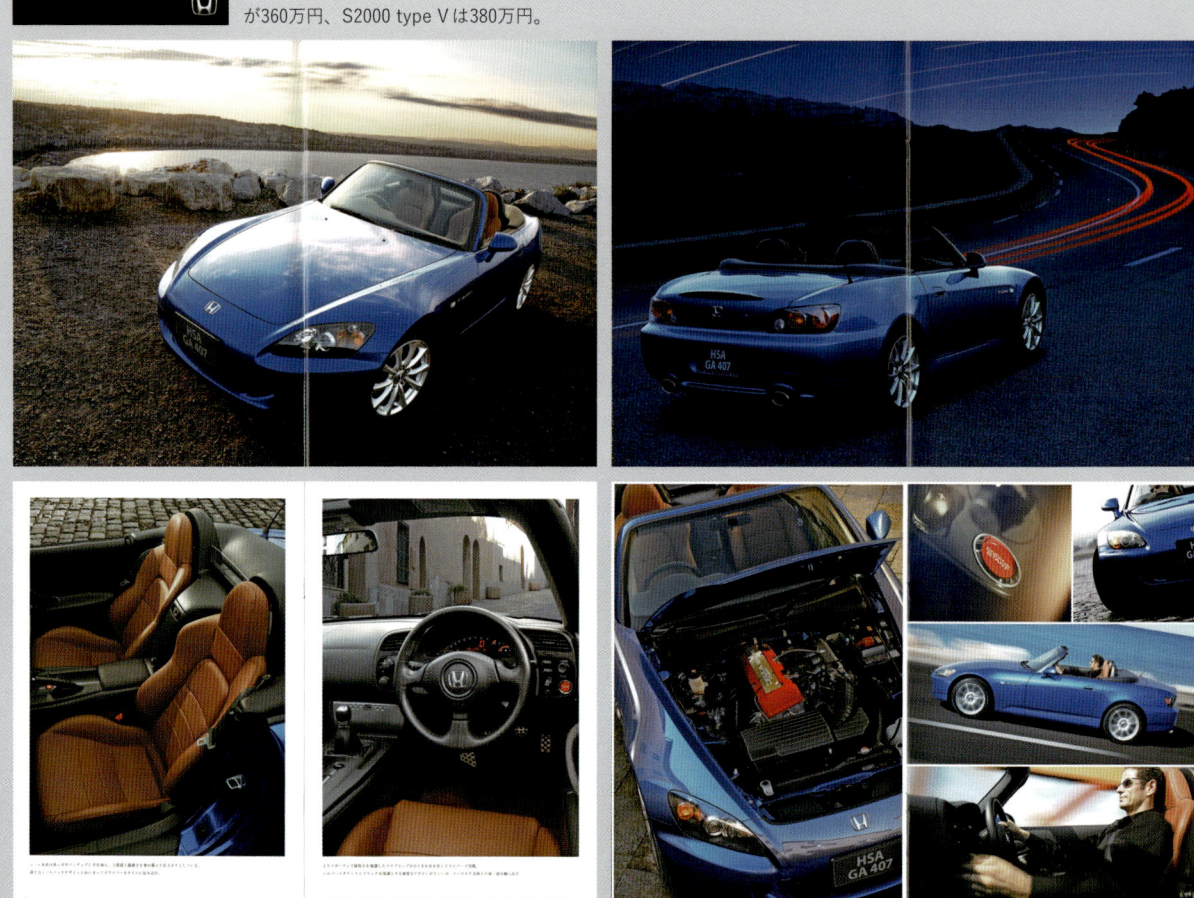

これは、世界初のステアリング機構VGSを搭載したS2000 type Vで、サスペンションシステムも専用設計としている。

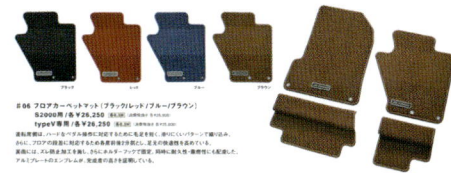

2005年11月発行のアクセサリーカタログ。チタン製シフトノブや4色のフロアカーペットなどに加えて、各種チタンパネルやシートバックネット／シートバックバッグ、トランクリアネットなど、実用面での充実もはかられている。

# ホンダ ヨーロッパ発行のカタログ（2005年11月）

2005年11月、ホンダ ヨーロッパ（Honda Motor Europe）から発行された
S2000のカタログ。エンジンは2.0L 240PS/208N・mを積む。右下の写真は
オプション装着車。

## 2006年9月、パリモーターショーで発表された特別仕様車 S2000 RJ エディション

2006年9月に開催されたパリモーターショーで発表された特別仕様車「S2000 RJ」。50台の限定生産で、イタリア、フランス、スペインで販売され、オーディオヘッドユニットケースの上部にホンダの2人のF1ドライバー、ルーベンス・バリチェロとジェンソン・バトンのサインが入る。

## ホンダ ヨーロッパ（北）発行のカタログ（2007年9月）

2007年9月、ホンダ ヨーロッパ（北）（Honda Motor Europe［North］GmbH）から発行されたS2000のカタログ。エンジンは2.0L 240PS/208N・mを積む。モデルバリエーションはソフトトップの「S2000 2.0 VTEC Roadster」および、ハードトップを標準装備する「S2000 2.0 VTEC GT」が設定されている。

## 米国でCR追加発売、アメリカン・ホンダモーター発行の2008年型カタログ（2007年9月）

2007年9月、アメリカン・ホンダモーター（American Honda Motor Co. Inc.）から発行された2008年型S2000のカタログ。2008年型にはS2000に加えて、S2000 CR（Club Racer）がラインアップされた。S2000 CRは、スポーツ走行性能を最大限に引き出すために、ボディー剛性を高め、足回りも強化していた。また、専用設計のフロントスポイラーやリアスポイラーなどのパーツ類が、空力性能向上に加えて力強くスポーティーな外観を表現している。ルーフは、格納式の電動ソフトトップを取り外し、着脱式のアルミ製ハードトップとボディーと同色のロールバーカウリングを装備する。

# S2000 TYPE S 発売（2007年10月）

2007年10月、マイナーチェンジと同時に「TYPE S」が追加設定されたS2000のカタログ。全タイプに VSA（Vehicle Stability Assist：車両挙動安定化制御システム）とサテライトスピーカーを標準装備。写真手前がS2000で価格（消費税含まず）は368万円、奥のS2000 TYPE Sは380万円。この時点でtype Vは カタログから落とされた。

ホンダの北海道・鷹栖プルービンググラウンドで育まれたという「TYPE S」。専用のサスペンション、フロントスポイラー、大型リアスポイラー、アルミホイール、ファブリックシート＆インテリア、アルミシフトノブ、エンブレムなどを装着する。

## Aerodynamics 空力へのアプローチ

## Suspension 脚まわりからのアプローチ

S2000 TYPE S の技術的な解説ページ。「Aerodynamics 空力へのアプローチ」「Suspension 脚まわりからのアプローチ」では高速走行時のスタビリティーと、中・低速コーナーでのシャープネスの高い次元での両立を果たしていることを語っており、「Weight 軽量化へのアプローチ」では、軽量アルミホイール、リアスポイラーの中空化、スペアタイヤとジャッキを排し、電動ソフトトップを温存した（S2000 CR では取り外している）と解説。また「Cockpit コクピットからのアプローチ」では専用パッドと専用ファブリックでホールド感を高めたシートを採用。球状シフトノブの採用でショートストローク化を実現、素早いシフト操作を可能とするなど、微密な開発の一端がうかがえる。

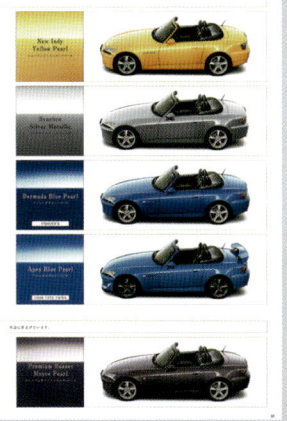

ボディーカラーは S2000 の専用色（右側上から3番目）、S2000 TYPE S 専用色（右側上から4番目）を含めて10色。シート＆インテリアカラーは S2000 の専用色（左側上）、S2000 TYPE S 専用色（左側下）を含めて5色。ソフトトップカラー2色が設定され、組み合わせ表に基づき選択できた。

# ホンダ UK 発行のカタログ（2007年12月）

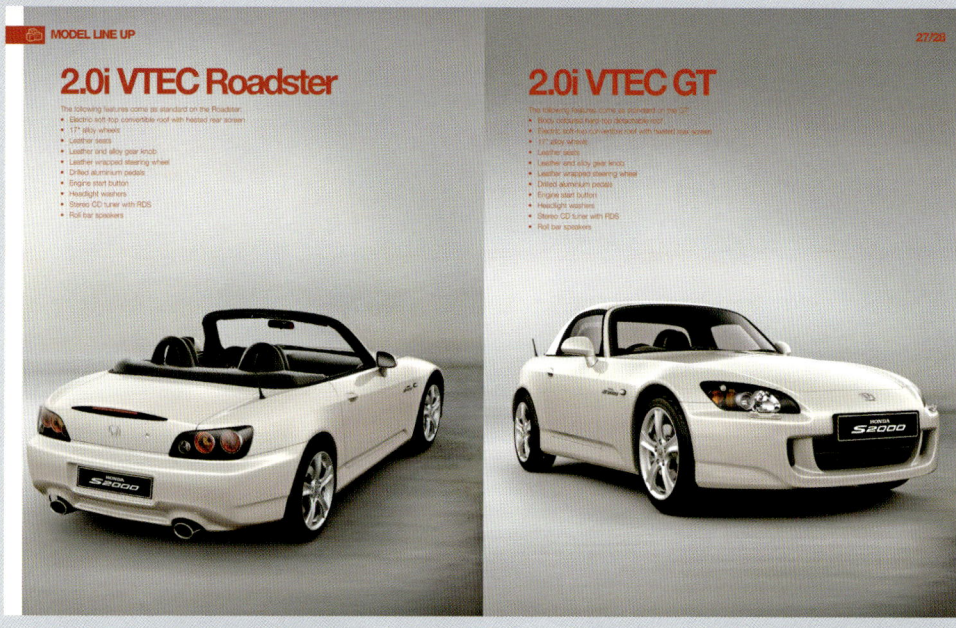

## 2.0i VTEC Roadster

The following features come as standard on the Roadster:
- Electric soft top convertible roof with heated rear screen
- 17" alloy wheels
- Leather seats
- Leather and alloy gear knob
- Leather wrapped steering wheel
- Drilled aluminium pedals
- Engine start button
- Headlight washers
- Stereo CD tuner with RDS
- Roll bar speakers

## 2.0i VTEC GT

The following features come as standard on the GT:
- Body coloured hard top detachable roof
- Electric soft top convertible roof with heated rear screen
- 17" alloy wheels
- Leather seats
- Leather and alloy gear knob
- Leather wrapped steering wheel
- Drilled aluminium pedals
- Engine start button
- Headlight washers
- Stereo CD tuner with RDS
- Roll bar speakers

interior or driver's cockpit?

2007年12月、ホンダUK（Honda［UK］- Cars）から発行されたS2000のカタログ。エンジンはF20C型2.0L圧縮比11.0：1の240PS/8300rpm、208N・m（21.2kg-m）/7500rpmを積む。モデルバリエーションはソフトトップの「S2000 2.0 VTEC Roadster」および、ハードトップを標準装備する「S2000 2.0 VTEC GT」が設定されていた。

アクセサリー紹介ページ。右下はS2000専用のCDチェンジャー、その左はホンダコンパクトナビゲーションシステムで、ヨーロッパの地図のほか、Bluetooth®ハンズフリー電話、MP3プレーヤー、JPEGビューワー、オーディオブックプレーヤーとして使えた。

## ホンダ オーストラリア発行のカタログ（2009年3月）

2009年3月、ホンダ オーストラリア（Honda Australia Pty. Ltd.）から発行されたS2000のカタログ。エンジンはF20C型2.0L 176kW（240PS）/8300rpm、208N・m（21.2kg-m）/7500rpmを積む。

## ヨーロッパ向け最後のS2000特別仕様車「Ultimate Edition」（2009年3月）

2009年3月、S2000の生産終了を記念して欧州で販売された特別仕様車「S2000アルティメット エディション」。2.0L 240PSエンジンを積み、グランプリホワイトのボディーカラーとグラファイトカラーのアロイホイールを組み合わせている。2009年6月に生産が終了する前の最後のモデルであった。

自動車史料保存委員会
解説：當摩節夫

# 高性能シャシーの実現
（サス・ステアリング・タイヤ）
### 船野 剛　松本 洋一　柿沼 秀樹

## ■入社4年目でS2000を担当（船野 剛）

　私（船野）は1992年入社だが、ホンダは、創業者の本田宗一郎氏への憧れや、第2期F1の大活躍から入社を希望するスポーツカー／F1かぶれが多く、私もその一人であった（入社後の工場実習中にF1撤退がアナウンスされた翌日には5人ほど退社したはず）。

　ただし入社前に唯一気に入らなかったのは、ドリフトに憧れていた、いわゆる"走り屋"の私としては、ホンダには自分の買える後輪駆動車が無いことであった。そのため実は、入社直前に国産他社のFR車を買い、峠やサーキット走行にいそしみ、その後エスカレートしてジムカーナを本格的に始めたのだが、その次に買ったのが国産他社のMR（ミッドシップ）車だった。

　そんな調子で、入社早々上司に対し「F1の車体やりたいです」と言って「100年早い！」と言われ、さらに「スポーツカーをやりたい」と言ったら「10年早い！」と言われたこともあった。

　ホンダ創立50周年記念で、スポーツカーを作るという話が聞こえてきて、まずは、モーターショーでSSMが発表され、その車両を開発するという話が出てきたところ、入社からサスペンション設計グループで4年目になっていた私はある日上司に呼ばれ、言われたのが「S2000の設計やるか？」。上司が言い終わる前に「ハイ！」と即答した。

　こんなまだ経験不足の"小僧"の言ったことを、上司は覚えていてくれたようで、今でも感謝している。

　自分の欲しいスポーツカーが、自分で設計できる環境に置かれるなんて、設計者としてこの上もない幸せ者だなと思ったし、レーシングスピリットを持つホンダという会社と、それを決断した当時の社長の川本信彦さんに感動したのを覚えている。

　他のセクションのメンバーも続々決まっていった。皆さんクセがあるけれど能力は高く、ホンダのスポーツカーに対する思いも同じ熱い（暑苦しいくらい）モチベーションを持つメンバーで、今後がさらに楽しみになってきた。

## ■車両コンセプトとシャシー

### ①コンセプト

　本格的に業務に入る前に、開発するスポーツカーの話を色々聞いたのだが、2000ccのオープンカーだという。

　その当時の私のオープンカーに抱いていたイメージは、マツダのロードスターや、ドイツのオープンカーたちであった。ロードスターは偉大なクルマではあるが、F1イメージのホンダで作るクルマとしては、ベクトルが違う感じで、リアルなスポーツカーがやりたいと思っていた。

**ドライビングシーンイメージ**　リアルオープンスポーツであるというクルマの方向性が、"本籍はサーキット"などというフレーズとともにこの資料に表現されている。

**比較試乗したスーパー・セブン**　試乗会で想像をはるかに超える衝撃だったのがスーパー・セブンである。このクルマの軽快さと刺激が、S2000の開発に対する方向性にインパクトを与えた。

そんな話をしながら、開発メンバーに選ばれた私を含めた血の気の多い若い連中と盛り上がっていたのだが、いよいよチームが発足し、開発責任者にはあのNSXのLPLの上原繁さんが就任され、まずは、機種概要の説明会があった。

そこで話された方向性は、"リアルオープンスポーツ"であること、"本籍はサーキット"であること、車両イメージは軽量ダイレクトな"現代のネイキッドスポーツ（スーパー・セブン）"というではないか！！

イメージは、オープンスポーツという点では重量と剛性の観点で少々引っかかってはいるものの、方向性としては、リアルスポーツを作るということで若者達の思いと合ってきたと感じた。

ただし、スーパー・セブンのイメージというのは乗ったことも無かったので、正直よくわからない感じだったが、早々にその機会はやってきた。

②車両の方向性イメージはスーパー・セブン

前記の概要説明会からほどなく、比較車の試乗会が開催され、そこで初めてスーパー・セブンに乗ることができた。 ロードスターなど他のオープンカーは大体想像通りであったが、スーパー・セブンだけは想像をはるかに超える衝撃で、いい意味でも悪い意味でも、超軽快でダイレクトを超えた一体感にあふれ、操る楽しさを満喫できる、リアルオープンスポーツであった。

この乗り味を作っている肝（きも）が、ホンダでいういわゆる"低低軽（低重心、低慣性諸元、軽量）"であることが諸元の数値だけでなく、体感的に理解することができた。ただし、今回の開発車は、スーパー・セブンに対してかなり重くなり、かつ現代のクルマとしての様々な走行環境下での走行安定性能を担保しなければならないため、ダイレクト感に関しては、設計仕様を具現化する手法がまだイメージできなかった。

このダイレクト感については、後に出てくる研究グループとの膨大な実機テストで構築していくことになる。

③基本諸元の最適化とシャシー

このクルマの"低低軽"の推進は、上原さんを

筆頭とした先行企画の検討で、車両ディメンションと大物部品配置構想が進んでいた。ディメンション関連では、低低軽＋50:50前後重量配分を基本とし、当初の全幅は5ナンバー規格でスタートした。

ビハインドアクスルをはじめとしたパワートレーンなどの大物配置だけではなく、シャシー部品もスペアタイヤや燃料タンク、ブレーキキャリパー、バッテリー等の位置をホイールベース内に収める等の基本レイアウト方針を定めてスタートした。

骨格もハイXボーンフレームをベースに、シャシーも軽量化をねらって断捨離を行ない、前後同サイズのタイヤ、大胆にリアサブフレームレス、ステアリングも軽量化に加えてダイレクト感をねらって、チルト・テレスコの調整機構レスなどを採用してスタートした。

その後詳細レイアウトを詰めていく段階では、上原さんをはじめとする機種開発チームメンバーと各部品担当者のミリ単位の攻防が繰り広げられていった。

④軽量化とコスト対応

"低低軽"の中での最大の難関は、スーパー・セブンの諸元と一番乖離（かいり）している、軽（軽量化）だ。さすがに2000ccエンジンと現代の法規適合性や商品性を考慮すると、スーパー・セブンの車重400kg台は無理にしても、当初は200PSのエンジンで、パワーウェイトレシオ目標が5.0 kg/PS以下ということで、1000kg以下がスタートだった。

その後、精度アップとエンジンは220PSに出力アップして、先行車の時点では1100kgf以下になったものの、依然として厳しい目標であった。

また、設計的にはコストも大きな課題だった。コスト目標は極めて厳しいもので、量産大衆車レベルの償却台数設定で、かつアルミ等の軽量素材を使わないで達成するような、極めて厳しいレベルだったと記憶している。

上記のように、重量とコストの目標は極めて厳しいもので、冗談で「1輪外したらいけるか

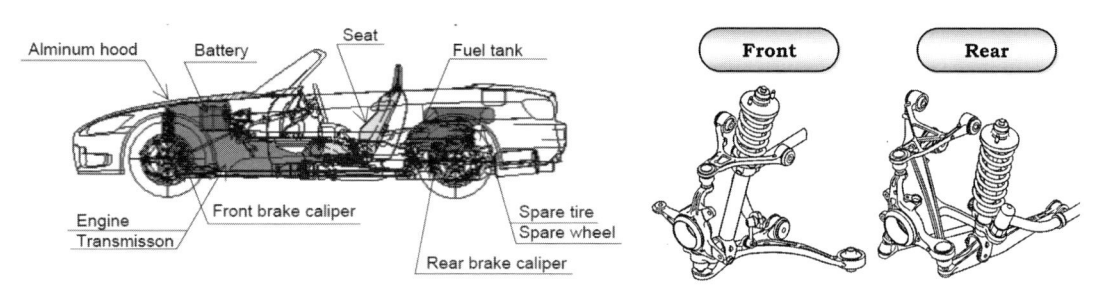

**パッケージ検討での重量物の配置** S2000 は、重量配分を狙った値にするために、基本となる車のパッケージ検討を入念に行なった。特徴的なのはエンジンをフロントアクスルの後ろに配置し、エンジンを低く搭載していることである。この図からも重量物がコンパクトかつホイールベース内に配置されていることがわかる。

**サスペンション斜視図** 前後のサスペンションはインホイールダブルウイッシュボーン形式を採用した。

も？」などという話もでていたくらいだったが、現場サイドでは、「自分で買えるスポーツカーを作るんだ！」というモチベーションで、この難題に立ち向かっていった。

基本は、最近の言葉でいうと "ミニマル" の方向性で、各部品の仕様を "必要最小限" にする方向だが、スポーツカーとして必要な最小限というのが難しいところで、各設計部門が苦悩しつつも楽しみながら検討をスタートさせたのである。

### ■サスペンション／ステアリング

サスペンション設計のメンバーは4人で、私が一番年下でフロントメイン、先輩の松本洋一（まつもと・よういち）さんがリヤとタイヤメイン、それを束ねるチーフに、若手のエースと言われていた直属の上司である中川亮司（なかがわ・りょうじ）さん、その後見人のような立場で、サスペンション理論ではグループ内でピカイチの、織本幸弘（おりもと・ゆきひろ）さんという布陣だった。中川さんは途中から、シャシー設計のPL（プロジェクトリーダー）に移られ、より広いエリアを指揮することとなる。

①サス形式と基本アーム配置

素性の良い運動性能を決める肝は前述の基本諸元だが、次にくるのがサスペンションの基本設定である。基本の設定とは、まずは形式を決めること、そしてアーム配置である。

形式の選定は、車両の目標性能、デザイン等で定めていくが、今回のクルマは高い操安性能はも

ちろんのこと、低フード＆軽量＆剛性を求められていたので、レーシングカーや本格スポーツカーに採用されている、シンプルなインホイールダブルウイッシュボーン形式を選択した。他には性能面では、さらに設計自由度が高いマルチリンクもあるが、今回は軽量と高剛性を優先した。

形式の選定については、コスト投資・重量等で、通常の量産機種では揉めることが多いが、今回のクルマに関しては、上位者を含めて理解があり、そんなに揉めなかったと記憶している。

次に基本の配置。ダブルウイッシュボーンは、その名の通り、上下の二つのAアームと、1本のアームで構成されているが、そのアーム配置は、軽量高剛性を考えると、レーシングカーのようなワイドスパンを基本とし、フロントはダイレクトな応答性（コーナーリングフォース入力方向からの剛性）と車両安定性（上記入力でのコンプライアンスステア：サイドフォースステア）を両立しやすいステアリングギアボックス前置き配置や、上下アーム回転軸の車軸平行配置、フレーム真横配置、リアのコントロールアームはロアアームの下置き等、最大限剛性に配慮した配置でスタートした。特にリアのロアアームなどは、F1並みの寸法のワイドな前後のスパンを確保した。

ただし、フロントのロアアームは、ステアリングギアボックス配置からくるステアリングジオメトリーの関係で、若干妥協したところがあった。これについては後述するが、そこが開発の後半で操安性能対応で変更するはめになった。クルマは

正直である。

これらのサスペンションを支えるボディーやサブフレームは、前のパートでも述べられているが、基本骨格系剛性のみならず、サスペンション取り付け点剛性にも十分配慮してもらった。

また、アライメント調整機構もスポーツカーのシビアなアライメント精度を実現するために、トー/キャンバー/キャスター全て調整できる機構とした。一部のレイアウトはかなり苦労したが、構造を工夫してクリアし、その後特許を取得した。上記のようにシビアな設定が可能になることはもちろんだが、市場に出てからのユーザーのチューニングの自由度も持ちたいという、個人的な強い思いもあった。

ステアリングシステムは、モーターラック同軸タイプのEPS（Electric Power Steering system）を採用した。

その当時では珍しいEPSを選択した理由は、エンジン出力ロスが無いため、出力アップ及び燃費向上に貢献できるのとその後に控えているVGS(Variable Gear-ratio Steering system)システムも考慮した結果である。

EPSは当時はまだ市場での採用例は少なかったのだが、ホンダはEPSを真っ先にNSXで採用していたため、そのノウハウを盛り込みつつクイックレシオと早い操舵に追従可能なように大容量を確保して対応した。

②ジオメトリー特性の検討と設計＋テスト結果反映

サス形式と基本配置を決めた後は、ジオメトリーの設定だ。狙いの操安性能を実現するためのジオメトリー設定で考慮する項目は、上記の剛性は無論のこと、キングピンジオメトリー、トー、キャンバー変化、アンチダイブ、スコート、ロールセンターを始め多くの要素があり、それに加えてジオメトリーとサスペンションブッシュの弾性要素によって定まるコーナーリング、ブレーキ、駆動等、各種の入力でのコンプライアンスステアを考慮して定める必要がある。

また各特性は相互に影響している上に、レイアウトの都合もあり、それらを鑑みながら膨大な数

のジオメトリー検討を行なった。

ダブルウイッシュボーンは設計自由度がある、つまりたくさんパターンを検討できるので、設計者としては"嬉し悲し"である。

その膨大な検討には、この車両の企画の少し前にでき上がった、最新の弾性要素を考慮したジオメトリー検討シミュレーションツールを最大限活用できたのが、幸運であった。まだできたばかりで、トライアル運用をこの機種で行なったのだが、精度や検討項目が不足していた部分も数多くあった。しかし、ツール開発者とは頻繁に打ち合わせを行ない、即座に対応をしてもらったので、精度や使い勝手は急激に上がっていった。

最大の難関はそれらの設定のスタートのベースをどうするか？　である。

最近であれば、1台分の操安シミュレーション等もあるので、それを使ってということも可能ではあるが、開発当時はそのような解析ツールも部分的にしかない上に精度も低い状況で、他社に対しても正直遅れていたのではないかと思える状況

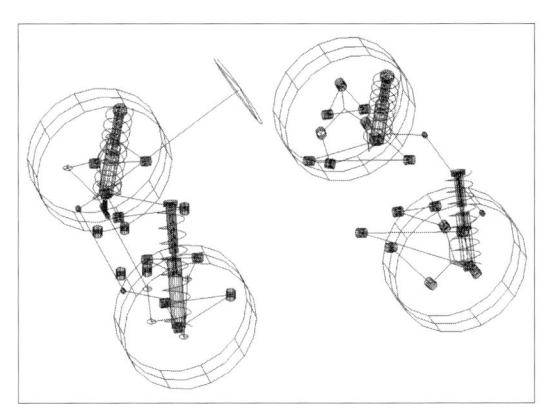

**サスペンションジオメトリー検討ツール**　いく度もの改良を重ね精度をアップして実用化した。設計者自身が比較的簡単にモデルを作成できたのも強みとなった。

**プラットフォーム先行試作車**　中身は CR-X デルソルとは全く別物の FR 車。このクルマに多くの試作案別の仕様を組み込みテストした。これは最初に稼働した試作車である。

であった。そうなると過去のノウハウということになるわけだが、われわれは、後輪駆動に対しての量産車のノウハウはNSXしかなかった（さすがに、過去のS800は参考にならない）のだが、当時先行研究でFR研究が行なわれていたので、NSXやFRに関する先行研究での成果を参考にしながら、スタート仕様を決めた。

これらのテストは、CR-Xデルソルを改造した先行車で行なった。

スタート仕様の設定値で、水準レベルの限界領域での操安性能は確保できそうな見込みはあったのだが、他社を含めてトップの限界操安性能を目指していたのに加えて、ダイレクト感、軽快感、コントロール性等の過渡特性の部分に関しては、ノウハウが不足していたのはいかんともしがたく、スタート仕様に対し、数多くのジオメトリー別案を用意し、サス研究グループメンバーの和田範秋（わだ・のりあき）さんと柿沼秀樹（かきぬま・ひでき）さんに膨大なテスト評価と提案をしてもらった。和田さんはホンダファンならご存じの方も多いと思うが、NSXをはじめとしたホンダスポーツカーのダイナミクスを担った開発テストのエキスパート、柿沼さんはのちに１０代目のシビックType R（FK8）の開発責任者となる。

横に乗せてもらったり自分で乗ったり、その結果を２人からの的確かつ緻密なフィードバック及び提案をベースに、織本さん及び中川さんに相談しつつ自分の脳内シミュレーションで考え、ジオメトリーを再考し、物を設計してまたテストという、ホンダの"三現主義（現場・現物・現実）"と、高速トライアンドエラーでの対応を実施し、先行車を使ってジオメトリーを煮詰めていった。

その中でもサスペンションストローク時及び、コーナリング時のトー（Toe）変化はもちろんだが、コーナリング性能（左右入力）でのキャンバー＆ロールセンター高とその変化、及び前後バランス、ブレーキや駆動（前後入力）でのアンチダイブ＆スコートの設定は徹底的に行なった。

私も多くの設計検討を行なって部品を準備した後、そのロールセンター系及びアンチスコート系

別案テストの際にテスト車に乗せてもらい、実車の動きの変化を体験したことは、強烈な印象として、いまだに忘れることができない。重量が圧倒的に異なるスーパー・セブンのコーナーリング＆ダイレクトフィールが、より高いレベルで実現できてきたのだ。その一部を少し専門的になるが、お話ししたい。

基本の流れは、和田・柿沼コンビと我々設計メンバーでベース及び別案仕様の方向性及び仕様を定め、我々が具現化仕様を設計＆別案品を用意し、それを２人のテスト結果でジャッジまたはさらに変更を考えるという流れである。

まずロールセンター案別だが、旋回時のタイヤのコーナーリングフォースの立ち上がりの速さと前後の発生タイミングは、ロールセンター系の設定が重要な役割を果たす。数多くの別案をトライし、スプリングやスタビライザーを含めたロール剛性を高めることに加え、ロール軸をやや前下がりにすることでリアのキャンバー＆トレッド変化を増加させ、リアのコーナーリングフォースの立ち上がりを速め、高い車速での高G旋回＆アンダーステア低減と安定性、ダイレクト感を高めながらリニアなロールフィールとなる、スポーツカーとしてふさわしいコーナーリング特性になる最適値を決めていった。

次にアンチスコート設定に関してだが、後輪駆動車でのアクセルON時にリアが沈み込む動き（スコート）は、大きすぎるとダイレクト感及びアクセルコントロール性が低下してしまうが、全く無くしてしまうとリニアなフィールにならない。そのため、数多くの別案テストを行ない、上記性能が達成できる適切なアンチスコート仕様を決めていった。

上記のジオメトリー設定に加え、リニアなアクセルコントロール性の実現に関してはトルク感応型LSDの採用や、高速安定性に大きく関わる空力特性も、前述のテールランプを含めたリアのダックテール形状やフロントバンパーのスカート形状、床下アンダーカバーのフラット化等のリフト低減仕様とその前後バランス設定を含め、上記

サスペンション仕様とのマッチングを柿沼さんらが入念に行なった。

　他のFR車を大きく上回る限界コーナーリングとトラクション性能、他のFR車とは違うダイレクトなS2000の乗り味は、ここでの徹底した実車でのジオメトリーテストが大きな要因だと考えている。

　振り返ってみれば一見無駄が多いと思われるし、その当時は大変だったが、数多くの設計検討とテスト結果と実車挙動体験がリンクした、三現主義を地でいくこの経験は、エンジニアとしては"血となり肉"となった経験だったし、柿沼さん

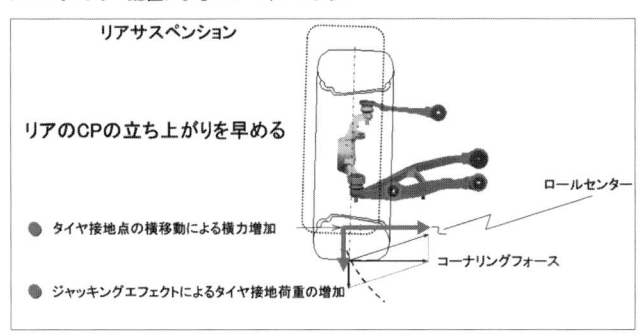

**コーナリングパワーの増加**

サスジオメトリー配置によるCPレスポンスアップ

リアサスペンション

リアのCPの立ち上がりを早める

ロールセンター

コーナリングフォース

● タイヤ接地点の横移動による横力増加

● ジャッキングエフェクトによるタイヤ接地荷重の増加

**ロールセンター高の設定**　コーナーリングフォース（横力）、接地荷重（上下力）の発生のさせ方に加えて、ロール時のロールセンター高の変化のさせ方を、前後バランスも含め考慮した上で設定した。

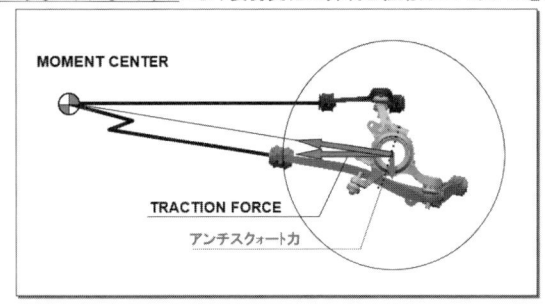

**スロットルレスポンスの向上**

アンチスクォートジオメトリーにより姿勢変化の抑制と駆動力レスポンスを向上

MOMENT CENTER

TRACTION FORCE

アンチスクォート力

**アンチスコートの設定**　図の瞬間中心（Moment Center）は、アンチスコート（駆動力にて発生）だけではなく、アンチリフト（接地点でのブレーキ力にて発生する姿勢変化の抑制）も考慮した上で設定した。

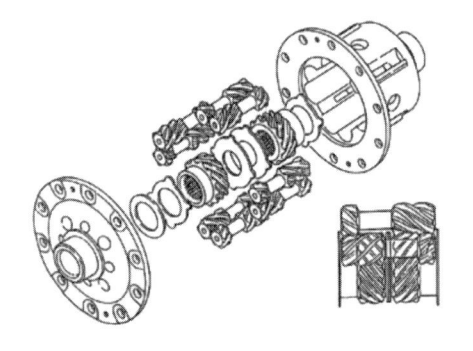

## トルク感応式 LSD

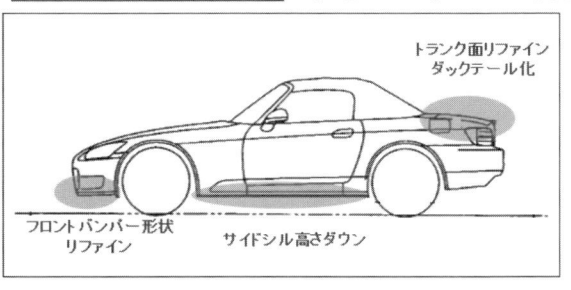

## 空力性能（CL）の向上

### ボディ形状、空力処理によるCLバランスの向上

トランク面リファイン
ダックテール化

フロントバンパー形状
リファイン

サイドシル高さダウン

**上記対策によりCL低減と前後バランスを最適化**

**トルク感応型 LSD（Limited Slip Differencial）を搭載**　リアデフには、トルク感応型 LSD を搭載し、旋回性能と直進安定性を両立させるようにした。

**空力セッティング**　模型、実車風洞テストを重ね、空力仕様を煮詰めていった。リフトバランスに関しては、風洞テストだけではその効果が判断できにくいので、実走テストの効果を確認しながら、その仕様を決定していった。

他シャシー開発メンバーもその後に出現する、ホンダのスポーツカー開発において必要なノウハウを積み上げることができたと思う。

③さらなる操安性能＆ダイレクト感を求めて、先行車から本番車での設計大幅変更

CR-Xデルソルを改造した先行車は、前述の重量目標1100 kgを達成するために、各設計者もかなり大胆な（？）仕様を入れ込んでいた。遮音材はわずかだったため、室内はレース車のような盛大な駆動系ノイズが鳴り響いており、とても市販車レベルとは言えず、遮音材の追加は必須だったので、これで大幅重量アップ。また、骨格系で言えばリアサスはFR車で一般的なサブフレームではなく、スーパー・セブンのようなボディー直付けだったのだが、車両の高い所にメインフレームを配置したハイXボーンフレームとの相性が悪く、大幅な横方向の剛性不足と、前述の駆動系のNV(Noise & Vibration)対応や、サスペンション精度や工場の生産性も含めてサブフレーム化することとなり、さらに重量アップとなった。

また、先行車でのテスト結果から、リアタイヤサイズのアップが必要であることも明確になり、これまた重量アップ。ただしこのタイヤサイズアップは松本さんのパートで詳細を述べるが、S2000の目標ハンドリング性能達成の大きな要素となった。

さらにD1先行試作車の前に、川本信彦社長から大きな指示が二つ下りてきた。

一つはエンジンのパワーアップ(250 PS & 9000rpm)指示と、もう一つはリアトレッド（デザイン）拡大指示である。

馬力アップの対応で、パワートレーン系でのさらなる重量アップとなり、トレッドの件は操縦安定(操安)性観点ではメリットも多かったのだが、前後のバランスも大きく変わり、大幅な対応が必要となった。

上記の変更等により、車両のトータル重量は大幅に上がり（最終的には+150 kg）にものぼり、トレッド変更を含めて、シャシー系も仕様の見直しが各所で必要となった。

後から思えば、S2000のアイコンともなった9000rpmエンジンと力強さが大幅に増したデザインで、商品力は大幅に高まるという的確かつ正しいトップ判断だったと今では思うが、その当時は（先行車のテスト結果反映はやむなしにしても）、川本社長の指示は"なんで今頃"と思ったものだった。

## ■先行本番車（D0）の熟成

そして、上記の変更を投入した先行本番車(D0)が作られたのだが、変更内容が多すぎたため、操安性能含めて性能不足な部分が数多く発生し、研究所内で緊急対策の号令（マル特）がかかってしまった。そんなマル特対応での代表的な出来事を述べてみたい。

そんなこんなでバタバタしていたある日、上記のテスト車で確認テストをしていた研究グループの柿沼さんから、「ちょっとクルマ、乗りに来てよ！」との呼び出しがあった。テストコースに着くなり助手席に乗せられ、高速旋回からのブレーキで、クルマがフロントから巻き込みスピン寸前。重量アップを始めとした各種の変更により、車両の限界性能が低下しバランスが崩れていたのだ。それだけではなく、重量アップにより、相対的に剛性、ダイレクト感もスポイルされていた。

変更したのは主にリアだったので、それに見合うフロントのサス仕様のポテンシャルのアップが必要なことが明確になり、そのためには前述したフロントロアアームとステアリングギアボックスの妥協したジオメトリー配置を、妥協無しの仕様に変更する必要があった。

柿沼さんや中川さん含めて検討したその改善仕様は、横剛性をしっかり受けつつ、コーナーリングフォースが入りながらのブレーキ入力時（いわゆる旋回ブレーキ時）のコンプライアンスステア特性を両立させるためのアーム真横配置と、ステアリングギアボックスとコラムシャフト、サブフレーム変更という、ジオメトリー、部品レイアウトだけではなく、工場での部品組み立て構想変更を含めた、開発後半のこの時期としては極めて大がかりなものとなった。

ステアリング屋さんや、サブフレーム屋さんには、ご苦労をかけたが、クルマを良くするというベクトルは皆同じ思いだったので、この大幅変更にも短期間で対応してもらい、本当に助かった。

結果としてこの変更は、クルマのダイレクト感、安定性を大幅に引き上げることとなり、軽快な応答性とスタビリティーを両立させるためのS2000のシャシー性能構築の根幹の一つになった。

またある日、今度は研究グループの和田さんから「ちょっと茶を飲みにいこうよ！」との呼び出し。食堂で落ち合うと何かニヤニヤしながら、「カルボンダンパーやらない？」との一言。

いわゆる分離加圧ダンパーで、ホンダではNSX-Rのみで使っていたのだが、NSXのものはツインチューブタイプの特殊なもので、通常は（ビルシュタイン等が代表的だが）モノチューブダンパー構造が主流である。そのモノチューブ構造をショーワ（後の日立アステモ）さんが新規で研究しているので、「それを使わないか？」という"悪魔のささやき"だった。構造からくる応答性及び収れん性の良さ、ハードな走行でも安定して減衰力を発生でき、軽量であることを含め、S2000にはピッタリの仕様である。

しかし、ホンダではほぼ初めての機構になるので、本来ならば、こんな開発の後半になってからの新規構造投入というのは、量産品質を考えると

最近ではありえないことだが、その当時のホンダにはまだ本田宗一郎氏の時代の先取りの気運が残っていた。

この新機構は、日程がタイトだったこともあり、大御所の織本さんが自ら、基本設計及び難易度の高い量産仕様への適合性検証をすすめてくれた。この分離加圧ダンパーもまた、ピロボール並みの剛性をゴムブッシュで実現できる特殊構造のダンパーマウントも含めて、よりダイレクトな応答性のみならず、オープンカーで課題となるボディシェイクやばね下のバタつき等の振動遮断性も向上し、車両レベルをワンランク引き上げるものだった。

この話にも関連するが、操安性、特にダイレクト感には、ゴムブッシュ類の多いダブルウイッシュボーンはゴムブッシュ特性の設定や、ダンパーやスタビライザーのレシオ（ホイールセンターの上下移動量に対するダンパーやスタビライザーの移動量の比で、1に近いほど効率が良い）も大きな効果がある。

まずはゴムブッシュ関連だが、剛性を上げるためにはゴム硬度を上げねばならず、その結果、フリクションが大きくなったり、NV性能をスポイルするというジレンマを抱えている。

本来ならばレースカーのようなピロボールやそれにゴムを巻いたピローブッシュが良いのだろう

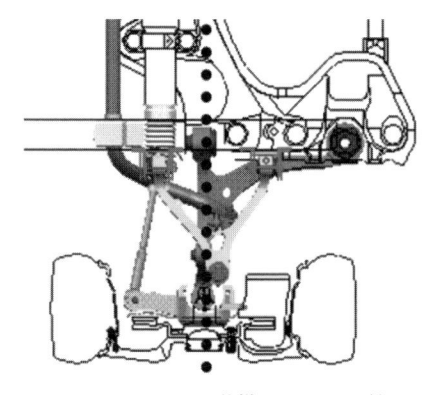

フロントサスペンション仕様　ロアアーム軸とホイールセンター軸を真横（直線状）に配置した（点線）。この配置にすることで、タイヤの横方向の入力に対してしっかり受け止められる構造とした。

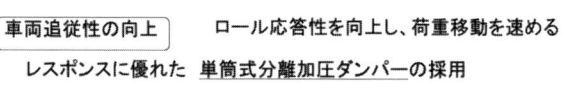

車両追従性の向上　ロール応答性を向上し、荷重移動を速める
レスポンスに優れた　単筒式分離加圧ダンパーの採用

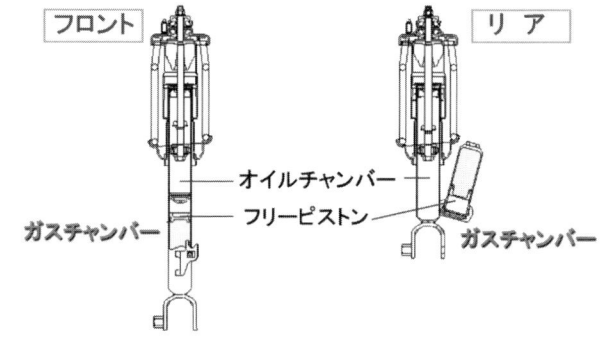

フロント　リア

オイルチャンバー
フリーピストン
ガスチャンバー　ガスチャンバー

採用した単筒（モノチューブ）式分離加圧ダンパーとその構造

が、NV性能や、重量、耐久性等を考慮し、S2000では、ばね下側はピロボールジョイント、車体側はフランジ付きインターリングを採用し、高剛性と低フリクションを両立させた。だが、耐久性との両立がかなり難しく、量産間際までサプライヤーさん含めて苦労した。しかし、生産部門を含めた協力でこの課題をクリアすることができた。

レシオ関連は、和田・柿沼コンビから、職場だけではなく、飲み会でも「レシオ1にしてよー」と繰り返し言われ、しまいには夢にまで和田・柿沼の顔が出てきたので、ミリ単位で仕様を詰め、最大限の効率的なレシオに設定した。

最後にドライブシャフト、この部品の担当は入社同期のスポーツカー大好きメンバーである。

エンジンの出力や、タイヤのサイズが上がったことにより、アクセルを踏んだ直後の加速レスポンスが不足しており、スーパー・セブンのダイレクト感が出せなくなっていることが判明した。その原因解析をして分かってきたのが、ドライブシャフトのねじり剛性の不足だった。先行車仕様では軽量化を優先しながらもミニマル仕様で設定をしていたのだが、前述の仕様変更により、ねじり剛性不足になってしまったのである。

しかし、ドライブシャフト全ての仕様をサイズアップするのは大幅な重量増につながるので、ジョイント部はそのままに、シャフト部のみを大径化するという手法を取った。外径アップ量と、フィールに直結する大径化エリアを数多く実機トライで確認し、部分異径設定（Max Φ36）とすることで、ダイレクト感を確保しながら、重量増をミニマムに抑えることができた。

われわれは、諸元、重量が大きく異なるスーパー・セブンのダイレクト感を具現化するために、数々の苦闘とノウハウを構築してきたが、このドライブシャフトがその部品としての代表例といえる。

①軽量化と強度要件、コスト

前述のサスペンション基本配置と、ジオメトリーテストにて、方向性がある程度定まったので、それを部品設計に落とし込み、図面化するフェーズに入る。具体的にはアーム、ナックル等の部品を、上記ジオメトリーを具現化しつつ、他部品とのレイアウト、強度耐久や剛性を担保しながら、軽量化とコスト低減を行なうという、相反する要素を、高い次元でまとめ上げなければならない。

しかし、私を含めた若手の設計者は経験が浅いこともあり、コスト意識が低い上に、他項目とのバランスをあまり考えない個別最適に陥りがちだった。サスペンション設計チーフ（後にシャシー設計PL）の中川さんには、上記の的確な方向性及び具現化案を定めてもらいつつ、我々現場を

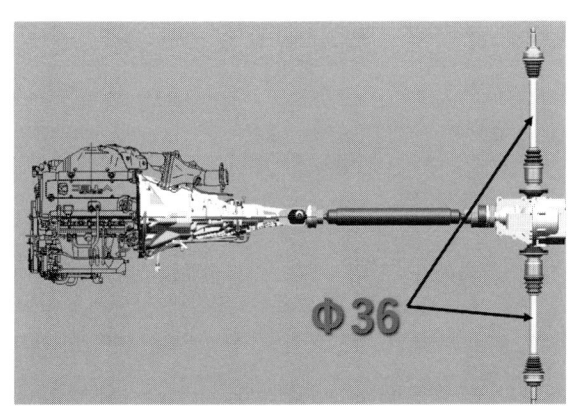

**ドライブシャフトを大径化** 加速レスポンス向上は、駆動系のねじり剛性がキーとなる。S2000の場合、各部の駆動系のねじり剛性への寄与を分析し、ドライブシャフト系の剛性を上げることで、狙った性能を達成した。

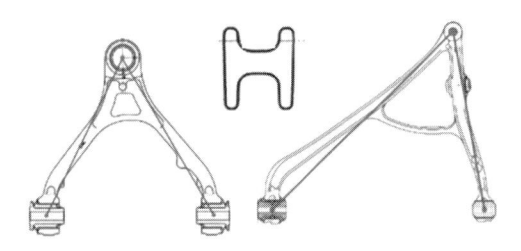

**アームと断面形状と力線（細線）** 鋳造の形状自由度を生かし、限りなく断面を力線を通しながら肉抜き形状とし、軽量化と高強度高剛性を両立させた。

前述の基本配置で、剛性的には素性の良い形状の素地はできたので、次は材料選定だ。本来であれば、軽量化の観点でアームはNSXと同様のアルミ鍛造、強度剛性的には鉄のプレスの選択があるのだが、アルミは、材料特性として、比重は鉄の1/3だが、剛性（ヤング率）も1/3、強度はほぼ1/2なので、剛性等のバランスを考慮すると、重量は鉄の2/3〜3/4くらいになってしまい、軽量化効果とコストで考えた結果、不採用とした。

また、鉄のプレスだが、プレスは金型費が高く、償却台数の少ない専用設計のS2000にはコスト的に厳しい上に、形状自由度も少ないため、やはり不採用とした。

そこで我々が選択したのが、鉄の鋳造だった。鉄の鋳造は金型費が安く、少量生産でのコストを低減できると共に、鉄の高い剛性と強度、素性の良い基本配置を生かすことができる。そして、鋳造の形状自由度を生かした、断面をAアームの力線を通りながら限界肉厚設計を行なうことで、剛性、強度を確保できる。重量とコストをミニマムに抑えることができ、剛性、強度も含め全ての目標を達成するという考え方である。

ただし、鋳造には鋳巣や衝撃（特に低温）入力でのタフネスが低いという欠点があるが、上記の欠点の対応を行なった新鋳造材を我々はレジェンド用に開発済みだったので、その新鋳造材料を全てのAアームに採用することで対応した。

限界設計には、精度の高い事前のシミュレーション検討が必要だが、我々はその点でも他社に対して遅れていたと思う。しかし幸運なことに、設計者自らが活用できる3次元CAD（Computer Aided Desgine）を使った簡易FEM（Finite Element Method 有限要素法）ツールの稼働が始まるタイミングでもあったので、簡易FEMを積極的に使用して形状の最適化を進めていった。

しかし未だ精度は不十分であり、現物の強度テストをこれまた急いでトライアンドエラーを行なった。強度テストが目標以上だった場合は、まだやり切りではないということで、自らリュー

ター（削り用の工具）でアームを削り、それをただちに強度テストにかけた。その強度テストに身近で立ち会い、変形モードを目に焼き付けながらひずみゲージを無数につけて応力を測り、それをFEMの計算条件に反映するという、今では考えられないくらいの原始的なレベルではあった。

ただし、これらの経験を通じて、FEMの精度および私の脳内シミュレーション能力は上がっていった。

軽量化の最後の切り口として、社内の強度要件の適正化にも取り組んだ。スポーツカーは、通常の量産大衆車と比べて、走行シーンも異なる部分が多い。緩和できる方向性としては、未舗装の悪路走行等は少ないと思われる反面、コンセプトが"本籍はサーキット"ということもあり、サーキット走行で高速での前後左右の縁石ヒットや、タイヤをよりハイグリップタイヤに替えての高荷重走行が多いと考えられるので、この部分の強化は必要となる。しかも、S2000はホンダNo.1を目指すコーナーリングマシーンなので、わが社としては未知の領域である。

社内強度要件の適正化に関しては、予想通り（？）上層部であちこちで悶着（もんちゃく）はおきたが、これまたスポーツカー好きメンバーであった強度テストグループの現場のモチベーションは高く、数多くの検証を経ながら、適正化をしていった。一例をあげると、高速からの縁石乗り越しモードの適正化では、鋳鉄は特に極低温では"衝撃入力タフネス"が低くなるので、アーム単体でのテストは数多く行なったのだが、実車でも確認すべしということになり、最後は冷凍庫でテスト車をキンキンに凍らせた後、冷凍庫からこのテスト車を出して即、縁石に高速で突っ込むテストを行なったのだ。

フロントガラスも見えないし、ブレーキも利かず、テストコースからはみ出すという、今では考えられないテストを断行したのだが、最初に要件の適正化に文句を言っていた、強度テストグループのボスが自らやってくれた（後から「俺を殺す気か！」と怒られたが）。

サーキット限界テストでは、プロドライバー運転による入力検証や、通称Sタイヤと言われる市販のセミレーシングタイヤでの走行を行なった。サーキットでは、横にスライドしながら縁石に乗るというシーンも多いのだが、高い縁石のサーキットでは、周回を重ねていくと部品が折れてしまい、その当時の基準では強度が不足していることが分かった。そのため、数多くのサーキットや峠などでの入力を計測し、基準の改定を行なってもらった。

その甲斐もあり、極限までの軽量化を行ないつつ、強度タフネスも担保した仕様を設計することができ、ニュルブルクリンクでの確認等でも十分なタフネスを持つことが確認できた。

②量産に向けて

数多くの困難もあったが、ようやく仕様が固まってきたので、いよいよ工場での量産生産工程である。S2000は軽量化を最優先しているので、コンパクトなレイアウトにする必要があるため、各部品間のスペースは必要最小限しかとっていない上に、限界性能が高いがゆえに、部品に高い入力が入るため、ボルトの締め付けトルクもかなり高めの設定が多く、工場の組み立て性での観点では、相当厳しい仕様に設定してしまっていた。

S2000はNSXに続く少量生産機種対応が可能な高根沢工場での生産で、かつ工場メンバーは匠の集まりだったので、ある程度の融通は聞いてくれるが、さすがに作業スペースが狭すぎるエリアが多く、何度も呼び出され、「おいおまえ、よくこんな狭い空間でこんな高トルクのボルトを締める設定なんてすんなよ！自分で締めてみろ！」と"匠のボス"に指導された。

たまたま私は力が強かったので、何とか締め付けることができ、涼しい顔しながら「できましたよー」とやせ我慢の笑顔。匠の皆さんは、「しょーがねーなー」と一言。皆さん、私のやせ我慢も全てお見通しだったとは思うが……。

この件を含めて、数多く、工場サイドとのやり取りはあったが、研究所と工場が隣ということもあり、何かあればすぐに飛んでいき、現場で一緒に考え、解決策を練る。そして即図面に反映してまた確認という、密なコミュニケーションと一体

**サーキットで入念なテストを実施** ニュルブルクリンクサーキットでの走行テストや、各種サーキットコースではコーナー縁石などに無理やり乗り上げて、入力を上げる"意地悪テスト"など各種試験を実施した。強度信頼性の面では、このように入念なテストを行なっていった。

**サブアッセンブリー工程** サスペンション、サブフレーム等のシャシー部品とデファレンシャル等をサブラインで組み立て、このあとボディにドッキングする。サスペンションの取り付け点の精度などを考慮した構造と工程を採用した。

感をベースに、数多くの課題をスピーディーに解決することができた。本当にプロフェッショナルな工場メンバーであった。

### ■タイヤの開発経緯（松本 洋一）

①タイヤサイズの選定

　クルマの開発において、タイヤのサイズ設定とタイヤの性能設定は非常に重要な工程である。クルマの部品で唯一地面（地球）と接しているのがタイヤであり、地面とタイヤの関係でクルマの性能が決まるからだ。

　タイヤのサイズを決めると言うことは、タイヤの摩擦円の考え方が基本になり、その摩擦円の大きさを決めることである。また、一般的に車両の重量が軽いと装着するタイヤは小さくてもよく、スーパー・セブンのようなライトウェイトスポーツカーであればタイヤは小さくできる。

　当時のスーパー・セブンの車両重量は 500 kg 以下で、タイヤサイズは 185/60R14 や 195/50R15 と小さく、タイヤの高い性能と安い設定費及び維持費を両立することが可能だ。スーパー・セブンで体験したわかり易く、魅力的なコンセプトに心を惹（ひ）かれていた半面、S2000 のライトウエイトスポーツカーのコンセプトを満足させるためには、チームから小さいタイヤサイズ設定の要望が来ることを恐れていた。しかし、予想通りチームからのスタート仕様の要望は 195/60R16 というあまり馴染みのない設定だった。スーパー・セブンよりは重量やデザイン対応で外径は大きいものの、幅は同等という正直細すぎる設定ではないか？　と思っていた。そのため、他のオープンスポーツも調べたが、予想通りバラバラだったので、再度調査や検討を行ない、205 サイズ案をベースにする変更を行なった。

　タイヤサイズ案を決めた要因は 2 つあり、"現在" と "将来" という観点がカギとなった。

　S2000 のコンセプトに立ち返ったところ、「走る楽しさを幅広くスポーツカーファンに」であった。すなわち、顧客が入手し易いサイズでなければならないと思っていた。195/60R16 は、市場で当時はあまり流通していなかった。また、インチサイズの動向も重要だった（14/15 インチから 15/16 インチへ、さらに 16/17 インチへといった具合）。一般的にクルマが発売される時、2 つ以上の同径のタイヤが設定されることが通常で、マイナーモデルチェンジで低偏平タイヤを装着したスポーティグレードが追加されることが通例だった。S2000 の育て方という観点で、初期のこの段階で車両姿勢を保つ同径のタイヤを設定することは重要なことであった。流通性のある 17 インチのサイズも調査したところ、次頁の「検討したタイヤサイズの一覧」のように候補となるタイヤサイズを決めることができた。

　ここで特筆する点としてはリアタイヤ幅であるが、225/50R16 のタイヤ規格最大幅が 245mm なので、245/40R17 を設定しても車体幅に入る設定とした。これにはタイヤの接地面積、コーナーリングパワー、車両の運動性能を落とさず、外観の魅力を上げることに貢献できることを想定していた。

②タイヤメーカーと一緒に開発が始まった

　どの自動車メーカーでも部品を生産して頂くサプライヤーの入札は、開発初期に実施している。

　FR のスポーツカーをホンダが開発するという噂にタイヤメーカーは敏感に反応していたようで、さらに、ホンダの 50 周年記念車らしいと噂になっていた頃だった。

　入札に参加したタイヤメーカーは、このような理由もあったのだろうが、少量生産機種にも関わらず、通常より多く 4 社もあった。しかし、あまり複数のタイヤメーカーとの開発も現実的では無いため、限られたメーカーと開発を進めることになった。

③クルマのパフォーマンスはタイヤの性能

　繰り返しの説明になってしまうが、タイヤはクルマの部品の中で唯一地面と接している部品なので、タイヤの性能はクルマのパフォーマンスに大きく影響することになる。このことは、自分のクルマに装着されているタイヤの空気圧を変えて走ってみると体感できる。タイヤの空気圧が高いとクルマの燃費が良くなるが、乗り心地が硬く感

| | 初期検討時<br>タイヤサイズ | 最終決定時<br>タイヤサイズ | マイナーモデル用<br>タイヤサイズ |
|---|---|---|---|
| フロント | 195/60R16 | 205/55R16 | 215/45R17 |
| リア | 195/60R16 | 225/50R16 | 245/40R17 |

検討したタイヤサイズの一覧

じられ、ハンドルを切った時はスッキリした印象になるかと思う。また、タイヤの接地面積が減る方向なので、ブレーキングやアクセルを踏んだ時に、濡れた路面だと滑り易くなる感覚が持てると思う。

ここまででも、燃費・乗り心地・NVH（Noise, Vibration & Harshness）・ハンドリング・制動性能・駆動性能という項目が、タイヤの性能に関係することがわかる。

ただし、背反する性能も多いため、タイヤの目標性能を決める際には、クルマのコンセプトを十分理解した上で、関連する機能メンバーやLPLをはじめとするチームメンバーと数多くの議論をする必要がある。優先順位を決めつつ、目標を決めていった。

④リアタイヤサイズが生命線だった

1996年の夏から秋にかけてCR-Xデルソルを改造した先行車をつくり、本格的なS2000としてのテストが開始されたが、そのテストを通じて頭を悩ませたのは、タイヤサイズの変更判断であった。

先行車に装着されたタイヤサイズは、前後205/55R16だったが、軽快でダイレクトな応答性を得るために、後輪を主としたコーナーリングパワーが必要なことが先行車のテストで改めて明確になった。より高いコーナーリングパワーを得るためには、サスペンションアライメントやジオメトリーの改良では足りず、リアタイヤのサイズ

アップの必要性が予想より早い段階で出てきた。そのため、前述したタイヤサイズの選定コンセプトを前倒しして、205/55R16から225/50R16へ移行する動きを開始した。偏平率が下がることでベルト補強が上がり横剛性も上がる。

またサイズアップだけではなく、さらなるポテンシャルアップを図るために、225幅の規格内、かつ車両のレイアウトギリギリまでタイヤの横幅を増やす改良にも着手した。その結果、タイヤの接地面形状、いわゆるフットプリントを見ると、下図のようにリアタイヤの225/50R16は相当横長な形状になっている。

当時、タイヤサイズについては、大きく2つの考えがあったように記憶している。一方はライトウェイトスポーツカーを具現化するために小さなタイヤを選択したい。他方はスポーツカーという性能を具現化するために低偏平で接地面形状が横長のタイヤを選択したい。結局、選択されたのは後者であり、クルマに乗って判断された。ホンダという会社で、実際に三現主義を直に感じた瞬間で、"凄い会社だ"と実感した場面であった。

⑤ヨーロッパでの適合性確認

1997年の冬が終わり、夏までに最終デザインでのプロトタイプの先行車を製作するため、春に仕様の検討や図面の準備に差し掛かってきた。同時に、この先行車をヨーロッパへ持ち込み、現地での適合性を確認する話が出てきていた。当然、

FMC 16インチ POTENZA S-02

| フロント | リア |
|---|---|

フロントタイヤとリアタイヤの接地幅の違い

タイヤのマッチングを試すには、絶好のタイミングだった。当時、ブリヂストンのタイヤが、我々の目指す性能に近いところにあったため、ブリヂストンを軸に、欧州テストに持ち込むタイヤの相談を各メーカーにさせて頂いたのだが、ブリヂストンの力の入れ方とタイミング、その開発スピードについては驚かされた。同年の6月か7月に、試作のタイヤを何十種類もつくり、選別して頂いたのだが、「あの時のブリヂストンのバイタリティがあったから助かったんだなあ」、と今でもそう思っている。ちなみにPOTENZA S-02のタイヤパターンはS2000から始まったのである。

⑥バランスを整え、最終品完成

1998年に入ると、S2000の量産開始に向け、開発が秋に完了するタイミングに差し掛かっていた。

ヨーロッパでの適合性確認のイベントでタイヤの性能はレベルアップを果たしてはいたものの、車外騒音と操安性の目標にはいまだ届いていなかった。スポーツカーと言えども、車外騒音法規に適合しないと当然量産することはできないのだが、まだ要件値に対し1dB不足していたし、優先順位の一番高かった操安性の目標からも評点で1ポイントほど不足しており、かなり厳しい状況だった。

リアタイヤのサイズを途中で変更した影響もあったのは事実だが、"それとは関係ない"と言い聞かせながら仕事をしていた。

車外騒音を低減するには、さまざまな対応方法が考えられた。一般的にはタイヤのパターンを変更することもあるが、タイヤに求められる性能を整える量産開始直前の段階でタイヤのパターンを変更することはできなかった。しかし、何もしない訳にはいかないので、POTENZA S-02の基本フォルムは変えず、細かい変更をするような対応をした。いわゆる、シーランド比（タイヤの溝が占める面積を表す数値で、F1で使うようなスリックタイヤのシーランド比は0%）を変える、またタイヤのゴム硬度を変える、ベルト剛性を下げる等をしたのだが、操安性との性能などは背反する項目も多く、難易度が高く、1〜2か月の短期間で10

回もタイヤを試作し、"モグラ叩き"の状態になりながらテストして頂いたことを思い出す。

このような状況だったので、最終品の完成も予定より大幅に遅れてしまい、雪上性能を日本の冬に確認するタイミングを逸してしまい、南半球のニュージーランドまでテストに出向くことになってしまった。ニュージーランドから戻ってきたテストドライバーの和田範秋（わだ・のりあき）さんと結果の擦り合わせをするためにお話をした。コメントを頂く前に雪質についての感想を伺った。「北海道と雪質が違うね。サラッとしているか、ねっとりしているかでさ、タイヤに雪の食い付き方が違うんだよね」。感性が研ぎ澄まされていて凄いなと感動した。

このような社内、社外含めた関係する方々の経験を生かした苦労のおかげで、S2000に装着できるタイヤが仕上がったのである。

## ■ライトウェイトスポーツの車両運動性能・操縦安定性能の追求（柿沼 秀樹）

当時の上司からふと呼び止められ「おまえ、新しいFRスポーツをやれ」と言われたのは1996年も暮れに差し掛かる頃のことだった。SSMの名前でモーターショーに華々しくコンセプトモデルが飾られ、創立50周年記念モデルとしてのデビューに向けて、FR研究（BWW）が進み、量産モデルの開発チームが発足して動き出していた様子を羨望の眼差しで眺めていた、入社5年目の一エンジニアが私だった。

1991年に入社してその秋サス研究開発室に配属された際、ホンダで将来叶えたい夢は？との問いに「後輪駆動のスポーツカーを開発したい！」と答えたことを今でも覚えている。そんな若僧の夢が叶うまたとないチャンスがいきなり転がり込んでくるなんてホンダってさすがユニークな会社だな、と正直思った。せっかくもらえたチャンス、「自分が持てるすべてを懸けて臨もう！」「いや、でもこんな重責俺に務まるのだろうか？」不安の方が圧倒的に大きかったからこそ、それを技術で克服しようとする想いと、飛び

切りホンダらしい商品の開発に携われることへの喜びという表裏一体のエネルギーが、自分を奮い立たせていた。幸運だったのは、和田さんという柔和でバイタリティ溢れる直属の先輩と、上原繁さん・塚本亮司さんという初代NSXのゴールデントリオのもとで何でも自由に取り組ませてもらえたことだった。

上原さんから「んー、ホンダ版のスーパー・セブンがつくりたいんだよねー」といつものあの高い声で言われたその時からスイッチが入った。早速会社で購入した車重500kgにも満たないスーパー・セブンに初めて乗ったその時、今まで体感や経験をしたことがない、当時の自分の車両運動性能という辞書の中に存在していないその挙動や振る舞いに頭が真っ白になって、「これが操縦安定性能として良いことなのか悪いことなのか？だけど普通のクルマとは圧倒的に違う"何か"がある！上原さんはそれを言っているんだな」と悟った。

そこから自問自答の日々が始まる。500kgのクルマの動きを、車重が倍以上あるクルマでどう実現するか？そのために必要な車両諸元は？サスペンションのジオメトリーや剛性は？タイヤの特性や前後バランスは？それらを受け止めて力を受け渡すボディの剛性特性は？それが街乗りからアウトバーン、サーキット、ウェット路まで操縦性と安定性を両立できるうる各コンポーネント特性とコンビネーションは？オープンカーにおけるエアロダイナミクスは？

すべての疑問をCR-Xデルソルのデザインを纏った先行試作車にぶつけ、しゃぶりつくし、生み出したい挙動の片鱗をうかがうタームに突入した。まるで課外活動で創作テーマにでも取り組むかのように、新たなアイデアのトライ＆エラーを繰り返しながら、ひたすら走り込んでいった。

「タイヤを前後異なるサイズにしてほしい」「サスアーム取付点の剛性はこれだけ必要だ」等々と開発チームに要求していったのもこの頃だった。その結果、粗削りながらもこれまで体感したことが無かった様なクルマの動き・振る舞いを形にす

ることができたのである。それは"操る楽しさ・心の解放"を通り越した"鋭い刃物のような切れ味"のマシンだった。この先行試作車による検証データから各コンポーネントに必要な要求特性を定義し、量産プロト車の図面に落とし込んで開発の第2ステージへと移行していった。

そうして製作された量産プロト車のテストをスタートした時、愕然とする事実に直面した。車重が当初企画段階の目標値（≒CR-Xデルソル先行試作車）より100kg重くなっていたのだ。あらゆる領域におけるこだわりと、高い目標をクルマ一台分で積み上げていった結果、その性能を実現しうるにはその重量が必要であったという事実に直面したのだ。当然開発チームは軽量化対策を進めるが、そもそも削れるような余地はほとんどない、ホンダお得意の限界設計だった。

車両運動性能においては重量も目標性能達成のための重要なファクターであり、ライトウェイトスポーツならなおさらだ。「どうやってこの100kgを背負いながら、上原さんが望むスーパー・セブンが持つような感覚性能を形にするか？」これが第2ステージで課された私への命題となったのである。

さらにこのプロト1を用いて実施された欧州テスト結果から、リアまわりのデザインの見栄えについてもテコ入れの必要性が浮かび上がっていた。私の操縦安定性能領域においても、ニュルブルクリンクやアウトバーンでの安定性能が不足していることが明らかとなり、リアトレッド拡大や、リアトランクのダックテール形状化による空力のリアリフト低減なども、このデザイン変更の中に取り込んでもらうよう要望した。ライトウェイトスポーツが持つ他にはない常用域の操る楽しさと、クルマとして保有すべき高速域までの安定性能の両立は、ホンダというメーカーが出す上ではどちらも譲ることができない難題だった。

その当時あったオープン2シーターのスーパー・セブン、ロータスエリーゼ、ユーノスロードスター、BMW Z3、メルセデス・ベンツSLKなど見ても、そんなクルマはこの世にない……。

武者震いがした。

　私はサスペンションとハンドリングの技術者だから、すべてがこのクルマの専用開発であったサスペンションシステムについて改めて一から必要な特性を洗い出していった。軽快さと安定性を両立しうるロールセンター特性やアンチダイブリフト（スクォート）特性・アライメント変化特性といったサスアームの配置によって定義される幾何学的な特性（サスジオメトリー）、そのアームをボディとサブフレームに支持するサスブッシュ特性、スプリングやスタビライザーによって定義される上下固有値とロール剛性や、ロール時の前後荷重移動特性など、サス設計者の船野剛（ふなの・つよし）さんと一緒になって「あーしたらいいんじゃないか？ こうしたらどうだろう？」とこれまでの実車テスト結果から仮説を立ててシミュレーションで確認し、「じゃあこれとこれのテスト部品をいつまでに作って！」、という調子でしこたま部品を準備してもらった。そして、プロト2テスト車に組み込んでは静特性検証から実走の動特性検証を繰り返し、個々の特性の影響度合いや、良し悪しとそれらを組み合わせた際のコンビネーションでベストとなる答えを導き出す作業を進めていった。

　もう一つ、この開発で私が多く関わりを持ったのが専用タイヤの開発だった。世に出たS2000にはブリヂストンのPOTENZA S-02を装着していたが、実際の開発では4社のタイヤメーカーが開発に名乗りを上げ、各社次から次へと試作タイヤを弊社に持ち込み、プルービンググラウンド でメーカー合同のタイヤテストを実施していったのだ。前後で異なるサイズ設定のため、例えばフロント用5仕様・リア用5仕様 あった場合、普通に考えると5×5＝25通りの組み合わせになる。それを各メーカーそれぞれの個性あふれるテストドライバーさんと1台のクルマで乗り合わせながら進めるのである。当然25通り全部を確認はしていられないので、リアタイヤの仕様を固定してフロント5仕様をすばやく確認し、フロントをその中のベスト品に固定して今度はリア5仕様をさっ

と確認して（その逆のパターンも有り）、その試作次数品としてのベスト仕様を導き出した上で、各仕様のリザルトまとめと、次回品への改良要望を整理して1日が終わるという感じだった。

　さらに当時の弊社テストコースにはWET（ウェット）性能試験路がなかったのでタイヤメーカーのテストコースに赴いて検証したり、鷹栖や外部サーキットに来てもらって一緒にテストしたり、ニュルブルクリンクまで試作タイヤを持ち込んでもらったり。

　開発途上においてはなかなか性能を寄せてこれない（ゴルフで例えるならグリーンに乗ってこない）メーカーさんもいて、タイヤ設計の松本洋一さんには「設計見積りは一体どうなってるのよー？」と詰め寄ったこともあった。これらの作業を多いメーカーで10回以上の試作次数品を回して、ようやく私の“お眼鏡に叶い”、晴れて承認となったタイヤがブリヂストンPOTENZA S-02だった。実はとても特別で由緒あるタイヤなのである。

　本開発を振り返って、どうしても記しておきたい大切なことがある。新しい価値や人の心に刺さる楽しい商品は、我々開発者自身が本当に楽しみながら創ることが一番大切なことだったと二十余年を経た今、あらためて強く感じている。駆け出しの開発者であった私が、迷い悩みながらも高いマインドとモチベーションで臨んだ初めてのフルモデル開発であり、何より夢中になったのは、開発しながらも自分で運転を飛び切り楽しむことだった。過去にNSX-RやNSX TYPE S、NSX TYPE S-Zeroのハンドリング開発を担当していた和田範秋さんの横でテスト走行しながら技を盗んだり、雨が降ってきたら和田さんに「行きますか！」といって開発車両でドリフトの練習をしに行ったり、開発時のサスペンション最終仕様決めも、最後は2人でワインディングに行って0カウンター（カウンターステアを当てない）ドリフトを決めて、「これだな！」、「これですね！」。

　まだスタビリティコントロールシステムも装備されていなかった時代にかなり限界を研ぎ澄ませたセットアップだと認識していたが、上原さんが

始めに言った「ホンダ版のスーパー・セブン」、つまり普通のクルマとは圧倒的に違う何か、を持ったクルマを生み出すことができたと思っている。

　以上のS2000シャシー性能開発のまとめとして私が30歳にして初めて書いた社内論文を以下に記載しておきたい。

### ■シャシー量産仕様　技術まとめ＠初期
### （柿沼 秀樹　中川 亮司「テクニカルレビュー」より）

①要旨

　"軽快感、一体感の実現"をテーマに、本格的なスポーツカーとしての軽快なハンドリング性能を目指してS2000のシャシーを開発した。エンジンを前車軸より後方に配置する事で前後重量配分を適正にすると共に、ヨー慣性モーメントを低減させ、横剛性の高いサスペンションを開発し、前後のタイヤのサイズを変えることによるリヤの追従性の向上などにより、"軽快な走り"を実現した。またトー角コントロール特性やタイヤ特性の最適化、及び空力特性の向上により、様々な状況における高い走行安定性を得た。

②はじめに

　"新世代リアルオープンスポーツ"をコンセプトとして開発したS2000のシャシーには、本格的なスポーツカーとして軽快で一体感にあふれた"操る楽しさを満喫できる"ハンドリング性能が要求された。それを実現するために

1）ドライバーの操作に対して遅れの少ないダイレクトな車両応答性

2）操舵及びアクセル操作によりステア特性のコントロール自由度

3）高速走行における直進安定性、外乱に対する自立安定性、及び湿潤路における安定性等、様々な環境下における走行安定性

というような多くの課題に対して高い目標を設定して開発に取り組んだ。

③軽快でダイレクトな車両応答性

　ドライバーの操作に対し軽快で遅れの少ない車両応答性を実現するためには、車両のヨー慣性モーメントの低減と、後輪を主としたコーナーリングパワーの増加が重要な要素となる。そこでこれらの要素の向上を目指し開発を行なった。

1）パッケージレイアウトとヨー慣性モーメント

　ヨー慣性モーメントの低減の手法として軽量化と共に取り組んだ課題が、重量物をいかに車の中心に近い配置とするかであった。そのため最大の部品であるエンジン及びトランスミッションをフロントアクスルの後方へ配置する "ビハインドアクスルレイアウト" とした。またバッテリー、スペアタイヤ、燃料タンク等の重量物についても、Fig1に示すように前後車軸間への配置をすることでFig2に示すようにヨー慣性モーメントを大幅に低減させた。

2）接地点横剛性

　接地点での横剛性は、主にサスペンション横剛性とタイヤ横剛性とからなり、コーナーリングフォースの立ち上がり特性に大きな影響を及ぼす。S2000ではサスペンション横剛性の向上のために、リヤサスペンションにおいてはFig3に示すようにトーコントロールアームを車軸前方としてロアアームとのスパンを大きくとった。フロントサスペンションにおいてもFig4に示すようにアッパーアームをサイドフレームの真横に配置し、ロアアームとナックル、及びロアアームとボディーそれぞれの取付点を結ぶ線が車軸に平行となる配置とした。さらにサスペンションアームの取り付け点や個々の部品の剛性、ボディー全体のねじりおよびサイドフレームの横曲げ剛性にも配慮する事によって高いサスペンション剛性を得た。

　一方、タイヤ横剛性はFig5に示すようにタイヤ幅に比例した関係を持つので、前後で異なるサイズとすることで特にリヤタイヤの横剛性向上の自由度を大きくした。横剛性をはじめとするタイヤ特性は限界域でのコントロール性やWet性能など他の性能にたいしても影響が大きいため、④-3）で述べる各種の性能バランスに配慮した上で、車両応答性の向上に必要なタイヤ横剛性を設定した。

3）ロール剛性及びロール軸

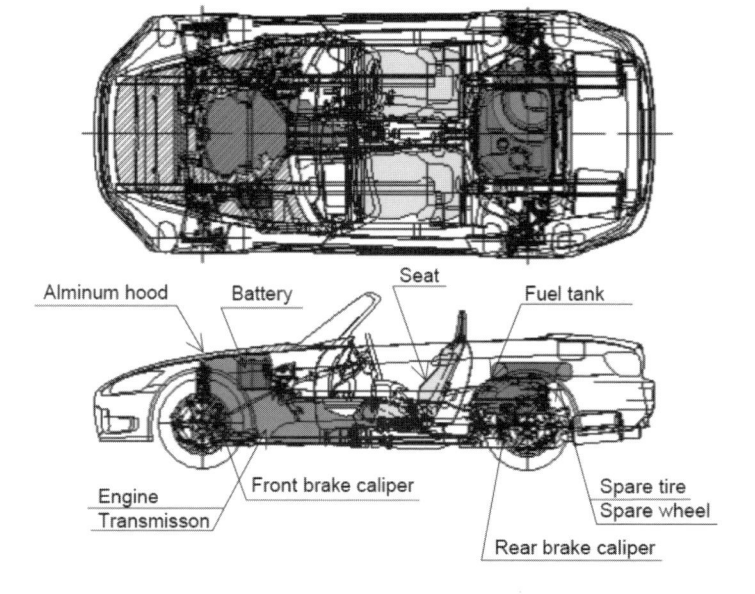

Fig1　ヨー慣性モーメントの低減

Aluminum hood
Battery
Seat
Fuel tank
Engine
Transmisson
Front brake caliper
Spare tire
Spare wheel
Rear brake caliper

　操舵時の車体ロールによる荷重移動もコーナーリングフォースの立ち上がり特性に及ぼす影響が大きい。ロール剛性が低いとコーナーリングフォースの発生に遅れが生じてしまう。そこでS2000ではFig6に示すようにロール剛性を高めながら、前後のロール剛性配分についても最適化を図ることによって、車両の応答遅れの低減を図ると共に、横加速度が高い領域でのアンダーステアを低減しスポーツカーとしてふさわしいステア特性を実現した。

　さらに、サスペンションがストロークした時のトレッド変化による横力増加とジャッキングエフェクトを利用し、ロール軸が常に前下がりとなる前後のサスペンションジオメトリーとすることで、特にリヤコーナーリングフォースの立ち上がりを速めた。またこのことにより、Fig7に示すように旋回時の車体ピッチング姿勢をやや前下がりにすることで、リニアなロールフィールを実現した。

4) 単筒式分離加圧ダンパー

　旋回ロール時の荷重移動を速めると共に、応答収斂性に優れる特性を持った分離加圧ダンパーを採用した。これにより、オープンカーにおいて課題となるボディーのシェイクや、ばね下のバタつきといった事象に対しても減衰性（振動遮断）が

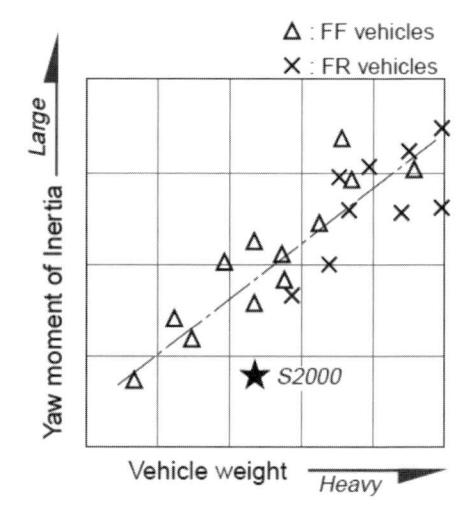

Fig2　ヨー慣性モーメントの他車との比較

向上し、シャシー剛性感が向上することで、軽快でダイレクトな乗り味が得られた。フロント及びリヤのダンパーをFig8に示す。

③ステア特性のコントロール自由度の向上

　ステアリングとアクセル操作により、幅広いステア特性の領域において車両挙動のコントロールができるということは、後輪駆動のスポーツカーを操る楽しみの代表的なものと言える。そのためにダイレクトでリニアなコントロール性の実現を目指して、必要とされる技術の開発を行なった。

1) アンチスコート・ジオメトリー

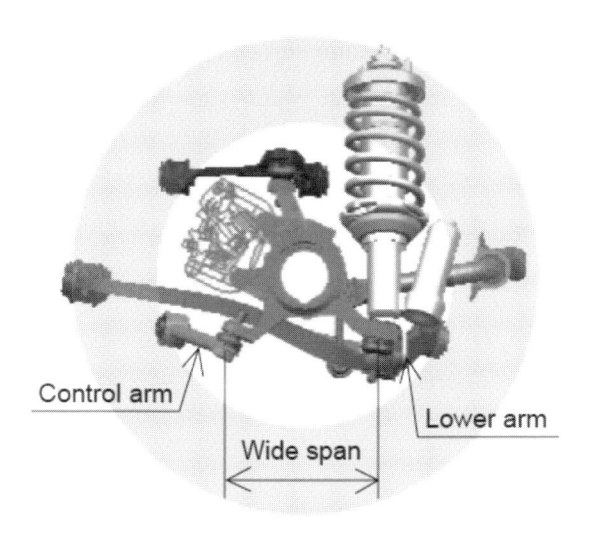

Fig3 リアサスペンションを横から見た形状　トーコントロールアームを車軸前方としてロアアームとのスパンを大きくとった。

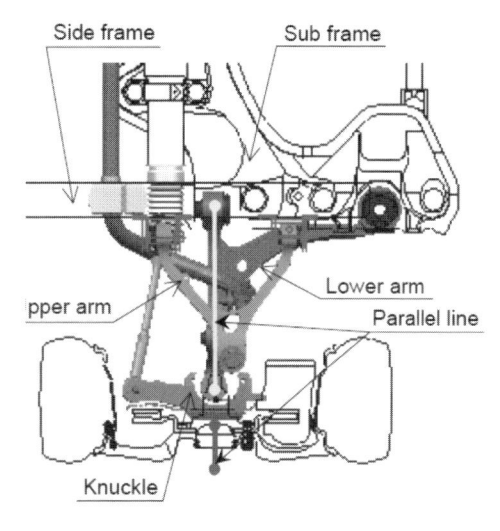

Fig4 フロントサスペンションの構造

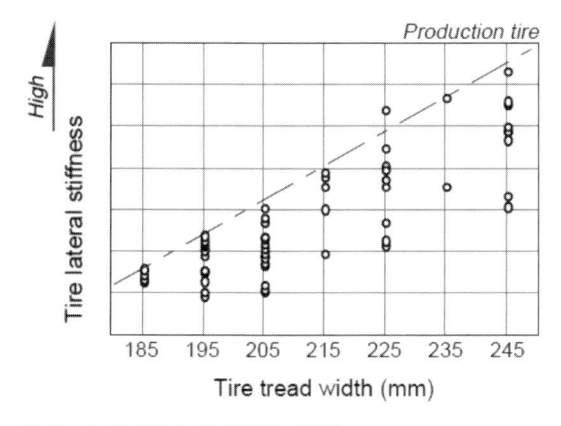

Fig5 タイヤ幅とタイヤ横剛性の関係

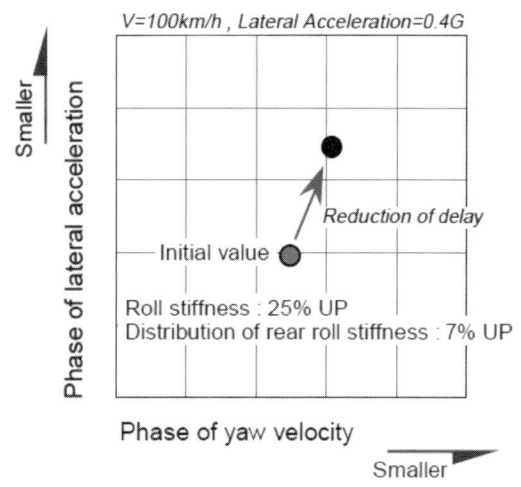

Fig6 ロール剛性を高めながら車両の応答性遅れを低減

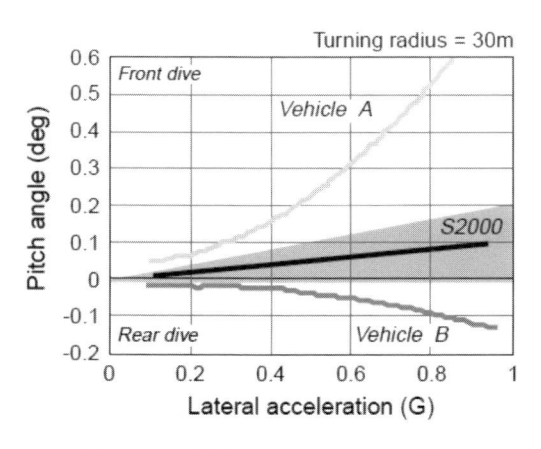

Fig7 車体ピッチング姿勢とロールフィールの関係

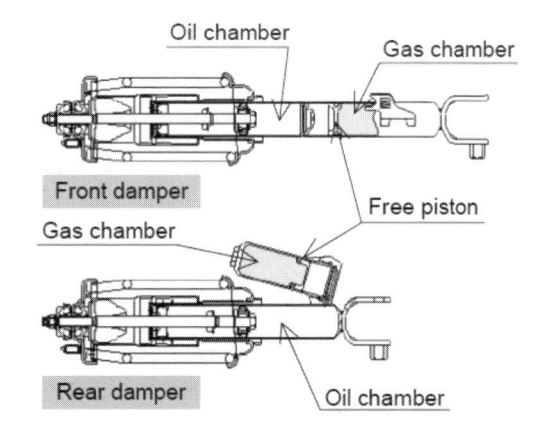

Fig8 フロントおよびリアのダンパーの構造

後輪駆動車が発進もしくは加速をすると、駆動反力によりピッチングモーションでリアが沈む挙動（スコート）を生じるが、これが大きいと荷重移動に時間がかかり、アクセルワークに対する車両前後加速度のレスポンス遅れや、ピッチング挙動が大きいことによるダイレクト感の低下を招いてしまう。このため、S2000ではFig9に示すようにアンチスコート・ジオメトリーを取ることにより、アクセルワークによる前後加速度と荷重移動のレスポンスを高め、ステア特性変化に対するリニアリティーを向上させた。

この手法は、通常のリア荷重の小さなFR車においては安定性の低下を招くことに繋がりやすいが、S2000ではFRレイアウトとしてはリヤ重量配分が高いことや、タイヤを前後で異なるサイズとすることによるリアタイヤの摩擦限界の向上等から実現が可能になった。

2) リミテッドスリップデファレンシャル（LSD）

通常のオープンデファレンシャルを持つ車両では、限界走行領域において旋回内輪のタイヤ空転によるトラクション低下が生じやすく、アクセル操作によるステア特性のコントロール自由度を向上させにくい。そこでS2000では、シンプルで応答性に優れたトルク感応式のLSDを採用し、サスペンションとの相互マッチングを図った。これによって、Fig10に示すようにトラクション限界を向上させると共に、ステア特性変化がおだやか

でリニアなコントロール性を実現した。

④直進安定性、外乱に対する自立安定性の確保

常用域における操縦性を追求するために車両応答の感度を上げていくことは、高速で高い横加速度の領域における安定性や走行外乱に対する安定性の低下を招きやすい。そのために、様々な路面状態や走行状況において高い操縦性と安定性を両立させることをめざして入念なシャシー開発を行なった。

1) トーコントロール

外乱により発生したヨー運動に対し、常に終息方向の復元モーメントが発生するようなトーコントロール特性とした。フロントではステアリングギアボックスの支持剛性及びラバーカップリングの特性のチューニングやロールステアの設定により、適切なサイドフォースステア特性とアライニングトルクステア特性を実現した。リアにおいては前述のサスペンションアーム配置による高いトー剛性に加え、適度なサイドフォースステア特性とすることで高い自立安定性を実現した。

2) 空力特性

車速の上昇にともない、車両の運動特性は空力特性の影響を著しく受けるようになる。特にオープンボディーはその形状からクローズドボディーの車両に比較して空力特性が劣る傾向がある。また車両の前後重量配分と高速安定性には密接な関係があり、フロントの重量配分が減少するにつれ

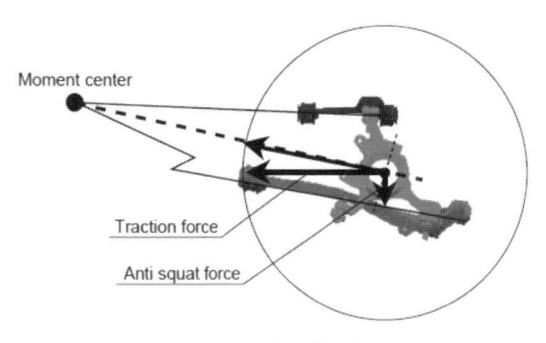

Fig9　S2000のアンチスコート・ジオメトリー

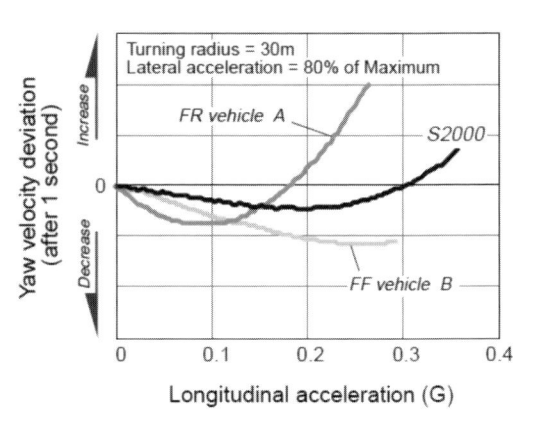

Fig10　トラクション限界を向上させながらリニアなコントロール性を実現

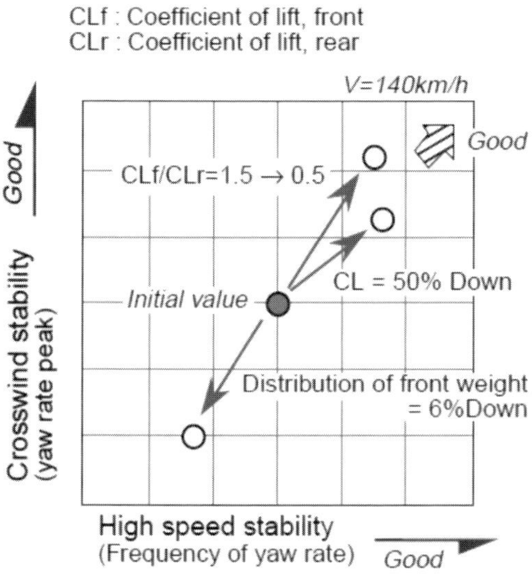

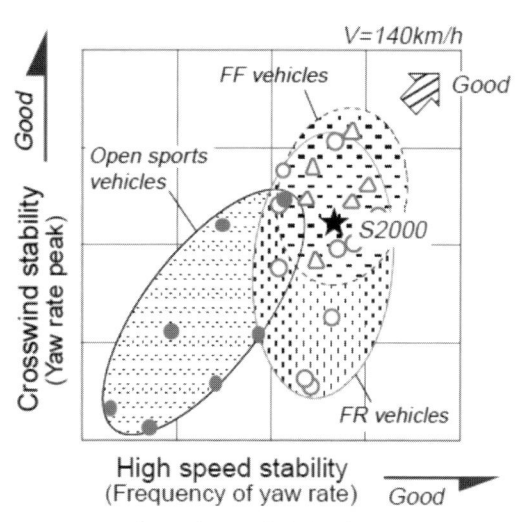

Fig11　車体の揚力係数低減と前後バランスの最適化

Fig12　オープンボディーの高速直進性と横風安定性の他車比較

て性能が低下する傾向がある。そこでS2000の開発では、高速安定性の向上をめざしてFig11に示すように車体の揚力係数低減と前後バランスの最適化に取り組んだ。その結果、フロントバンパーのスカート形状やトランクフードのダックテール形状、また床下アンダーカバーのフラット化等の設定により、Fig12に示すようにオープンボディー車両においてトップレベルの高速直進性と横風安定性を実現した。

3) タイヤ特性

　様々な路面状況に対する車両運動の安定性にはタイヤの特性が強く影響する。路面の荒れや摩擦係数の変化に対する接地性能向上に対してはタイヤ接地面の柔軟性と粘性を高めることが必要であり、WET路でのハイドロプレーニングに対しては排水性の高いタイヤトレッドパターンが必要になってくる。そこでS2000のタイヤ開発では、V字型の溝を持ったトレッドパターンの採用や、タイヤ内部構造及びトレッドコンパウンドによる特性のチューニングによって、車両応答性の向上に必要な横剛性を確保しつつ、路面の摩擦係数の変化や荒れに対する接地性を高めると共に、Fig13に示すようにWET路でのハイドロプレーニング性能の向上を図った。

⑤初期型まとめ

　2座オープンスポーツカーS2000のハンドリング性能の開発において、新しい車両パッケージレイアウトや横剛性の高いインホイールダブルウイッシュボーンサスペンション等のシャシー技術の開発と共に、車両空力特性の向上やタイヤ特性の最適化等によって、軽快でダイレクトな車両応答性、ステア特性のコントロール自由度の向上、及び様々な環境下に置ける高い走行安定性を実現し、目標とした "操る楽しさを満喫できる" 車両を開発することができた。

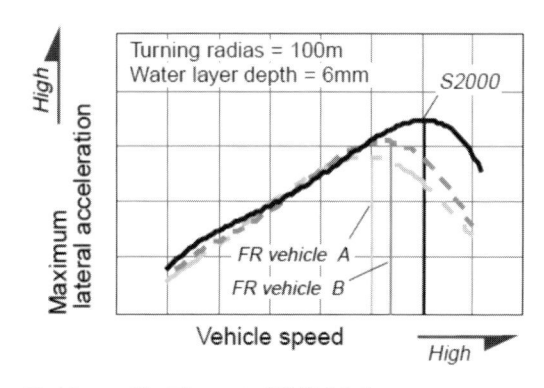

Fig13　ハイドロプレーニング性能の向上

■**終わりに（シャシー開発メンバー一同）**

　我々開発メンバーも発売直後にS2000購入した人も数多くおり、今だに乗り続けている人も少なくない。このことからも分かるように、このクルマが具現化したリアルオープンスポーツの魅力は、20年経っても今だ色あせることはないと感じている。

　時代に即しながらも、この"ホンダ スポーツ"の魅力を継承するような車両を、私達は今後も考え続けていきたいと思っている。

S2000（1999年 欧州にて）

# 高性能シャシーの実現（ブレーキ）

簑田 修一

## ■基本仕様の決定

ブレーキシステムの開発は、機種コンセプトの"そしゃく"から始まった。スポーツカーとしての高い運動性能に寄与するクルマ全体の軽量化のためにシステム重量の低減を1番目のプライオリティとし、次に操る楽しさの大事な要素であるブレーキのコントロール性を2番目とした。耐フェード性に代表されるブレーキの性能安定性は、その向上要素が軽量化と相反することが多いこともあり3番目に位置付けた。

考え方が整理できたところで具体的な仕様設定作業に入った。ブレーキの軽量化というとアルミ対向キャリパーを誰もが思い浮かべるが、サスペンションのレイアウトからは、ディスクの両側にピストンを持つ対向型はスペース的に適用できず、片押し型ピストンを持つコレットタイプにせざるを得なかった。ただしFR2シーターというパッケージ（前後重量配分バランスが良いためフロントブレーキの負荷は相対的に小さい）よりパッドの吸収エネルギー計算（走行エネルギーをパッドの単位面積当たりのエネルギーに換算して摩耗等のポテンシャルを見積もる）をすると、最適サイズ化のキャリパーであれば、アルミ対向4POTに近い重量で設計することができそうであった。

ただし全く新規に設計した場合、ブレーキ鳴きなどの商品性を含めた膨大な工数と長い開発期間が必要となり、S2000の開発日程に乗らなくなる可能性があった。そのような状況を避けるため、少なくともブレーキパッド及びブラケット形状は、既存のものをベースとすることにし、ベースキャリパーの選定を進めた。

サイズ的にはシビック タイプRに使われている15インチブレーキ（ディスク外径282mm）が妥当と思われたが、元々FF大型セダン用として開発されたこのブレーキは、乗員5名＋荷物の負荷を前提で設計されており、パッド面積などS2000

用としてはオーバークオリティ過ぎていた。これをベースにした上での軽量化は限界があるため、アプローチを変えてシビック SiRで使われていた14インチブレーキ（外径262mm）で検討してみた。

パッド面積を含めたボディサイズも前述の15インチブレーキよりひと回り小さく、かつ軽量にできていて、パッド面積もS2000の負荷にも適合するサイズであったため、早速検討を始めた。

まずはディスク径サイズを14インチから外径282mmの15インチサイズに上げ、次にディスク厚を検討した。シビック タイプR（EK9）のディスク幅は23mmでその割り振りは、中央のベントが幅7mmの8-7-8となっており、計算上ヒートマス（熱容量）としてはS2000の負荷には過大であった。そこで8mm幅のディスク実幅部分を1mmずつ減らし、それを冷却ベント幅に振り分けて7-9-7とし、次に冷却性能ポテンシャルを持たせるため、冷却ベント幅を2mm拡大して7-11-7の総厚25mmとした。ディスク厚は上がったものの、重量はシビック タイプRより大幅に軽くなった。

次はリヤブレーキの検討である。シビック タイプRのリヤブレーキは、13インチ外径239mmでベースとして考えても小さすぎるため、アコードの14インチ外径260mmディスク仕様をベースとした。FF用リヤブレーキとS2000用のブレーキ配分違いを考慮すると相応にディスク容量は上げる必要があったが、冷却に優れるベンチレーテッド化は、それに伴う重量アップも大きいため、スタート仕様としてはソリッドディスクとした。

まず外径は15インチ（外径282mm）相当に拡大し、吸収エネルギー計算（走行エネルギーをディスクに熱エネルギーとして吸収させた時の温度計算）よりディスク厚は、9mmから11mmに上げることとした。ソリッドディスクでの冷却性に関しては懸念もあったが、その検証は開発の中で行なうこととした。

次にブレーキ配分を決めるピストンサイズの検討を行なった。スポーツカーとしてのブレーキ配分の一つの重要な点は、0.2G～0.6Gなどの中間

減速度である。スポーツ走行でのターンインでは一般的にブレーキを残しながらコーナー進入するが、この時各輪の荷重に対してブレーキ配分がアンバランスであると、前後のタイヤのどちらかが先行してコーナーリングフォースを失ってしまう。結果、強いアンダーステアあるいはオーバーステアがでてしまいかねない。その中間減速度の前後ブレーキ配分に大きな影響を与えて、かつ後からの変更が難しいのがピストン径であるので、慎重に配分計算を行なった。

結果、ピストン径を34mmから40mmにすることでプレッシャーコントロールバルブ（PCV）の前後液圧設定と併せて各減速度における車輪荷重と制動力の比率が、配分のベンチマークとも考えていたNSX（NA2）と同等にできることが確認できたので、ピストン径は40mmとした。

制動時に車体は慣性力による荷重移動が起き、前後車輪の荷重が変わる、その荷重移動量は減速度により変化する。各減速度に必要な制動力を前後輪の動的荷重に比例して割り振ったものは、前後制動力グラフ上でプロットすると曲線となり、理想配分（Ideal Brake Force Distribution）線と言う。

理想配分は制動効率の観点での理想であるため、実際の配分は安定性を考慮し、理想配分よりややフロントよりを狙う、グラフの青線が実ブレーキ配分線、PCVで制御されているので途中で線が折れている。実配分が理想配分に近いほど制動効率は高くなるが、相対的に安定性のポテン

シャルは低下する。

キャリパー、ディスクの足回りの仕様を決めた後は、アクチュエーションと分類されるペダル、マスターパワー等のコントロール系の検討に移った。エンジン負圧を利用したサーボアシスト機構であるマスターパワーの選定では、マスターシリンダーの取り付け剛性で有利なシングルタイプで、エンジンルームレイアウトに搭載可能な9インチサイズとした。

ブレーキペダルは高剛性を狙い、低レシオかつレイアウト上ストロークロスが最も少なくなるポイントをセダン系とは異なり、常用域（手前）にもってきてスポーツ走行で通常使う領域で、最適フィールを狙うこととした。

ちなみにセダン系ペダルは、サーボ失陥時の制動力を最効率化するために、レシオ最適ポイントを奥に取るのが設計の通例である。

## ■課題となったマスターパワー

これで基本仕様ができたため、より詳細な机上検討に移った、そこで課題となったのがマスターパワーの容量であった。ニュルブルクリンクのアデナウアーフォレストでの下り坂高速ブレーキ、あるいはツインリンクもてぎGPコースの90°コーナー前のような下りブレーキングを想定すると、9インチのマスターパワーのアシスト容量では足りなかった。下り坂は地球の重力加速度の傾斜分力が加速方向に働くため、クリティカルな状

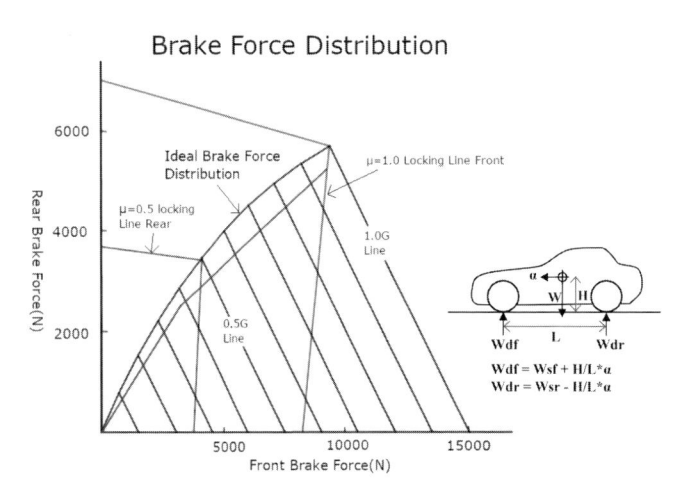

ブレーキ力の配分　制動時に車体は慣性力により車輪に対する荷重移動を引き起こす。荷重移動量は減速度により変化する。各減速度に必要な制動力を前後輪の動的荷重に比例して割り振ったものを理想配分と定義し、前後制動力グラフ上でプロットすると曲線となり、これを理想配分（Ideal Brake Force Distribution）線と言う。理想配分は制動効率の観点での理想であるため、実際の配分では安定性を考慮し理想配分よりややフロント寄りを狙う、理想配分線の少し下にある折れ線が実際のブレーキ配分線で、PCVで制御されているので途中で線が折れている。実配分が理想配分に近いほど制動効率は高くなるが、安定性のポテンシャルは低下する。

況では無視しえない影響を及ぼす。

　アシスト容量が足りないとブレーキパッドのフェード現象が、限界を超える前にアシスト不足になり、ドライバーにとっては、疑似的なフェード現象を早期に感じてしまう。

　対策としてはアシスト容量、つまりはダイアフラム面積、直径のアップだがエンジンルームレイアウト的には9インチより大径のマスターパワーは入らない、一方、7インチと8インチのダイアフラム室を直列に重ねたタンデムタイプのマスターパワーであれば入ることがわかった。このタイプが事実上唯一の対策案であったが、大容量で構造が複雑であるがゆえのアシストレスポンスが遅いという欠点があった。単体性能データを比較すると、シングル並みのレスポンスは望むべくも無い。

　ところがエア流入口であるポペットバルブを大径化する（$\phi 12 \rightarrow \phi 21$）仕様が、この時点で空気導入音、耐久性などの課題をクリアして適用できることとなった。ポペットバルブ径アップはアシスト時の流入空気量アップを意味し、約10%の応答性アップが実現でき、これで想定したブレーキフィール実現の見通しが立ったため、7+8インチタンデムタイプを適用することにしたのである。

　机上検討と部品設計が終わり、試作部品が納入されてくるとベンチシミュレーションのステージである。ブレーキダイナモにキャリパーを取り付け、イナーシャとつながったディスクを回転させ、キャリパーに液圧を加えてダイナモ上の制動トルクを測定し、実走相当のブレーキ性能をシミュレートできる装置の出番である。

　早速、前後15インチブレーキを装着しサーキットモードで回してみる。

　しかし思わしくない。特にフロントディスクの冷却性能が不足しており、パッド温度過大によるフェード現象が発生していた。急いでプランBとして16インチ外径300mmまで径拡大したディスクとキャリパーを用意し、ベンチテストを回してみる。ディスク径拡大は、ディスクの冷却ベント入口部を拡大でき、かつ熱交換部の面積も増大す

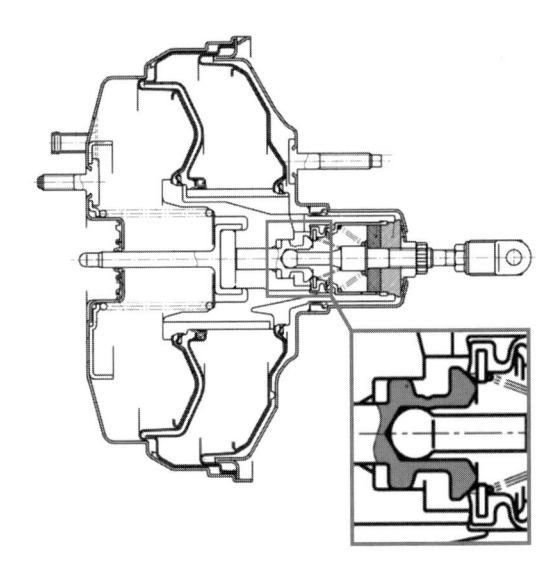

**マスターパワーのメカニズム**　マスターパワーはエンジン吸入負圧を貯めておき、作動時に導入される大気圧との差圧でアシストする機構となっており、比較的大容量のタンデムマスタータイプでは大気圧の空気量も相応に必要であり、応答性を確保するためには単位時間あたりの吸入空気量が重要となってくる。吸入空気はポペットバルブとバルブシートの隙間から導入されるので、バルブの大口径化は応答性向上につながることが、図からもわかる。

るため、やはり効果は大きい。

　ただし、開発において、この段階では大きな仕様変更はそう簡単ではないため、とりあえず実車実走での追加検証を行なうこととした。

## ■サーキットテスト

　実車検証として15インチブレーキでサーキットテストを行なった。連続走行を行なうとフロントブレーキが先に高温となり、フェードして制動力が低下するが、リヤはその時点でフェードしていないため、前後バランスが変わり、車体挙動の安定感もない。そこで16インチブレーキを確認してみる。温度が下がり耐フェード性は大幅に上がり、前後バランスの変化も少なく挙動の安定感もある。そこでこのフロント16インチ仕様を開発チームに提案することとした。コスト、ウェイトも大きく変わる大物変更でありLPL（ラージ・プロジェクト・リーダー）決済項目であるため、上原繁さんにプレゼンし、提案をした。

　しかし、耐フェード性の向上手段としてディス

ク径拡大しかないとの裏付けまでは言い切れなかったため、提案は却下された。スプラッシュガードでの冷却性向上は？　パッドでの対策は？　などが宿題となり、持ち帰って検討し、その結果を持って再度提案することになった。

しかし、再度却下。また別の宿題を出され再検討となった。狙いの耐フェード性向上は、重量アップを伴うディスク径拡大しかないと確信していたため、提案の戦術を変えることとした。ディスク重量のアップを最小限とする追加軽量案検討とのセットである。

16インチ化に伴うディスク仕様は、外径300mm、ディスク厚25mmで振り分けは7-11-7であり、この7mmの板厚は過去例のNSXではほぼ限界厚であった。だがS2000の負荷はNSXより低く、まだ薄くする余地があるかもしれない。そこで0.5mm薄くした別案の6.5-12-6.5仕様を急遽手配し、ブレーキダイナモで検証を行なった。ディスク厚を下げた時の懸案は、クラックタフネスである。

アウトバーンやサーキットで高負荷のブレーキを掛けると急速な温度上昇により、ディスク熱分布の不均一が生じ、応力発生による微小クラックが発生する。さらに繰り返していくとその微小クラックが成長していき、最外周部まで到達すると応力が解放されてディスクが割れ、大きな段差ができブレーキ時に過大な振動が発生して実用上ディスクは使えなくなってしまう。これが早期に発生すると市場問題、ユーザーからのコンプレイン（不満）となってしまう。この事象はNSXの開発時に直面し、ブレーキダイナモ上でのクラックタフネス検証テストが確立されていた。

最高速からの制動を所定回数行ないクラックが成長し、最外周まで達しなければ要件クリアである。NSX開発時にはあっさり"割れた"6.5mmでもあり、確信は無かったがS2000の負荷でブレーキダイナモ耐久を回した結果、クラックは何とか持ちこたえて所定回数をクリアできた。これで一台分600gの軽量化が可能となった。この追加軽量案と宿題の回答を持って3度目の提案を行なっ

た結果、ついに今度は上原さんの承認を得ることができた。

■ **承認されたブレーキシステム**

フロント16インチ化が認められたことにより、それをベースに実車テストを進めた。旋回ブレーキ性能を考慮したPCV（プレッシャーコントロールバルブ）のセッティングによる前後配分の調整、ブレーキフィールに直結するマスターパワー特性のチューニング、ABS（Anti-Lock Braking System）のパラメータセッティングなどである。

その中で懸案として浮かび上がってきたのがリヤブレーキの高温問題だった。フロントは16インチにサイズアップし、冷却性能向上の結果、安定した温度であったものの、リヤはソリッドの15インチサイズだったため、相対的にサーキット走行時のリヤパッドの高温が目立つ状態となっていた。

ただし性能的に顕著なフェード状態は発生せず、前後ブレーキバランス変動も許容範囲であった。一方、高温に伴うパッド摩耗はかなり大きいものであったため、可能であれば対応したいと考えた。比較的容易な対応はディスク径を外径282mmから300mm程度に上げることである。ただしこの場合ヒートマスの効果でピーク温度に達する時間は稼げるものの、ソリッドのままでは冷却性向上はあまりなく、ピーク温度の低減は限定的と考えられた。

次にディスクのベンチレーテッド化だが、大きな冷却性向上が見込めてピーク温度低下による高温摩耗の解消が可能と思われたけれども、課題は重量増加だった。充分な冷却効果を望むとディスク幅も11mm厚ソリッドから23mm厚ベンチレーテッド程度になるであろうし、ディスク重量増加と共にキャリパーブリッジ部も延長することで、少なくない重量増加は覚悟しなければならない。最初に定めたブレーキシステム開発の優先度を考慮すると悩ましい課題であった。

そこでこのパッド摩耗が、ユーザーの使い勝手の中でどのようなインパクトを与えるか想定して

**摩擦材サイズの最適化** 摩擦材サイズの最適化によるキャリパーボディの最小化、及びディスク厚の最適化によりアルミ対向4POT並みの重量を実現したフロント16インチブレーキ。その後シビック タイプ R に流用された。

みた。ハードユーザーは、パッド自体をサードパーティーのものと変えてしまうだろうから、想定ユーザーは S2000 のノーマル仕様をサーキットのスポーツ走行枠で走る、言わばマイルドなユーザーとした。スポーツ走行時間を1回20分とし、一日4回走るとした場合の摩耗計算をしてみた。計算上、走行中にフル摩耗には至らず、そのまま家に帰ることができるレベルであった。ただしフル摩耗に近い状態には至るので、その時点でパッド交換は必要である。多少コンプレインはあるかもしれないが摩耗としての最低限の性能は確保されていると判断し、リヤブレーキの改良提案はしなかった。

これで S2000 のブレーキ仕様は決定した。総じて機種コンセプトに合致したものができたと考える。いろいろな軽量化案を適用したフロント16インチブレーキは、キャリパー＋ディスク重量でシビック タイプ R の15インチブレーキより大幅に軽く、後に開発されたブレンボ製キャリパー適用のインテグラ タイプ R の16インチブレーキよりわずかに軽い重量を達成していたのである。

摩擦材サイズの最適化によるキャリパーボディ小型化及びディスク厚最適化により、アルミ対向4POT並みの重量を実現したフロント16インチブレーキは、その後シビック タイプ R に流用された。

# 電動ソフトトップの開発

中野 武

## ■ゼロからの出発

　S2000は、リアルオープンスポーツカーとして、ダイナミックな走りを実現する運動性能に加え、オープンカーとして気持ち良く走る楽しさを両立させるパッケージングが求められた。そこで、基本コンセプトである「緑の中のワインディングを走り抜ける楽しさ」の実現のため、簡単に開閉できるソフトトップ構造を採用することとなった。

　S2000以前に発売したホンダ車の中で、折りたたみ式のソフトトップを装備したクルマは、S500/600/800、シティカブリオレ、ビートなどがある。しかしS2000の開発を行なうタイミングでは、S500/600/800の開発に携わった者はすでに研究所におらず、シティカブリオレは、Pininfarina（ピニンファリーナ）へ開発を委託していた経緯がある。ビートもS2000開発当時からすでに約10年前の開発であり、幌の開発については、ゼロからの出発に等しかった。

**シティカブリオレのソフトトップ**　手動式のソフトトップシステムで、1984年7月に発売された。ピニンファリーナが幌の設計を担当した。

## ■手動から電動へ

　ダイナミックな走りとオープンカーの気持ち良さを実現するために、ソフトトップ構造の軽量化が求められた。そこでソフトトップの開閉は手動、リヤウインドウの材質はビニールとして、軽量であることに拘（こだわ）った仕様で開発はスタートした。

　しかし、S2000の開発中に他社のライバル車は電動があたりまえの装備となってきていたのである。例えばメルセデス・ベンツSLKはバリオルーフ、ポルシェ・ボクスターは電動開閉、BMW Z3も手動から電動化に仕様変更がされたのだ。そこで、S2000も急遽、電動化の検討を開始したが、すでに手動開閉で設計がスタートしており、ソフトトップの開閉電動化は、目前に控えた試作ロットにすら反映が間に合わない時期であった。そこで、電動ソフトトップが量産日程に間に合わない場合は、当初の開発日程を守ることを優先し、予定通り手動開閉の仕様で発表・発売を行ない、それから1年後に電動化することまで検討がされた。

　そうすると同時期に手動と電動の2仕様の開発が必要となる。しかも手動ソフトトップ仕様は、1年のみで生産中止になってしまう。

　開発工数やコストを計算すると、そんなことが許される理由もなく、設計メンバーは、短期間で電動化の設計をやりとげたのである。

　電動化にあたっては、3分割のリンク構造に加え、新たに駆動モーターやギヤの追加、電源ハーネスの通線、スイッチの追加が必要となる。また、テンパータイヤ、燃料タンク等を避けながら、外観デザインも変更することなく、レイアウトする必要がある。

　しかし、先見性のある外装（ドア・フード・トラ

**幌をオープンする時間は約6秒**　当時の電動タイプの幌としては最速だった。幌の開閉スピードへの開発陣のこだわりは、天候変化の激しい欧州での適合性を考えたバリュースタディの結果であり、求める要件の一つとなった。可能な限りオープン状態での走行を楽しんでもらいたいという、開発サイドの思いでもある。

ンク・テールゲート等）設計メンバーは、後の電動化もある程度考慮し、そのためのスペースも確保していたのだ。それが功を奏し、当初決められた開発期間内に間に合わせて電動化することができたのである。もし、当初の手動仕様だけで設計していたら、膨大な時間を要していただろう。

電動化することによって、開閉時間も商品性上お客様から重視される項目となる。

ソフトトップの開閉操作に際しては、安全性を考慮し、サイドブレーキを引いた状態でないと開閉できない仕様とした。ロックを外した状態から、完全オープンまで、または、オープン状態から閉めて、ロックをかける前までの時間は、6秒で完了する。

これは、当時の電動幌の中では最速であり、オープン状態でのドライブ中に突然雨が降ってきたりした場合には、極めて有効である。

手動から電動化するための重量は、ざっと10kg程度の増加を予測していたが、約5kgだけで成し遂げたのも、担当メンバーの努力の結果である。

### ■ソフトトップの耐水性、気密性

ソフトトップに求められる主な性能としては、雨の侵入や、風の巻き込みを防ぐことであるが、それだけではなく、防盗性など大切なクルマを守るため、要求される性能は多い。

雨水を防ぐ耐水性、すき間風を防ぐ機密性はもちろん、積雪に耐える強度や剛性も必要で、これらの性能を開閉するリンクや、分断されたシール構造で成立させなければいけないのである。

これらの要求性能を走行状態だけでなく、1輪だけ、縁石に乗り上げたねじれた状態（意地悪条件）でも、豪雨を模したシャワーテストで、あらゆる方向からの雨水侵入を保証する必要があると考えた。

縁石乗り上げ状態においてもねじりが少なく耐水性を維持できるのは、ハイXボーンフレームの高剛性ボディーの効果のひとつでもある。

通常、ソフトトップのオープンカーのオーナーズマニュアルには、自動洗車機使用禁止が明記さ

**MMCでガラス化されたリヤウインドウ** 2001年9月のマイナーモデルチェンジで、リヤウインドウはガラス化された。ガラス面積できるだけ拡大したいが、収納性による制約があり、視界検証を十分行なってそのサイズを適正化した。

れており、使用しないのが常識である。S2000が発売された後のとある時に、アメリカ出張の際、S2000を自動洗車機に入れているのを見かけた。アメリカの洗車機は、日本仕様よりシャワーの圧力も高く、乾燥のためのブロアー圧も高いので鉄板ルーフでもへこむ場合があることを知っていたため、不安になってオーナーに問題無いのか尋ねてみると「No Problem（問題はない）！」との返答。S2000のソフトトップが頑丈なことにあらためて驚かされた。大丈夫だと思っていても、「自動洗車機にはあまり入れて欲しくないなあ」、と思ったものだった。

また、ロック機構もかなり難しいパーツだといえる。幌布のテンションが、新品状態やなじんだ状態で変化してくるため、ロックのテンション調整がかなり難しい問題となる。なじんでテンションが安定したところで、きちんとシール性や雑音などの性能が保たれるものにしなければならず、工場での製造時の調整加減のノウハウもかなり必要となった。オープンならではの苦労も、あらためてここで経験を積んだ。

### ■リヤウインドウのガラス化

リアルオープンスポーツカーS2000は、かくしてソフトトップは電動化に成功したが、軽量化のためリヤウインドウの材質は、ビニール素材とし、折り目や傷がついたり、曇ったりして劣化し

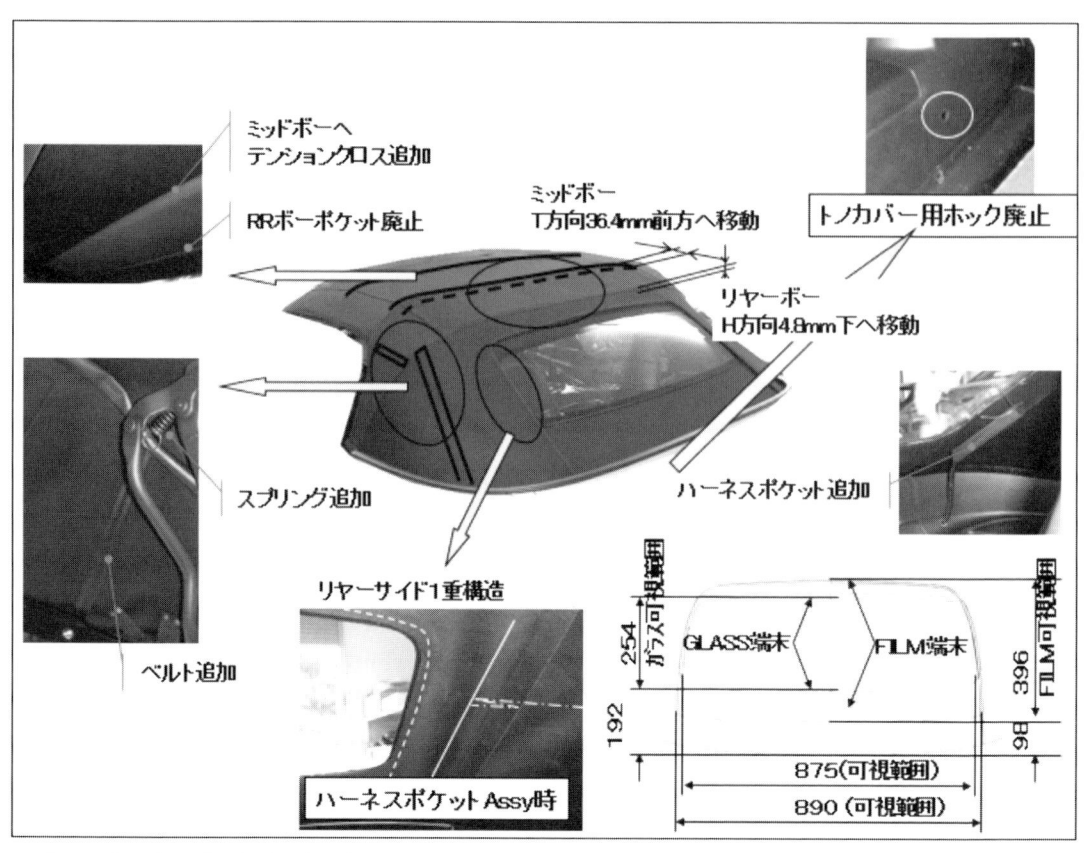

図中のラベル：

- ミッドボーへ テンションクロス追加
- RRボーポケット廃止
- ミッドボー T方向36.4mm前方へ移動
- トノカバー用ホック廃止
- リヤーボー H方向4.8mm下へ移動
- スプリング追加
- ハーネスポケット追加
- ベルト追加
- リヤーサイド1重構造
- ハーネスポケット Assy時
- ガラス可視範囲
- GLASS端末
- FILM端末
- FILM可視範囲
- 254
- 192
- 396
- 96
- 875（可視範囲）
- 890（可視範囲）

**リヤウインドウはガラス化にともなう変更点**

た場合は、ファスナーで簡単に交換できる構造として発売した。

　しかし、マツダのユーノスロードスターも、リヤウインドウがビニール素材からガラスに変更となり、S2000においても日常使い勝手と質感の向上を求め、市場からガラス化を要望する声があがってきた。

　リヤウインドウガラス化は、単純に材質をビニールからガラスに変更するだけでは済まない。

　ガラスは2つ折りにできないため、どうしても上下幅は、狭くなってしまい、後方視界が制約されてしまう。最低限の後方視界を設定し、そのためのガラス高さと幅を確保するため、中央リンクバーを36mm前方へ移動。リヤのリンクバーも下方向に5mm移動して対応した。

　また、ガラス自重を支えるための幌布の張力を上げる必要がある。そのために、ロックの操作荷重や引込み量アップのため新作し、幌のリンクに

スプリングやベルトの追加等、多岐にわたって変更が必要となったのである。

　ビニール素材では無くても許されていたが、曇り取り性能も求められるため、リヤデフロスター用の熱線も入れ、ハーネスを通線し、スイッチの追加も行なった。また、すでに販売したビニール仕様からガラスに変更もできるようレトロフィット性も考慮し、取付位置の変更や、加工無しで交換できる仕様とした。

　これらの変更及び、ロールバーガーニッシュとのクリアランスを確保した上で、開閉耐久テスト、オープン状態で、悪路耐久テストを実施し、リンクの耐久性やガラスの傷付確認を実施したのである。

　ソフトトップを手動から電動化とする途中変更を経験した担当者達は、リヤウインドウのガラス化には膨大な設計変更や、テスト確認をするための工数がかかることがわかっていたため、抵抗が

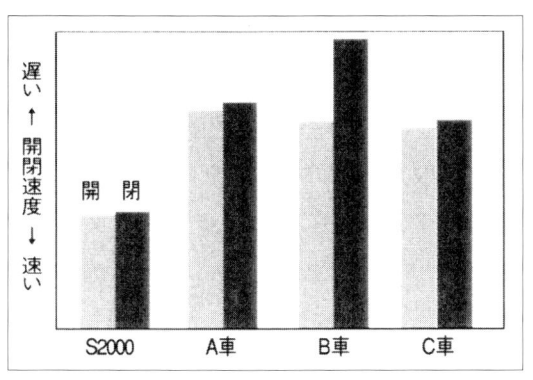

<関連資料>電動ソフトトップ開閉速度

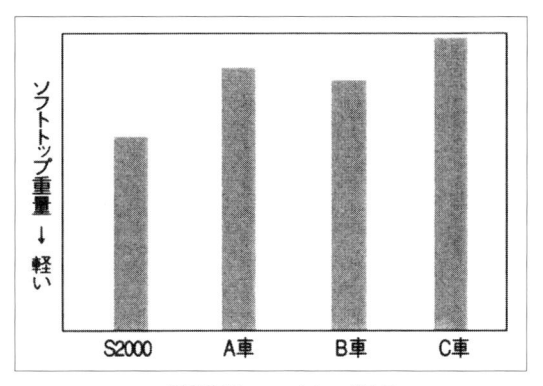

<関連資料>ソフトトップ重量

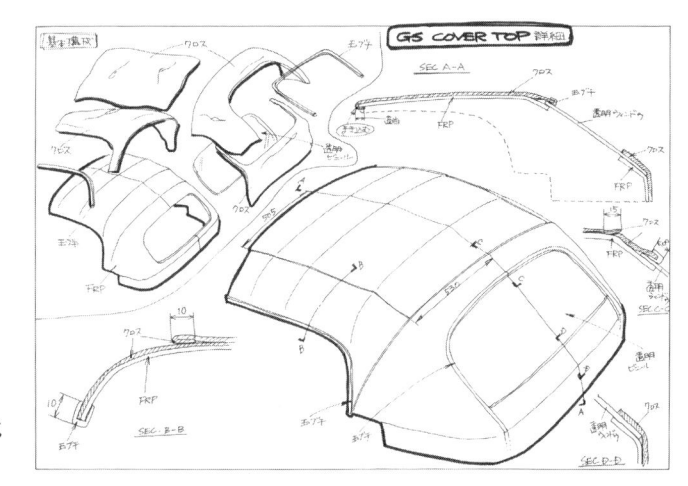

<関連資料> S2000 ソフトトップの基本構成
ソフトトップの構成や細部の寸法などを示す。

**ソフトトップカバー** オープン時の見栄えがスマートになるように、成形されたソフトカバーを準備した。写真はそれを装着した状態。

大きかった。 しかしそのような状況の中、大場RAD（Sportcar事業領域の統括責任者）の指示により、ソフトトップメーカー主体でガラスのリヤウインドウ仕様のソフトトップを実際に造り上げ、実車に装着して担当者達に見せる場を設けたのである。これにより、現場内での意思の統一が図ら

れたことで、リヤウインドウのガラス化の開発に拍車がかかり、一気にガラス化開発が進んだのであった。

かくして、ガラス化の課題をクリアし、ソフトトップにガラスのリヤウインドウが装備されたS2000を世に出すことができたのであった。

# ハードトップの開発
## アルミブロー成型

中野 武　横山 鎮

## ■ハードトップ開発の経緯

緑の中を爽快に気持ち良く走れるのがオープンカーの大きな特徴であるが、日常においては雨風をしのぎ、エアコンや暖房も利かせるため、開閉できる電動ソフトトップ仕様としたことはすでに述べた。

一方、ソフトトップに対して、いたずらや盗難、その他外的要因（降ひょうや落下物など）を懸念するユーザーや外装色と同じルーフとしたスタイリングを要望される声もある。

S2000では、そのような顧客に向け、軽量で脱着可能なハードトップを製作することになった。

リアルオープンスポーツカーである以上、機能だけでなくデザイン性との両立も大きなポイントとなる。スタイリッシュで一体感のあるデザインは、クルマとしての塊感や信頼感を醸成。それは大切な顧客の安心、安全に繋がる非常に大きなベネフィット（利益）となるのだ。

また、軽量化のため、成型はアルミニウム（以下、アルミ）で製作することとした。

しかしながら、このハードトップをアルミで簡単には一体成型することはできなかった。新たな生産技術開発をする必要があり、ホンダエンジニアリング（当時：ホンダの生産技術関連の研究部門）が、担当することになった。

## ■開発方針と課題

ソフトトップと同様、ハードトップの開発経験も、全く無く、ポルシェ・ボクスターのハードトップを研究することからスタートした。ポルシェ・ボクスターのハードトップは、両側のセンターピラー部のロックと、ルーフのフロント側に設けられたセンターロックで固定されていた。

S2000では、ソフトトップのロックを流用し、両側のセンターピラー部にロック構造を追加設定した。

アウターパネルは、軽量化のため、NSXで経験のあるアルミの冷間プレスで検討を開始した。だがアルミは成型性が良くないため、ルーフ部、ピラー部、ウインドウシール部に分割することになる。また、ルーフ部とピラー部は、TIG（タングステンインサートガス）溶接となり、溶接ビード部（もりあがり）の削り仕上げが必要となる。ピラー部とウインドウシール部のスポット溶接で接合される部位についても、溶接時の熱ひずみに対する精度、外観品質の保証が課題となることがわかった。

しかしある一つの技術テーマが、これらの課題を見事に解決することになる。

当時、ホンダエンジニアリングの技術テーマとして、超塑性（ちょうそせい）ブロー成型の研究を進めていたチームがあった。このチームはこの技術の適用先を探していた。大型連休明け直後、メンバーが出社すると、課長共々役員室に呼ばれた。

「ハードトップでこの技術を適用するぞ！」

**アルミ製ハードトップの採用**　デタッチャブルハードトップは、脱着時の作業性も考えて、重量の軽くなるアルミ製で製造することを考えた。ただし、アルミを希望の形に成型するには、生産技術上の課題を克服する必要があった。

そこで役員から直接、S2000のハードトップに超塑性ブロー成型技術の採用を告げられ、開発の号令がかかったのだ。

このような経緯をたどり、超塑性ブロー成型を用いて、ルーフ、ピラー、ウインドウシール部を含めたアウターパネルの一体化を目指したのである。

### ■超塑性現象とブロー成型について

超塑性とは、アルミ、チタンといった合金において、高温下では伸びが良く、低い変形抵抗となる現象で、冷間プレスでは不可能とされている一体化や高精度化が可能となる。

ただし、超塑性現象を利用するには、高い温度が必要であるために、特殊な成型方法が用いられることが多い。

ブロー成型は、ペットボトル等の樹脂製品でよく用いられている成型法であり、高温状態の中、金型だけで材料の外周を密閉し、金型と材料の空間にガス圧をかけ材料を膨らませて成型する手法である。形状を持つ部分はメス型だけで可能なた

め、金型はコスト的にも有利である。

しかしながら、アルミのブロー成型に関しては、1990年にレース用2輪車の燃料タンクで培った技術ではあるものの、ハードトップのような大型部品での実績は無かった。だが、S2000にて、世界で初めて四輪量産車で、超塑性ブロー成型技術を適用することとなったのである。

### ■4輪車での超塑性ブロー成型技術の開発

アルミの超塑性ブロー成型では、金型を所定の温度に加熱した上で、ガス圧にて成型するため、小さなキャラクターライン（デザイン線）を再現するには長い時間、ガス圧をかけておく必要がある。このため冷間プレスよりも生産性が劣るという大きな問題があった。

そこで、アルミはNSXでも使用される5000系合金を使い、アルミが溶け出し始めるギリギリの温度を狙い、最も柔らかくなったところで一気に高圧ガスで成型するプロセスをとった。材料が少しでも柔らかくなれば、成型する時間が短縮でき

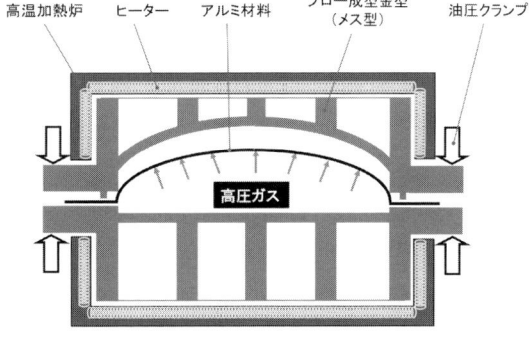

**超塑性ブロー成型手法で一体成型**　超塑性ブロー成型手法で一体成型することにより継ぎ目が無く、冷間プレスに比べ、重量を20％削減した。

**アルミ材料をガス圧で膨らませ、メス型に馴染ませて成型するのがブロー成型**　ブロー成型とは、高温状態の中、金型で材料の外周を密閉し、金型と材料の空間にガス圧をかけて、材料を膨らませて成型する手法である。

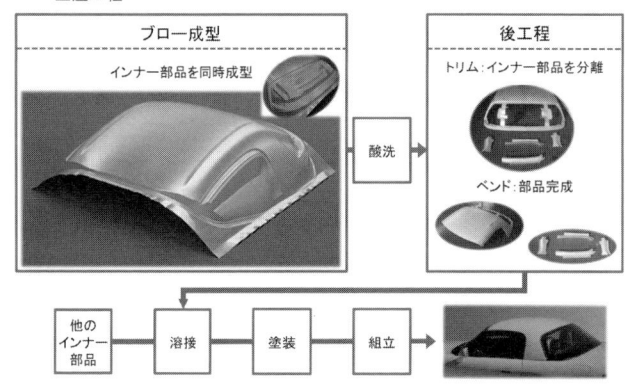

〜 生産工程 〜

**ブロー成型**
インナー部品を同時成型

酸洗

**後工程**
トリム：インナー部品を分離

ベンド：部品完成

他のインナー部品 → 溶接 → 塗装 → 組立

**歩留り向上の工夫** リヤウインドウ部でインナーの4部品を同時成型することにより歩留（ぶどま）りを向上させた。

るのだ。そして、その狙った温度での成型を実現するために、ヒーターは大型の金型を均一に温めるための部分ごとの加熱制御を行ない、ガス圧については、大型のアルミに均一な高い圧力をかけるための時間制御を行ない、成型時間の大幅な短縮を実現した。

しかしながら、これらの制御を実現するためには大きな技術的なハードルがあった。

1辺が2m近い大型のアルミ材料を金型で挟みこみ密閉し、その密閉空間に高圧ガスを流しこむのだが、金型とアルミ材料の間にほんの僅かな隙間があると、ガスが漏れてしまい成型できなくなるのである。一方、高温下で金型は熱膨張により数ミリ単位で変形をする。許される隙間は0.01ミリ、これをいかにコントロールするかが、生産技術の見せ所となった。

そこでその隙間を実現するために、油圧クランプでその金型変形を制御し、高い密閉性を実現するブロー成型金型と設備を独自に開発した。具体的には、変形を起こしやすい部位を油圧クランプで段階的にコントロールし、密閉性を保つ手法を取り入れた。また、金型はその油圧クランプによるコントロールをしすやくする構造とした。こうしてガス漏れしやすい部分のアルミ材料と金型の隙間をコントロールできるようにしたのである。

さらに、金型・設備を新たに開発するだけでなく、創意工夫も行なった。

ブロー成型したあとに捨ててしまう部分となるリヤウインドウ部で、インナーの4部品を同時成型することにより歩留（ぶどま）りを向上させ、さらなる低コスト化を実現したのである。メス型のみで成型ができるブロー成型の特徴を最大限に生かした手法を取り入れた。

## ■低コストで目標達成を目指す

これらの生産技術開発と創意工夫により、アルミ製の大型部品の一体化が超塑性ブロー成型技術の適用で実現し、同時に接合工程の削減、金型投資の削減、歩留まり向上による低コスト化が可能となった。

これにより、継ぎ目のないスタイリッシュで一体感のあるハードトップが、競争力のある価格で顧客に提供することができたのである。

## ■納期とのたたかい

ハードトップの生産に用いる金型と設備は、全てホンダエンジニアリングで同時に開発したのだが、全てが何もないところからの開発で試行錯誤の連続であった。試作段階では計画通りに物ができず、右往左往することが多かった。

納期が守れるかどうか、ギリギリの状態をチームに報告した。「とにかく頑張ります！」生産技術を担当する横山鎮（よこやま・おさむ）は言った。するとS2000車体設計LPL代行の鈴木博（すずき・ひろし）さんから「そんなに頑張らなくてもよいから、納期は守ってね！」と言われたことがあった。その一言に妙に納得し、冷静になれたことを覚えている。

その後、現場・現物に立ち返り、問題点を見直し、その対応を一つひとつの作業プロセスに置き換えることで、実行が円滑に進むようになったのだ。結果、無事に物を納めることができ、その達成感は何とも表現しえないほど高いものであった。

### ■ゲリラ豪雨の中での初テスト

このような過程を踏み、いよいよ完成したハードトップの試作初号機の走行テストをする時がきた。ハードトップのクルマへの装着は、外装設計PLの目黒義昭（めぐろ・よしあき）さんと、中野の2人で慎重に行なった。当日は夏の暑い日。栃木の周回路と言われる楕円形のテストコースで走行を開始した。

走行開始時は、雨は降っていなかったが、周回路を何周か走行していると、周囲が暗くなり夕立が降り出した。コースに設置された電光掲示板には、『最高速度、120km/h以下』の表示。その次の周には、雨はさらに強くなり『最高速度、100km/h以下』になるほどのゲリラ豪雨であった。

その中でも、ハードトップ初号機にも関わらず、雨漏りもせず高い性能に感心したのを覚えている。

### ■社内評価をスムーズに通す

ホンダでは新しい商品を世の中に出す前に、社内評価を受ける必要がある。ハードトップも、もちろんその対象である。

ハードトップの社内評価の時には、ソフトトップをたたんで、ハードトップを搭載、また降ろすデモンストレーションを行なう必要がある。ユーザーにもよるがハードトップの乗せ降ろしは、通常そんなに何回もするものではない。

しかし、社内評価ではスムーズに車両への脱着をしてアピールをしなくてならない。そこで、設計PLの目黒と中野の2人で、ハードトップ脱着

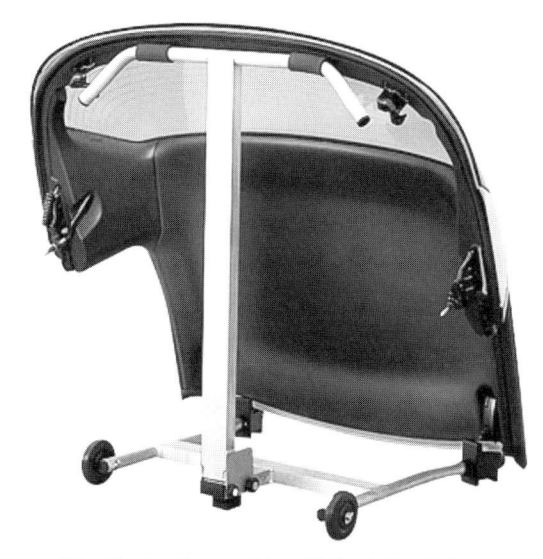

**ハードトップスタンド**　ハードトップを外した後に保管するためのツールとして、用品を担当するホンダアクセスがスタンドを準備した。スタンドはもちろんアルミ製である。

の練習を何回も行なった。

おかげで、本番時には、ハードトップのセンター部のピン差しから、フロントのロック部への搭載、リヤデフロスターのハーネス結線まで、実にスムーズに行なうことができ、社内評価もスムーズに通ったのである。

### ■ハードトップの保管

ハードトップは、結構大きいため、置場所や移動に困ることもある。そこで、用品としてハードトップスタンドをホンダアクセスに作ってもらうことになった。折りたたみ式で、ハードトップを立てかけて固定し、コロ付で移動もできるようにしてもらった。

ハードトップスタンドは、ハードトップの移動や保管専用であるが、使用しない時もあり、それだけではもったいない。ハードトップスタンドの折りたたみ形状を見て移動式のタイヤラックもできないかと提案してみたが、残念ながら、実現することはなかった。

# 感覚性能

塚本 亮司　中野 武

## ■感覚性能（ダイナミック性能）

S2000のコンセプトについて、"現代のネイキッド・スポーツ"と表現した部分がある。これはコンセプト立案の章で書かれている通り、箱根などで試乗したスーパー・セブンなどの、いわゆるネイキッド・スポーツの軽快さ、軽い身のこなしなどは、走るための機能のみしか有せず、快適装備などおごらず、その分とても軽くできていることによる恩恵によって実現されている。

しかし、現代の量産モデルにおいて、環境・安全などを無視することはできない。むしろ、環境・安全性能をとても重要視するホンダが出すスポーツカーなのだから、それを無視したクルマの企画など通らない。それだからこそ、環境・安全を満たした軽量スポーツ、これが現代のネイキッド・スポーツを指すところである。

しかしそれでは、ネイキッド・スポーツの軽い身のこなしなど簡単には実現しない。ダイナミック性能など、ネイキッド・スポーツの軽快な特性と同じようにするには、それに関係する各要素の仕様を、目標の特性になるような狙い値でアプローチでいけば実現できるのではと考えた。特にダイナミック性能は、後述するようにレスポンス

にこだわることにした。また、五感で感じる音、風、空調なども、気持ち良さもその目標値を定めて、開発を進めていった。この性能ターゲットをチームは"感覚性能"と名付け、チームの重点項目として進めていった。

ダイナミック性能では、走る・曲がる・止まるといったクルマとしての基本性能が最も重要なポイントとなる。ここでは"レスポンス"をキーにして、どのような応答性能を実現するかを検討した。もちろんレスポンスなので、ドライバーが入力操作したものがクルマの挙動としてどのように素早く反応してくるかである。

①走る（加速レスポンス）

加速におけるレスポンスは、ドライバーがアクセルを踏んだ後、加速Gがどのように出てくるかに着目した。当然、エンジンの応答性が良くなければ話にならない。エンジンの章でも書かれているが、エンジン本体の仕様も、この応答性を重視した工夫が凝らされている。この部分の詳細はエンジンの章に譲るとして、駆動系から先の部分での話を書いてみる。

FRという駆動構造をとると、FFよりも応答レスポンスを落とす要素がたくさんある。まず、エンジンをマウントしているマウントゴム特性、トランスミッション、プロペラシャフト、リヤディファレンシャル、ドライブシャフトなど、関わる要素がとても多い。当然それらの駆動時における

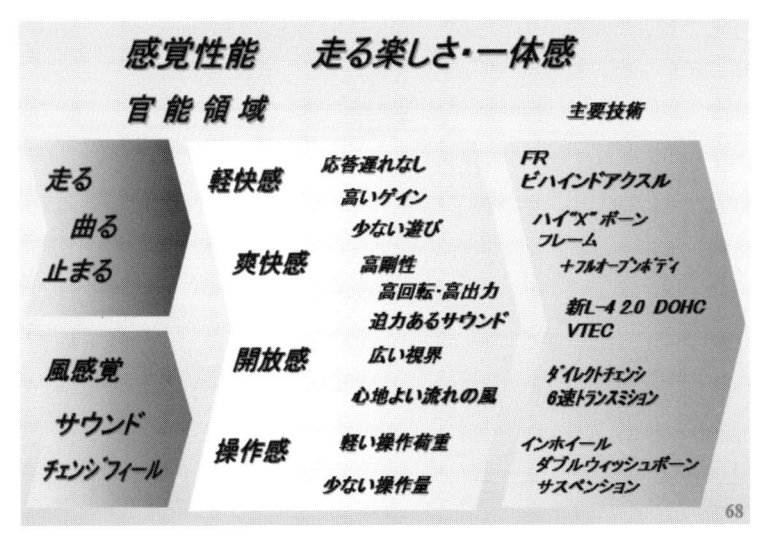

感覚性能のアプローチの概念図　走る・曲がる・止まる、見る・聞く・触るといった人間が感じる感覚領域、それにつながる物理現象を整理して、実現に向けて用いられる技術など具体的なハード面の仕様へとつなげていく。

ねじり剛性が、レスポンスに対しての大きな影響要素となる。当然、どこかのねじり剛性が低いと、そこでねじれてしまい、駆動力がタイヤに瞬時につたわらない。また、構成される機械振動系の特性によっては共振のような挙動にもつながる。そこで、この駆動系の各パートの剛性の寄与に関して調べることにした。

アクセルを踏んだ瞬間からの車体加速Gの出方を見ると、加速Gは波を打ったあとに一定の加速Gへと移行する。ここに影響しているのが駆動系（トランスミッションからプロペラシャフト・ドライブシャフト・それを支持するマウントの特性）でのねじり剛性の関係である。この時のテスト仕様の場合、ドライブシャフトの寄与が高いことが判明した。

これを受けて加速Gのグラフにおいて波を

うっている領域を短くするには、ドライブシャフトのねじり剛性を上げるのが効果的だということになった。

そこで、ドライブシャフト径を$\phi$36に上げることにした。この結果、とてもレスポンスの良い加速応答性を達成することができた。

もちろん、駆動系の各パートの剛性、支持するマウントのバネレートなどの考え方は事前に検討はしており、プロペラシャフトのカップリングなどは通常にゴムを挟み込むことを行なったりするが、レスポンス向上の観点から、我々はすでにこれも廃止していたし、プロペラシャフトのねじり剛性と軽量化の観点からも１ピースのシャフトにこだわった。他の要素のねじり剛性を上げることも行ないながら、この場合、ドライブシャフトのねじり剛性の寄与に着目して対策を施すことで、

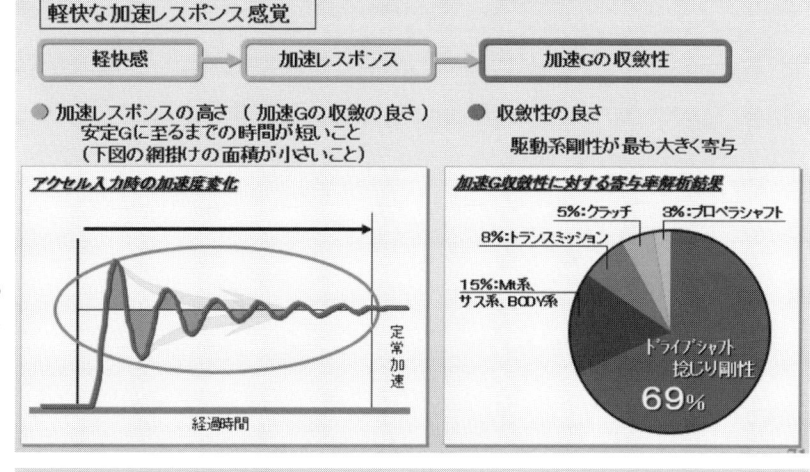

**軽快な加速レスポンス感覚①**
加速レスポンスにおけるG波形とその収斂性をひもとく。エンジンからのアウトプットが、車輪まで伝達する中での機械系剛性の寄与を求めた。

**軽快な加速レスポンス感覚②**
駆動系剛性の中でも、テスト仕様だとドライブシャフトの寄与が高いことが判明した。シャフトの剛性を高めることで、狙った加速レスポンスを達成することができた。

S2000の加速レスポンスのアップを達成することができた。

この駆動系剛性や取り付け部をがっちりと"剛"にしてしまうと、エンジンの変動が車輪につたわり、とても運転しづらいのと、振動も大きくなるのは明らかなので、あくまで、ある駆動系ねじり剛性の中でのセッティングとなる話ではあるが……。

②曲がる（ハンドリング）

ハンドリングにおけるレスポンスは、軽快に曲がる特性として要素の検討を行なった。ドライバーの入力は、もちろんハンドルを切ることから始まるのだが、曲がっていく時のクルマの挙動について、一連の流れをみると、まずハンドルを切った際のクルマのヨー方向の応答性がある。専門的にはヨーモーメントの反応とその量が問題になる。あまりに応答が"敏"すぎたり、動き量が大きすぎたりしてもコントロールしにくくて気持ちの良くないものとなってしまう。なので、軽快を感じる最適値を求めるテストを繰り返し実施することになった。

また、同時にこの一連の動きでは、クルマが向きを変え、その次にクルマが旋回する動きに移行していくわけであるが、今度は横Gの出方に着目する。ここでもハンドルを切った入力に対しての遅れの少なさ、Gの大きさなどを指標として検証していく。この一連の動きは、実際はほんの一瞬で起こっていくことなので、軽快なハンドリングを感じることのできる、専門の評価ドライバーの感覚を基にハンドリング仕様を決めていく。サスペンションジオメトリー、サスペンションブッシュ類のバランス、タイヤ特性など、いろんな要素が関わってくるので、理論解析と実際のテスト結果などとの試行錯誤を繰り返して、見出していくステップは大変なものであった。

車体の素性でも、ヨー慣性モーメントの小さいパッケージレイアウトにするなど、初期レイアウト時点でこだわらなければならないことは当然である。もちろん、操縦安定性的には車速域、舵角条件などによっては、あまり"敏"にしたくない領域もあり、簡単にはいかないところである。詳細の検討内容は、高性能シャシーの章で語ってもらうことにする。

このようなテスト経過を経て、下図に示すような軽快感、一体感を達成していった。

このあたりの取り組みの詳細はシャシーの章にて詳しく書かれているのでそちらの内容を読んでいただきたい。

③止まる（ブレーキ性能）

ブレーキ性能は、スポーツカーの性能として基本的かつ重要な性能である。加速性能やハンドリングなどに比べ、派手さはないが、スポーツ走行においてタイヤの性能を使い切るという観点では加速、旋回と同等のコントロール性が要求される。例えばハンドルを切ってコーナーリングに入るときにおいては遅れなく制動力を発生させ、タ

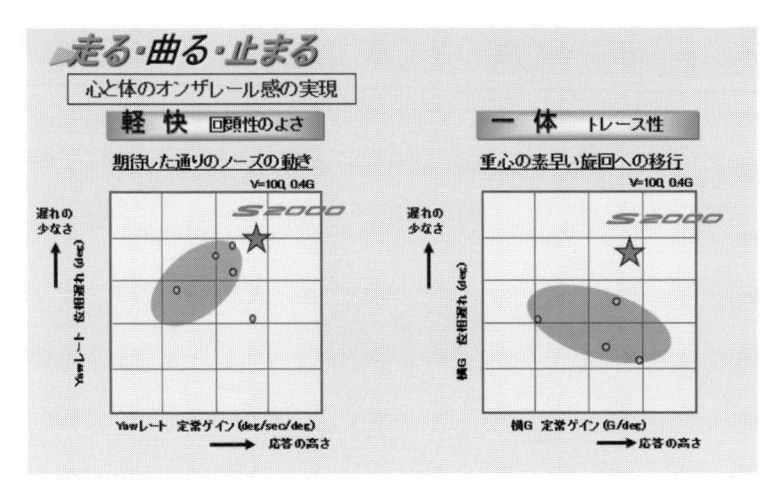

こころとからだのオン・ザ・レール感覚の実現　曲がる領域の指標として、軽快感、一体感を表現した。ここでもレスポンスというキーをもとに数値化し、他のスポーツとの違い、S2000の特徴的な性能を目指した。

イヤの必要な横グリップ力を確保するためには、制動力のコントロールが必要となる。

ここでは応答性に焦点をあてた仕様の作りこみを語ってみる。

制動力の応答性としてはシステム全体の剛性、応答性をみなければならないが、まずはドライバーがペダルを踏む入力からブレーキ液圧に変換されるまでをみていく。通常時でも数十キロ程度のペダル入力を、3〜4倍程度のレバーレシオで増力するペダルボックス自体の剛性もそうだが、それを取り付けるトーボードパネルの剛性は重要である。パネル自体の剛性では足りないため、通常取り付け部にはガセットパネル（補強パネル）をトーボードに追加する。しかしそれは反面、重量増加の要素でもあるため、板厚、面積、骨格部材

との締結方法等の要素を最適化して決めていった。

ペダルまわりに必要な剛性に合致する仕様を決めたら、次に検討しなければならないのが倍力装置であるマスターパワーである。エンジンで発生する吸入負圧と大気圧との差圧を利用して倍力させる構造だが、その作動過程で大気圧の空気を倍力比に適した量だけ、調圧バルブ機構を介してダイヤフラム室に導入しなければならず、この過程で必然的に遅れが発生する。

原理的にはバルブ径を上げて流入空気量を上げればいいのであるが、それには吸入空気音や耐久性の課題もある。だが以前から進めていた部品開発での目途が付き、S2000ではポペットバルブ（流入空気量調整バルブ）の径を$\phi$12から$\phi$21に上げる仕様が適用できることとなり、目指す応答性

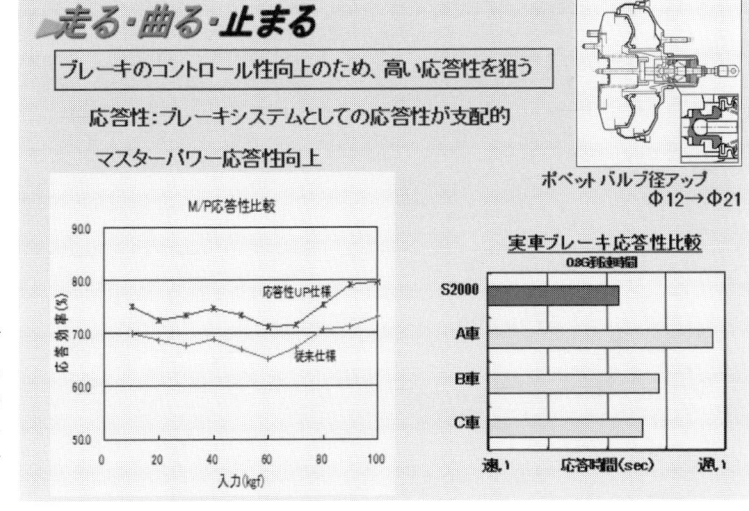

**ブレーキのコントロール性向上** ブレーキもレスポンスの良さとしっかりとした利きを求め、ブレーキシステムの仕様を検討した。特にマスターパワーの応答性がキーとなり、目標を実現する仕様を探っていった。

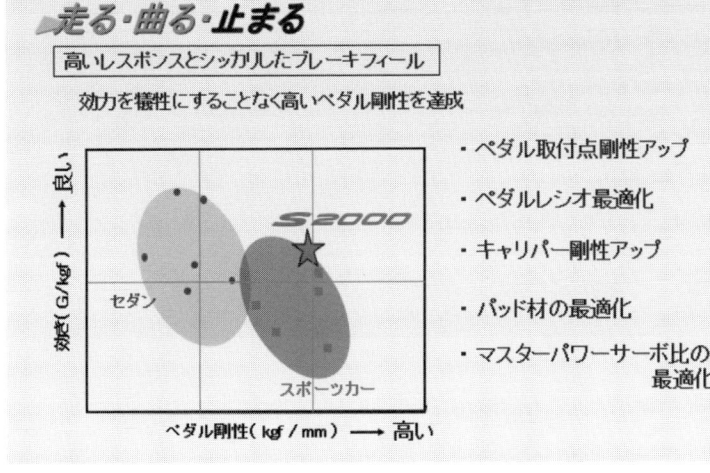

**しっかりしたブレーキフィール** 当然レスポンスの良さだけでは十分ではなく、しっかりとした踏み応えと効きが伴ってなければ、スポーツカーとしての信頼性あるブレーキとは言えない。

レベルを達成した。

## ■オープン走行を楽しむための風処理と暖房性能

リアルオープンスポーツカーとしての感覚性能を構成する要素のひとつに、オープン時の外界との一体感がある。これを演出しながらも快適な、心地よい風を感じるための処理を行なった。この作業を風処理と呼んでいる。また、冬のオープンでも快適なキャビン温度をコントロールできる、暖房性能の向上を図った。

①風処理　－オープン状態の風処理－

「心地よい風とは何か？」「いかにして心地よい風をキャビンで感じてもらうのか？」

S2000において、ドアガラスを下げたフルオープン状態にして、時速100km/h までの条件下で、快適に走行できることを目標に定め開発が進められた。フルオープン状態における心地よい風の解析のため、メルセデス・ベンツSLK、BMW Z3、ユーノスロードスター、ポルシェ・ボクスターの4車種を比較車として開発を行なった。

右上の図中の●に示すように、体の14カ所への風のあたり方と感じ方を5点法で評価。以下の結論を得た。

1) 乗員の顔まわりの外側（窓側）と内側（車体中心側）で当たる風速と風向により気持ち良さが変わる、感受性が高い。

2) 心地よい風の条件として、顔まわりの外側で感じる適度な風は快適に感じられ、オープンカーとしてある程度必要である。

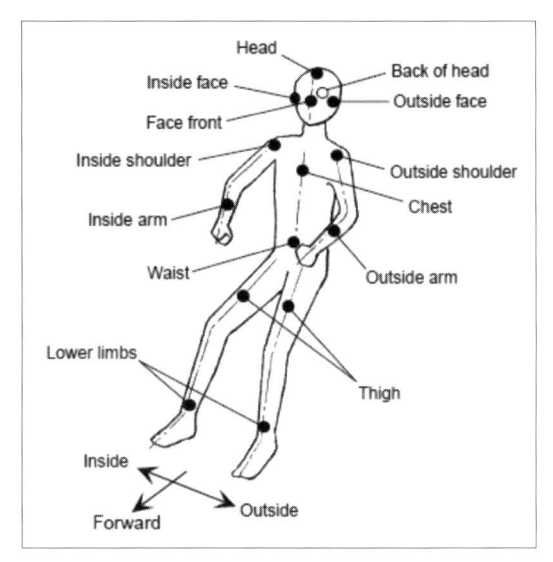

**心地よい風感覚の追求②**　乗員が感じる風量や風の向きを人体各部のポイント14ヵ所で計測し、どの部位にどれくらいの風が当たると快適か、逆に不快となるかを探っていった。

3) 顔まわりの内側で逆風に感じる車体後方からの巻き込み風は不快と感じるので、コントロールする必要がある。

オープンカーのキャビンに入ってくる風は、フロントウインドウ上部で、剥離（はくり）した風が、キャビン後方から逆風として流入してくる風と、フロントピラー側方から流入してくる風があり、これらの風をコントロールすることによって、心地よい風と感じられるようになると考えた。

まずは、フロントウインドウからの風を解析するため、ウインドウの角度を38°（ベースモデル）、34°、30°とした3仕様のモデルを製作し、

---

### 心地よい風感覚

□ **風を心地良く感じられる**
フロントピラー・ロールバー形状等による、風のマネージメント

□ **高速域での 快適な風処理**
ウインドディフレクター（防風板）の設定

□ **快適な空調配風性能（オープン走行時）**
オープンモードの設定により冬場の腰下の暖房感の大幅向上

**心地よい風感覚の追求①**　オープンカーとして、風をいかに心地よく感じるかは、とても重要な性能である。できるだけオープンで乗って楽しんでもらえるように、そのための要点を絞っていった。

巻き込む風の検証を行なった。風洞実験室におけるテストの結果、不快に感じる巻き込み（逆風）をキャビンに入れないようにするには、フロントウインドウの角度を33°以下にする必要があることがわかった。

しかし、フロントウインドウの角度は、事故時における乗員の頭部衝撃保護やデザインの観点からも制約があることから、ロールバーのガーニッシュ形状で対応できないかと考えた。

オープンカーには横転時の安全対策として、ロールバーが装備されている。このロールバーを覆っているガーニッシュの形状を、巻き込み風を低減できるように工夫した。加えて、シートのヘッドレストとロールバーガーニッシュの位置を最適化することによって、巻き込み風を大幅に低減することができた。

結果としてS2000のロールバーは、横転時の乗員保護性能、風の巻き込みを低減する空力性能、格好良く見えるデザイン性能を合わせ持ったのである。それらをまとめあげるため各領域の担当者との調整、整合を根気良く続けることによって、

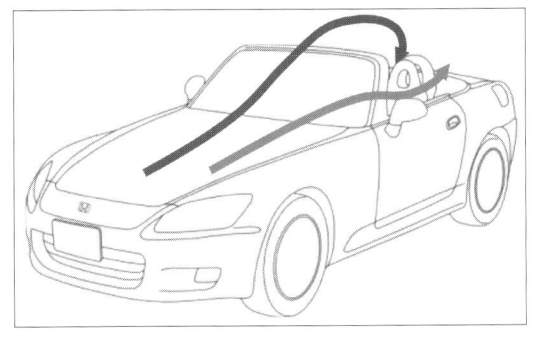

**風の流れを風洞で分析** オープンカーの風の流れを風洞などを使い分析した。もちろん様々な風の流れはあるが、おおむね、フロントウインドウを超えた剥離風、フロントピラーを通って流れてくる風が主流とわかり、この風をいかにうまく処理するかがポイントとなる。フロントウインドウを超えた風が剥離し、キャビンへ後方から入ってくる風は心地よくない。

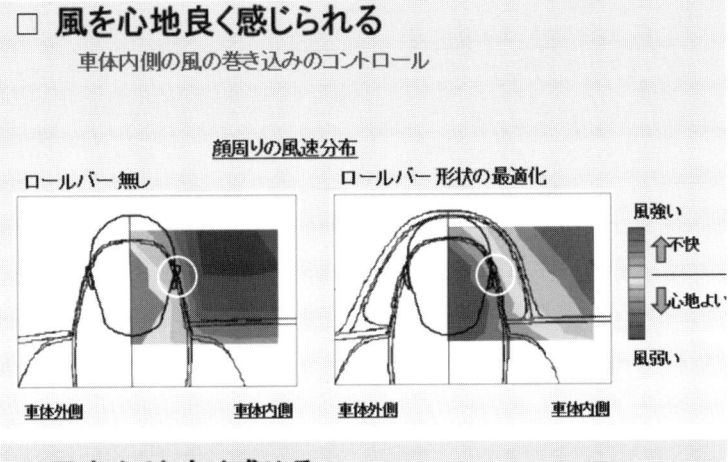

**後ろから巻き込んでくる風は不快** 乗員の顔周りの風が快適であるか否かになるが、特に後ろから巻き込んでくる風は、快適度を著しく低下させる。図では顔の外の部分の色が濃いところが風速が高いことを示している。

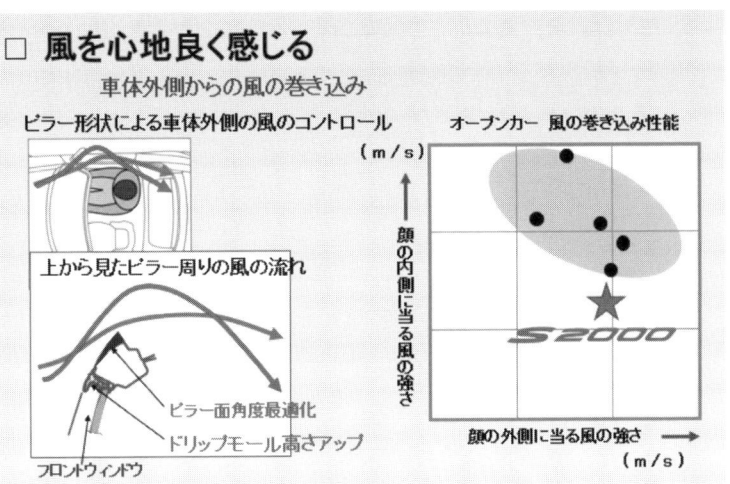

**フロントピラー越しの風の処理** フロントピラー越しの風は、あまりスムーズな流れに処理するよりも、ピラー部で少し剥離させた方が、乗員への風あたりを心地よいレベルにすることができる。この剥離レベルをいろいろとトライして、適正値を決定した。

成立させることができた。

次に、フロントピラー側方から流入してくる顔まわりの外側の風を、心地よい風とするためにドリップモールの高さを上げて調節した。検討を重ね、最適なモール高さ・角度などを風洞テストと実走テストなどで見つけ出した。風をいったん外側に剥離させたあと、乗員の顔外側に適度な風を導くような風の流れにした。

こうして作られた心地よい風は、リアルオープンスポーツの感覚性能を満足するものとなった。

②ウインドディフレクター

高速走行時には、オープントップでサイドウインドウを上げた状態（セミオープン）での走行も多い。その場合、顔まわりの外側にあたる風はほとんどなく、顔まわりの内側への巻き込み風が、強い不快感となってしまう。そのため、左右のロールバーガーニッシュの間に、ウインドディフレクターを設定し、巻き込み風の低減を行なった。

ウインドディフレクターの高さは、巻き込み風の低減効果と後方視界を考慮し、高さを100mmとし、透明のアクリル板とした。ウインドディフレクターは、高速域まで効果があり、発売初期はオプション設定であったが、2001年モデルからは標準装備にすることとした。

③空調性能

オープン走行時の暖房

年間を通じて、オープン状態でドライブを快適に楽しめるよう、冬の寒い季節でも寒さを感じさせないために、暖房性能を向上させた。ハイXボーンフレーム構造は、ボディーのセンタートンネル高さが高く、エアコンユニットのレイアウトに苦慮した。通常では、助手席前にグローブボックスを配置するのだが、S2000ではセンターコンソール後方に設置することにより、エアコンユニットのスペースを確保した。冬の寒いときにオープン状態で走る場合、腰や太腿を暖めること

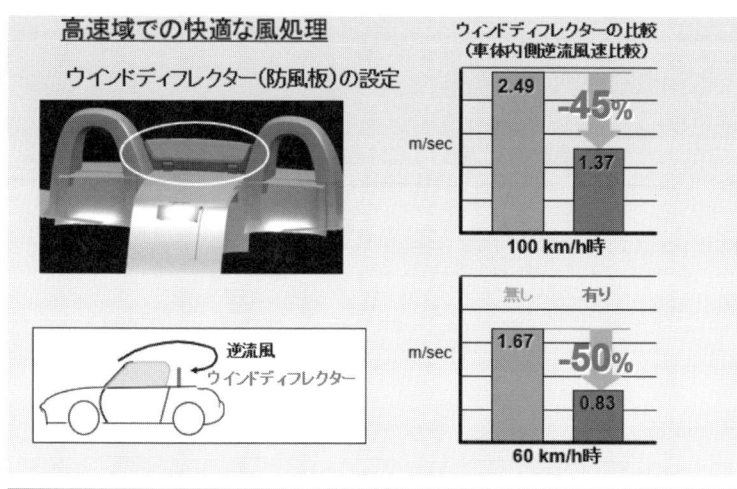

ウインドディフレクターで逆流風を低減　乗員の後ろから巻き込んでくる風は不快なものであるが、ウインドディフレクターを設定することで、逆流風を低減することができた。

ウインドディフレクターの高さの調整　実際に搭載したウインドディフレクター。ディフレクターの高さも効果的な高さに設定し、透明なものとして、視界の邪魔にならないようにした。

により、快適なドライビングが可能となる。どのようにそれを実現していくか？　そこがこの案件の大きな課題であった。

いくつかの議論を重ねる中、ある空調の担当者が、インパネの中央下部にミドルアウトレットを設定して、腰下に温風を当てるのはどうかという提案が出てきた。このアウトレット案は即実行しようということになり、レイアウトの検討を行なった。

ただし、このミドルアウトレットの後ろ側はかなり狭いエリアで、いろいろな部品が存在していた。そこにある断面を持ったダクトを設置するのだから、様々な領域の部門との整合が必要になった。もともとスポーツカーなので、天地高（上下の高さ）も低く、インパネの上下高も低くデザインしてある上、ボディー剛性のために、センタートンネルの高さを高く作っているので、かなりの難題があるのは想像されると思う。

しかし、何とかこのシステムを実現すべく、各部門ともミリ単位の設計レイアウトを調整し、このダクト配置を成立させたのである。

この結果、エアコン側の送風モード切替スイッチでオープンモードを選択すると、従来の足元の吹き出し口に加え、追加したミドルアウトレットからは、温風がシャワーのように配風され、腰下を温めることができることになった。この発想は腰下を温めれば、下半身はとても暖かく、頭部分

は少し冷たく、「まるで冬の露天風呂の温泉に入っている感覚だね」とか「こたつに入っている感覚」と、チーム内でも冗談交じりに話し、このモードを「温泉モード」とか、多くは「こたつモード」などと言っていた。

正式にはこれをオープンモードと称するようになり、このモードの暖房効果を定量的に解析するため、人体に60個の温度センサーを用いて、温度分布を測定したところ、腰から胸付近まで暖められることを確認し、冬のオープン走行時の暖房性能を大幅に向上することができた。

また、寒冷地での車両評価を行なった際も、氷点下以下の雪の中でオープン走行を行ない、オープンモードの有効性と、開発の狙い通りの暖房性能を有していることを体感することができたのである。

## □ 空調配風性能
### ハイ " X " ボーンフレーム対応 高性能高効率パッケージ

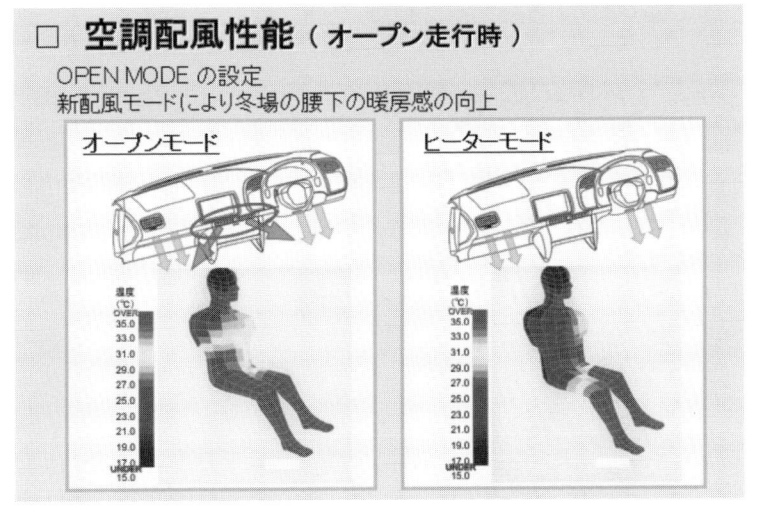

**コンパクトな空調ユニットの開発**　空調システムも現代の自動車としては欠かせない装備。スポーツカーの場合は車高が低く、インパネの後ろに空調ユニットのスペースが確保できるかが問題となる。S2000はこの狭いスペースにあわせて、コンパクトなユニットを開発した。

**腰下を暖かくする " 温泉モード "**　いつでもオープンで走ってもらえるように、設定したオープンモード。ミドルアウトレットから温風を出して腰下をとても暖かくすることで、冬でもオープンで快適に走行できるようにした。図のサーモマネキンの温度分布が示す通りで、腰下を中心に暖めることから " 温泉モード " とチームでは呼んでいた。

## □ 空調配風性能（オープン走行時）
OPEN MODE の設定
新配風モードにより冬場の腰下の暖房感の向上

# 衝突安全

高井 章一

## ■S2000開発チームへの合流

1997年にフルモデルチェンジした新型プレリュードの前面衝突主担当としての業務が一区切りついた頃、S2000の安全領域のPL（プロジェクト・リーダー）に任命された。次なるステップとして衝突安全全体を束ねる仕事を希望していたのだが、それがかなったうえに、全世界向けに販売する予定の、本田技研工業創立50周年記念スポーツカーに関われるということで、大いに奮い立った。

余談だが、当時の研究部門の平社員は、大きなテーブルの両側に3人ずつ計6人で座っていたが、PLになることで個人机がもらえたことも、個人的にはちょっとうれしかった。

毎週行なわれている開発チームの定例会に出席するために、チームに与えられている会議室に入ると、開始時刻に対し、少し早すぎたせいかまだ誰もおらず、とりあえず目についた席に腰掛けて待つことにした。「チーム部屋」と呼ばれる当時の会議室は、建物の中2階に位置しているためか天井が低く、蛍光灯の照明も暗めで、独特の閉そく感に包まれていた記憶がある。

しばらくすると、他領域のチームメンバーがポツリポツリと集まってきたが、ほとんどの人はなぜか部屋の壁側にある私より後ろの席へと腰掛けていく。どうやら自分のような若手の座る場所は、ここではなかったかなと遅ればせながら感じだして、席を移動しようかと思い悩んでいるうちに、ついにチーム首脳陣が入ってきて席が埋まってしまった。あまり広くないテーブルをはさんだ自分の真正面に、なんとLPL（ラージ・プロジェクト・リーダー）の上原繁さんが座ったのである。

入社前に見ていたテレビに、NSXのLPLとして登場して、ブラウン管の向こうで語っていた超有名人が目の前に座ってこちらを見てやさしく微笑んでいる（ように見えた）。完全に舞い上がって

しまって、どんな自己紹介をしてどんな抱負を述べたのか全く覚えていないが、この人たちとこれから一緒に仕事をするのだと感じたその瞬間は、今も脳裏（のうり）に深く焼き付いていて、S2000のことを尋ねられた際には必ずそれを最初に思い出す。

## ■10年間の進化に通用するクルマにしたかった

S2000を企画した当時、世の中のクルマにおける衝突安全法規やアセスメント（NCAP：New Car Assessment Programなどの第三者評価試験）の進化は、近年よりもむしろ早いほどのスピードで進んでいた。

北米や欧州をはじめとする全世界的な衝突安全法規の基準強化の大波により、生産を続けられないモデルが出てきそう、との声もちらほら聞こえて来ていた。グループのミーティングでそのような情報に接するたび、残念な気持ちになり、何か自分の責任でもあるかのような申し訳なさを感じたりすることもあった。

そのような状況を踏まえて、「新世代リアルオープンスポーツ」と銘打ったこのクルマの開発に携わるにあたっては、発売後10年間の安全基準進化に対しても通用するようなポテンシャルを備えることをコンセプトのひとつに設定し、長期にわたってホンダを代表する特別なクルマとして、顧客へ届け続けられることを目指した。振り返ってみると、最終的な販売期間は、1999年から2009年までの10年間であり、たまたまかもしれないが当初に思いを込めて設定した通りの期間を実現できたことは非常に喜ばしい結果となった。

## ■世界最高水準の全方位衝突安全性能

S2000の開発に当たっては、「新世代リアルオープンスポーツ」にふさわしい世界最高水準の衝突安全性能の実現が、大きなテーマとなった。当時からホンダは、衝突安全性能に関して「乗員の生存空間確保」を第一として、衝突後のキャビン変形を基準とする「クルマ中心の基準」だけで

なく、「人間尊重」を原点として、「乗員の傷害軽減」「歩行者の傷害軽減」といった「ひと中心の基準」にも重点を置いて衝突安全性能を追求している。その思想がホンダの安全技術の基本となるGコントロール技術に集約されている。

Gコントロール技術は、時代に即した高い安全性能を確保するために、人への傷害軽減をめざして、衝突時に発生するさまざまな衝撃（G）をコントロールする技術である。乗員の傷害軽減を目的とした「全方位衝突安全設計ボディー」と「乗員傷害軽減装備」、そして歩行者の傷害軽減を目的とした「歩行者傷害軽減ボディー」の3つがその柱となる。

「全方位衝突安全設計ボディー」では、ハイXボーンフレーム構造や、三つ又分担構造などを核にして、それ以外にもフロントピラーへの鉄のパイプを溶接した二重構造の鋼管の内蔵や高強度ロールバー、ツインドアビームの採用などを行ない、前面フルラップ衝突（55km/h）、前面オフセット衝突（64km/h）、側面衝突（50km/h）、後面衝突（50km/h）への対応、そして横転事故における生存空間の確保にまで配慮している。

「乗員傷害軽減装備」では、前面衝突時の乗員のGを最適にコントロールする3点式ロードリミッター付プリテンショナーELRシートベルトと両席SRSエアバッグシステム。側面衝突時の乗員のGを最適にコントロールするドア内蔵衝撃吸収パッド、頭部衝撃保護インテリアなどを採用した。

「歩行者傷害軽減ボディー」では、万一の衝突時にワイパーピボット（回転中心）を壊れることで、生命に関わるダメージを最も受けやすい歩行者の頭部傷害の軽減に配慮している。

### ■前面衝突安全性能

前面衝突安全性能を評価するための基準は、事故の実態調査の結果を考慮して決定した。次頁中段に示すように、実際の前面衝突事故の95%は、55km/h以下の速度で発生している。これをもとにして、バリアテストに置き換えた場合の基準テストモードを選定した。

乗員の生存空間確保にとって、厳しいとされる車両対車両の55km/hでのオフセット事故に対しては、その再現テストとして、欧州法規速度56km/hを上回る64km/hでの前面オフセット衝突テストとした。また、乗員の傷害軽減にとって厳しいとされる車両対車両の55km/hでのフルラップ事故に対しては、その再現テストとして日本および米国の法規速度50km/hを上回る55km/hでの前面フルラップ衝突テストを基準とした。

具体的な対応手法と達成した成果については、前述したので、ここでは割愛する。

### ■ロールオーバー事故への対応

オープンボディーで最も注目される、ロールオーバー（横転）時の生存空間の確保に対しても、S2000は高い安全性を目指している。

重心の低いスポーツカーが実際の事故で転がることなどあるのか？　と疑問に思う方には、盛り土された道路からの滑落や、もしくは田んぼへの転落などを想像していただくと良いかもしれない。

具体的には、座席の後部に直径38mm厚さ2mmの高張力鋼管を使用した高強度ロールバーを設置し、万が一車両が裏向けになった際の生存空間を確保した。また、フロントピラーには二重構造の鋼管を内蔵させることで強度アップを図っている。S2000は、本来クローズドボディーに対する基準であり、オープンカーには適用を免除されているルーフクラッシュテスト（FMVSS216）の米国基準をクリアし、全ての国で販売するモデルに対しても適用した。

ロールオーバー事故への対応に関する目標基準を定めるには課題があった。オープンカーのロールオーバー事故を想定した法規やアセスメントは無く、たとえば安全先進国とされていた米国製のオープンカーに、座席の後ろにロールバーを設定しているモデルは、当時ほとんどなかったのである。ホンダには、「他社が対応していないことだけを理由に、自分たちも対応しなくて良いとは決してしない」という方針が、当時から今日まで伝

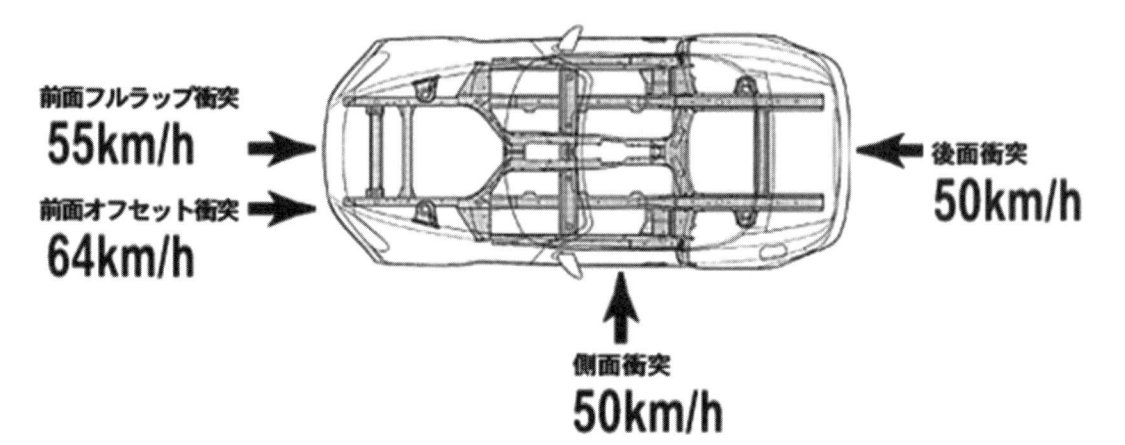

前面フルラップ衝突
**55km/h**

前面オフセット衝突
**64km/h**

後面衝突
**50km/h**

側面衝突
**50km/h**

**全方位衝突安全設計ボディ** ホンダの伝統的な安全コンセプト。どの方角からの衝突事故に対しても乗員の生存空間を守るという思想。

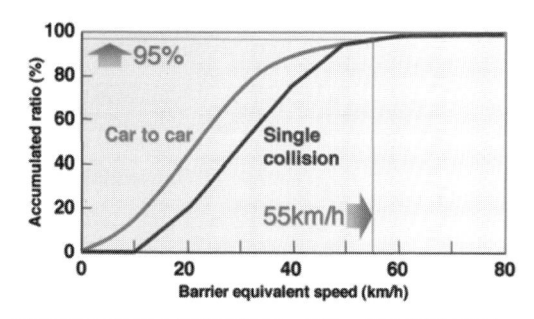

**前面衝突の事故実態調査結果** 現実の衝突事例を調査した結果、前面衝突では 55km/h 以下の衝突が 95％であるという。そこで前面衝突では 55km/h での衝突テストに対応すれば実際の事故の 95％ をカバーできることになる。

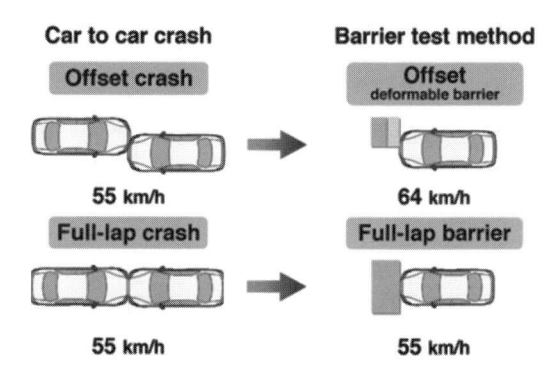

**実際の衝突事故をバリア衝突テストモードに変換** 再現テストでのスタディの結果から、55km/h の車両対車両のオフセット事故は、64km/h の前面オフセット衝突テストに相当するとされている。

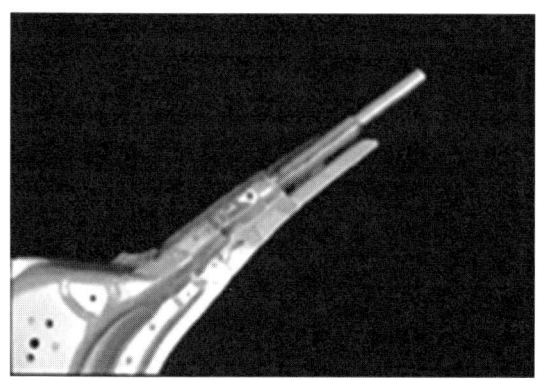

**二重鋼管内蔵フロントピラー** 効率的にフロントピラーを強度アップするため、フロントピラー断面内に二重の高強度鋼管を内蔵することで、ロールオーバー時のピラー強度を確保した。

**ルーフクラッシュテスト（FMVSS216 米国基準）のテスト風景** S2000 はオープンカーであるため、ロールオーバー時はフロントピラーが荷重を受けることになるため、写真のように、フロントピラーに荷重をかけたテストとなる。オープンカーには達成が困難として基準適用を免除されているが、S2000は基準をクリアしている。

統として受け継がれている。「基準は自分たちで
つくる」とはいえ、限られた情報の中で自分たち
の目標値を定めるのは非常に難しい。

　ある時、その方向性についてプロジェクトチー
ムと研究部門とで議論の場を持つことになった。
プロジェクトチーム側からは上原LPL、研究部
門からは安全領域のトップである岡克己（おか・
かつみ）ECE（エグゼクティブ・チーフ・エンジニ
ア）が出席した。ミーティングの冒頭では極めて
張り詰めた空気が流れ、「息をするのも苦しいと
いうのはまさにこういう状態を指すのだな」と考
えながら、両先輩たちの意見に耳を傾けていたの
を思い出す。まさに両巨頭による「頂上対決」か
なといったことも考えながら、おそるおそる自分
の意見も述べたりしていた。

　議論は哲学的なやりとりも含めながら推移し、
最終的には結論にたどり着き、拍子抜けするほど
なごやかに終了したのは、両者とも純粋に技術的
な想いを、常に前向きな意見としてぶつけ合って
いたからかなと感心し、これもホンダらしさのひ
とつかと実感した。

　その後、目標基準を定めて開発が始まり、実際
にテストをする段階に入ったのだが、強度アップ
に使用した鋼管自体はわずかな変形しかしなかっ
たものの、それをボディーに取り付けていたブラ
ケット類が耐えられず変形してしまった。

　当時はこれらの事象の解析に対して有効な
CAE（Computer-Aided Engineering）ソフトもな
かったことから、担当者とホンダ流“KKD（勘と
経験と度胸）”も駆使してトライ＆エラーを繰り返
して、ようやく目標を達成した記憶がある。

## ■S2000の衝突安全性能の開発をふりかえって

　私は、大きくなったら発明家か医者になりた
かった。たいした理由ではない。親から与えられ
て初めて読んだ本が、エジソンと野口英世の『伝
記』だったからだ。子供ながらに感動し、いつか
自分もそんなふうになりたいと単純に考えてい
た。しかし、成長するにつれ、実際には発明家と
いう職業は無さそうだと知り、自分には医者にな
れるほど勉強はできなさそうだと気づいて、いつ
しかそのことは忘れてしまっていた。

　ホンダに入社して衝突安全を研究する部門へ配
属されてしばらくたった頃、ふと“人の命を救う
ために新しい技術を開発（発明）する”という今
の仕事は、考えてみれば「幼いころの夢の延長線
上にあるかもしれない」と思い至り、ひとりで勝
手に胸を熱くして、“運命”などという言葉を思
い浮かべていた若き日を思い出す。

　それから、“世界のどこかで、見知らぬ誰かの
大切な人の命を救い、その人たちの幸せを守る手
助けをすること”をモチベーションとして、この
仕事に取り組んできた。

　その中で、S2000は自分にとっては初めてPL
（プロジェクトリーダー）を任された記念すべきモ
デルであり、「新世代リアルオープンスポーツ」
にふさわしい世界最高水準の衝突安全性能（今思
えば、“若さゆえ”少しやりすぎたかなと思うほど）
を仲間たちと共に達成できたことを誇りに思うと
ともに、改めて私たちが苦労して開発してきた安
全に対するさまざまな技術が、S2000を愛好して
くれている、どこかの誰かの命を救ってくれてい
ることを祈りたい。

# VGS開発
## （新ステアリングシステム基礎研究）

清水 康夫

### ■着想の原点はゼロ戦と２輪

　私の故郷に、堀越二郎という人がいた。この人は零式艦上戦闘機、いわゆるゼロ戦の設計者である。後に日本の旅客機設計の草分けとなり、大学で航空工学の教鞭をとっていた人物である。幼い頃からの憧れのエンジニアであり、常に私の心のどこかで息づいていた。

　彼の学位論文は「人の操縦する飛行機の飛行性の改善に関する研究－昇降舵操縦系統の剛性低下方式－」であり、ゼロ戦に搭載された操縦系統について理論的に考察したものである。この操縦系統は、操縦桿で昇降舵の角度を調整するケーブルの剛性を規格値よりも下げて、昇降舵に作用する力が大きいときのケーブルの伸びを積極的に利用して、操縦桿の傾き角に対する昇降舵の傾き角の比率、つまりギヤ比を大きく（スロー）にすることで可変ギヤ比を達成させたことが特徴である。後にアメリカにあるコーネル航空研究所が、シミュレーターを使ってその操縦性の優秀さを立証し、彼が大層喜んだという記事を読んだことがある。

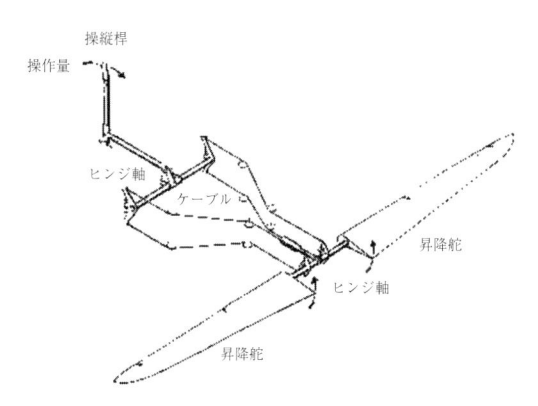

**ゼロ戦の昇降舵操縦系統**　操縦桿を前後に押し引きすると、ヒンジ軸が回転しケーブルを引き昇降舵のヒンジ軸を回転させ、昇降舵の向きを上下方向に回転する。これにより航空機を昇降制御する。ゼロ戦はケーブルの剛性を標準値より大幅に下げて、昇降舵にかかる荷重が大きくなるとケーブルが伸び、操縦桿と昇降舵の動作比率（ギヤ比）をスローにする、剛性低下方式により可変ギヤ比を達成した。

　私も運よくホンダでステアリングの仕事に就くことができたので、いつかはこのような技術の研究をしてみたいものだと考えていた。

　ちょうどNSX用のEPS (Electric Power Steering : 電動パワーステアリング) の開発が終了し、かねてから考えていた可変ギヤ比ステリングの開発を提案する機会に恵まれた。

　とりあえず、ステアリングに搭載できるギリギリの大きさで、車速に応じてステアリングギヤ比を変更できる機構を発案した。これは万が一、モーターが故障しても「ステアリング操作を可能にする」という設計的配慮から、基本的なステアリングの構造は残して、モーターを使ってギヤ比だけを変えられるよう工夫した。この機構はギヤ比を大きく変えることができたが、剛性が低いことが課題であった。しかし、EPSのアシスト比率を増大させるというアイデアで、この悩みから解消され、何とか実験を続けることができた。

　仮説を立てては試行錯誤を繰り返し、ある程度のところまでは見通しを立てることができたが、全体をまとめる段階の最後のところで納得できる結論までたどり着けない。「操舵における理想とは？」という命題に大きく立ち塞がれたからである。ことあるごとに、"ワイガヤ会議"を開き、この命題の解を探すために夜遅くまで議論を行なったことがなつかしい。ワイガヤ会議は、そもそもホンダが伝統的に行なっている会議で、みんなで集まって「ワイワイ・ガヤガヤ」言いたい放題の場を設け、既成概念や固定観念を超えた本音の議論をあぶり出し、想像を超えたアイデア出しや課題解決を目的に行なうホンダ独自のブレーンストーミング手法である。

　今までにも多くの難問解決に導いてくれたが、今回はそう簡単にことが運ばなかった。

　議論も行き詰まった頃、２輪（オートバイ）は、狙った方向に車体を倒して旋回する、いかに狙った通りに運転できるかが操縦性の善し悪しに大きく左右することが分かってきた。これを自動車に適用すると、ハンドルを行きたい方向、つまり狙った方向に回転させて運転できることが理想で

は？ という方向に議論が収束した。

そこで、アイマークレコーダという視点の位置を検出する小型カメラをドライバーの頭に搭載して、ドライバーはどこを見てどのように運転しているのかを観察してデータ化した。1年くらい調査した結果、分かったことは、「ドライバーはおおむね1秒先（予見時間）を見て運転している」ということである。ここからいえることは、車速が遅い場合は近くを見て、速い場合は遠くを見て運転している。例えば、交差点では速度が低いので、10〜20km/hとすると、これを秒速に変換して2.8〜5.63m/秒であるから、1秒先では2.8m〜5.6m先を見ている。つまり、進行するに従って交差点の入り口から、出口あたりを見ていることになる。

また高速道路では、例えば100km/hで走行しているとすると、これは27.8m/秒であるから、おおむね28m先を見ていることになる。

この見ているところ（注視点）で、狙った方向、つまり行きたい方向（注視角）にハンドル角を合わせるように運転できたら、ということでギヤ比を決めると、交差点では、ハンドル角で90度も切れば操作できるようになり、逆に高速道路では、レーンチェンジするのに5度くらいとなり通常より大きい操作が必要になる。

このようにしてギヤ比を車速に応じて変化させたのが「可変ギヤ比」である。

このことを“ヨーレイトゲイン”という専門用語を使って別の言い方をすると、次のようになる。その前にこのヨーレイトゲインについて説明する。ハンドルを操舵してクルマが旋回するときの運動を“ヨー”といい、このときの旋回速度を“ヨーレイト”という。そしてクルマの旋回しやすさの指標として、このヨーレイトを操舵時のハンドル角で割った値を“ヨーレイトゲイン”という。つまり、ヨーレイゲインが大きいとクルマの応答が速く機敏な旋回と感じ、小さいと応答が遅く鈍重な旋回と感じる。この指標を用いると、「ヨーレイトゲインが極低速を除いては、おおむね一定である」とも言える。ギヤ比が一定の普通

アイマークレコーダ装着
注視点
注視点移動軌跡
小型カメラ
視点位置計測イメージ

**アイマークレコーダの映像** ドライバーの眼球運動を計測しその映像を VTR に記録したもの。画面中央付近の十字マークがドライバーの注視している場所を示している。

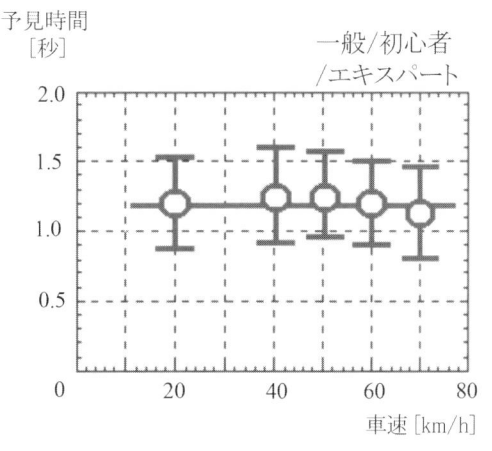

**注視点に到達するまでの時間を測定した実験結果** 注視点に到達するまでの時間、つまり予見時間を測定した実験結果である。〇印は予見時間の平均値、縦線は平均値からの標準偏差である。

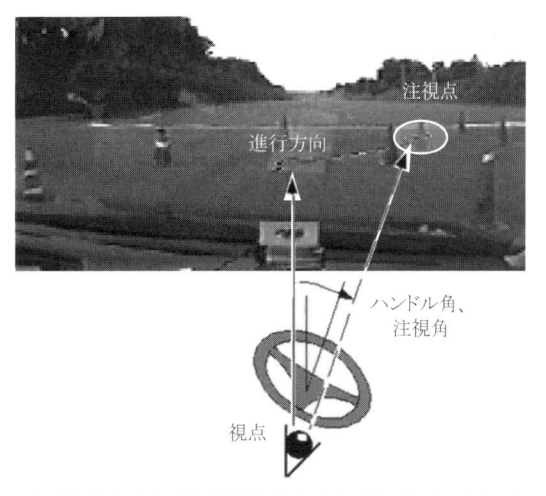

注視点
進行方向
ハンドル角、注視角
視点

**ハンドル角を合わせる様子を示すイメージ** 見ているところ（注視点）で、狙った方向、つまり行きたい方向（注視角）にハンドル角を合わせる様子を示すイメージ。（ハンドル角）≒（注視角）である。

の自動車は、このヨーレイトゲインが車速によって大きく変化するが、60〜80km/hくらいで走行しているときには、ハンドル操作（角）とヨーレイトの関係に一体感を感じ気持ちよく運転できる。

これは、ドライバーが操作するハンドル角とクルマの挙動である旋回速度の関係がちょうど良い、つまりヨーレイトゲインの値がちょうど良いところにあるからだ。同じハンドル角に対して旋回速度が速すぎると、ヨーレイトゲインが大きすぎ俊敏すぎる動きとなり、逆に旋回速度が遅いと、ヨーレイトゲインが小さすぎもの足りないハンドル操作感となる。ここに注目して、車速が変化しても、常にこの60〜80km/hくらいのヨーレイトゲインになるように設定するのがポイントである。つまりドライバーは、車速に関わらずハンドル操作とクルマの旋回運動に一体感を感じ気持ちよく運転できる。これを実現するためには、少なくとも車速センサーの信号を使ってギヤ比を変化させる必要があり、この可変ギヤ比ステアリング装置を、略してVGS（Variable Gear-ratio Steering）と呼ぶようになった。

構造は異なるが、おそらくゼロ戦もそのように運転できるのではないか？　と胸躍らしたことを記憶している。もちろん操作したことはないので、そうあってほしいという願望である。

## ■世界初のVGS量産化を決意した瞬間

VGSはS2000 Type Vに搭載され、世界に先駆けてホンダが量産した。

前述したように、見ているところで狙った方向にハンドル角を合わせるように運転できるようにするには「ヨーレイトゲインがおおむね一定」にする装置を開発する必要がある。

低速走行時には、ギヤ比を小さく（クイックに）、逆に高速走行時には大きく（スローに）して、例えば車庫入れのような場面ではハンドル操作量を少なくし取り回し性を向上させ、高速走行場面では、ハンドル操作に対する車両挙動を穏やかにすることで安定性を向上させる。これらの相反す

る特性をバランス良く成立させるギヤ比を求めることが研究課題であった。

1990年頃から本格的に研究が開始され、それから5、6年くらい経過した頃のことである。VGSとして「大体のところまで完成できたかな」という段階まで技術ができ上がっていた。

時代背景でいうと、1990年頃からいわゆるバブルが崩壊、売れるクルマの主流はセダンからより実用的なミニバン、RVに移行して、市場はすっかり様変わりし、セダンやスポーツカーの市場は、苦戦を強いられていた。

この状況を鑑みれば、会社とすればVGSの研究などは早く止めさせ、RVの研究へシフトさせたいと思うのは当然のことであった。通常のステアリングとは、ギヤ比特性が異なる装置なので、研究すべき技術としての優先度は低いものされていたからだ。しかしVGSの開発者らは、EPSの次の操舵装置として、取り回しの良さと安定性の高さで次世代の重要な技術と位置づけ、ミニバンやRVにこそ必要な技術であると信じて疑う余地もなく実用化に邁進していた。

1996年の冬のことである。北海道の旭川市街から20km程離れた鷹栖町にあるプルービンググラウンド（テストコース）で寒冷地での役員による試乗会が計画され、そのことでVGSに転機が訪れたのである。この試乗にVGSを搭載した研究用実験車の出品依頼が舞い込んできたことが、ことの発端である。

いつもなら研究所メンバーによる試乗であったが、今回は本田技研工業社長の川本信彦さんが試乗されるということなので、台所事情を考えると、これで開発に終止符を打たれることも覚悟しての試乗会であった。

当日のテストコースは、前夜の猛吹雪とは打って変わって、あたり一面まぶしいばかりの銀世界で、どこまでがコースでどこからが雪壁なのかを見通すのが難しい状況であった。

刻々と変化する悪天候の中で新雪、圧接、凍結路、わだち路などを探して、いかなる走行場面であっても破綻しないで思い通りに気持ちよく操作

できるVGSのギヤ比とEPSの操舵反力をマッチングさせるために、前日夜遅くまで、皆が頑張ったことが功を奏して絶好調の仕上がりで試乗会を迎えることができた。

雪上での高速走行コースとワインディング路は、カウンターを当てながらのドリフト走行をしなければ通過できない、限界ギリギリのラインどりをして運転のしやすさを評価するものである。うっかりしてコースを見間違えたり、速度を出し過ぎたりすると、慣れないクルマでの一瞬の遅れが命取りになり、雪壁に激突というような場面も予測され内心穏やかではなかったが、特に大きな問題も無く試乗を終えた。

しかし川本さんは、試乗後もしばらく運転席に座っていたので、同乗していた私も隣の席でじっとしていると、川本さんから切り出された言葉は、予想と反するものだった。

「これいいね。俺は量産したいんだ。創立50年車のS2000でやってくれないか」だった。一瞬耳を疑ったが、すかさず私が発した言葉は「申し訳ありません、量産はできません。これは世界初の技術なので、今までのようにはいきません、まだやることがあります」だった。

私が言い終わったあとで、川本さんはしばらく考えた様子だったが、そのあとで「よしわかった。技術は清水さんに任せた。それ以外は俺がやる」と言って、にこっと笑って立ち去った。

何のことやら釈然としないまま、翌日会社（栃木研究所）に出社したところ、待ち構えていた上司に、ことの次第を聞かされた。川本さんに呼び出され、「VGSは面白いけれども、開発者は量産できないと言っている。何とかできないかね」と言われたので、「できる」って言ってしまった。さあどうすれば量産できるか一緒に考えよう、ということになった。

この出来事から、世界初のVGS量産化に向けて大きく舵が切られることになったのである。

■ **運転しやすさの第三者検証の旅**

VGSは世界初のシステムである。運転しやす

さという観点で第三者検証が必要、ということになった。ターゲットになったのが元F1ドライバーやアメリカの研究機関と大学の専門家（教授）である。

それぞれの専門家は、自動車の運動性能や操縦性の観点から、限界走行時も含めて人が運転しやすい自動車を研究テーマとして取り組み、その分野では知らない人はいない、その論文を読んだことがない人はいないほど、定評のある人達だ。

元F1ドライバーと専門家をそれぞれ別の日に鷹栖プルービンググラウンドに招き、VGS搭載車に試乗してもらうことになった。

元F1ドライバーの試乗目的は、もちろん、限界走行時の運転のしやすさと違和感についての感応評価である。この結果は高評価を得た。F1は、もともと超クイックなギヤ比が普通であるので高速走行時にスローになるのはむしろ歓迎されることであった。あまり知られていないが、このことがきっかけとなり、EPSとVGR（Variable Gear Ratio：ハンドルセンターのみスローにして舵角に応じてギヤ比がクイックに変化するラック歯構造をもつステアリング装置）の組み合わせをF1用に検討することになった。そしてこの技術は、1997年発売のアコードに、世界初の新EPS＋VGRとして量産された。

一方、専門家による試乗目的は、将来このVGS車を市場に出したときに予測される課題について議論をするためである。

最初はおっかなびっくりであったが、30分もしないうちにすっかり慣れてきて大盛り上がりになった。特に、専門家たちの目を引いたのが、低速走行時にはハンドルをグルグル回さなくても良いことと、高速走行時にはハンドルを切り過ぎないようにしっかり身構えて運転する必要がないことであった。

通常のクルマは、車速によって運転感覚が大きく異なり、この感覚を学習しないと運転が上手くできないことを彼らは知っていたからである。

それはそれとして、彼らは思いつくまま待機室に用意されたホワイトボードにぎっしりと課題を

実験風景　VGSを搭載した実験車による、ドライビングシミュレータのセッティング風景。

異形ハンドルによるテスト　ドライビングシミュレータによるVGS車（異形ハンドル）の実験風景。

ロサンゼルスの共同研究機関における打ち合わせ風景

ハリウッド市街での実走風景（左から通常車、VGS車）

市街地にて筆者自身でVGS車を運転

運転交代時に操作性について議論を重ねる（左から通常車、VGS車）

フリーウェイの脇道に駐車して、運転を交代するとともに操作性について検討する様子（手前から通常車、VGS車）

テスト走行　サンタマリア地区の空港ホテルの駐車場を起点にして、市街地とその周辺をVGS車にて走行。

書けるだけ書きまくった。後に書かれた課題から彼らの研究テーマが決まるとは、誰も知る由もなかった。

　議論の末、結局、ギヤ比が車速で変化するところに論点が注がれた。ブレーキを掛けながらのハンドルを操作する場面、加速しながらのハンドル操作による場面を選定してシミュレーションによる運動解析と、不測の事態を想定した場面をドライビングシミュレーターで再現し、被験者の行動と運転成績を測定するというものであった。例えば、片手で携帯電話を持って通話しながらの運転中に突然障害物が出てきて緊急ブレーキを掛ける、そのとき1輪を凍結路に載せてしまった、というようなシミュレーターならではの、考えられる精いっぱいの場面を設定して通常のクルマとVGS車を比較した。もちろん、被験者は、性別、年代、様々な運転経験などを考慮し人選された一般の人々である。

　これらの検証作業も終盤を迎え、最終的に実走によって自らが体験しクルマ全体での操舵フィーリングを納得（検証）することとなった。

　インテグラをベースにVGSを搭載して、通常のインテグラと比較しながら、HRA（Honda Research of America）のすぐ近くに位置する共同研究機関を拠点としてロサンゼルスから北に向かってソノマ郡の山岳部を目指した。

　代わるがわる運転をしながら、ロサンゼルスのハリウッド市街の交差点を通り抜け、郊外、フリーウェイを通り、その日は、サンタマリア地区の空港ホテルに宿をとった。

　翌朝、空港ホテルを拠点として市街地を一巡した後、サンフランシスコのゴールデンゲートブリッジを渡り、ソノマ郡のボデガ湾岸線を走行して目的地にたどり着いた。

　ボデガ湾は、突如狂暴化した鳥の大群に襲われる人々の恐怖を描いたアルフレッド・ヒッチコック監督の映画、「鳥」のロケ地であることで有名になった街である。

　このあたりの山岳部は、カリフォルニアワインの発祥の地でもあり一面に広がったブドウ畑の間

サンフランシスコのゴールデンゲートブリッジを渡って栃木研究所のエグゼクティブチーフエンジニアの佐野彰一氏と

共同研究者とヒッチコック監督の映画「鳥」に登場する学校前で

ブドウ畑横にてVGS共同研究者、D.H.Weir氏との2ショット

を縫うように、曲がりくねった砂利道や舗装路、トラクターの通ったわだち、割れ目、段差などが残されたままになっており、シミュレーターで行なった実験を実践できるばかりか、クルマを止めれば、そこが休憩所にも、ちょっとした会議場所にもなる絶好のロケーションであった。

これらの検証作業により、運転しやすさに懸念を持つ者はいなくなったのである。

VGSを搭載したインテグラで様々な走行場面を経験し、課題の抽出と対応策の具現化と見通しを得て基礎研究を終了した。

基礎研究ではFF(Front engine Front drive)方式のインテグラを実験車として用いたが、以降は、進行中のS2000開発チームと合流して、量産立ち上げに向けて、FR(Front engine Rear drive)方式の先行車(BWW)に搭載してより詳細な検討に移行した。

# VGS開発
（量産モデル化へのチャレンジ）

渥美 淑弘　河合 俊岳

## ■VGS量産開発スタート

　S2000に可変ギヤ比ステアリング装置（VGS）を採用することは、いつの段階で聞かされたのか定かではないが、操縦安定性の技術者としてS2000の開発に携わっていたメンバーが開発指示を受け、その中から私（渥美）が担当者として任命された。そもそも、VGSとは一体どんな狙いで開発された機構なのか、まず、それを知ることから仕事が始まった。

　早速、VGSの基礎研究（R研究）を行なっていたテスト系のメンバーと一緒に、VGSが搭載されたテスト車両（インテグラ）を試乗してそのステアリング機構の特徴を確認した。そこからVGSの特徴が最も効果的に感じ取れる操縦性とは、どのようなものかを考える必要があった。

　もちろん、量産車としての開発であるのでここで考えた構想は、実際に量産車に採用する機構として現実的なものでなければならない。先行するベース車の開発が、山場を過ぎて品質の熟成段階に差し掛かり、その車両特性もほぼ完成されていたので、VGS専用車（後のTypeV）としてベース車から変更できる部品の範囲も含めた検討を行なった。

　当時、直属の上司の平田肇（ひらた・はじめ）氏には、こんな質問をした記憶がある。

　「ステアリングシステムとしてこのような世界初の概念を採用するのだから、操縦性としても従来の概念にとらわれない発想で提案しても良いですか？」その時の答えは「操縦安定性さえ確保できていれば自由にやってみたらどうか」といったものだったと記憶している。

　実際、R研究で提案されたVGSのテスト車両の操縦性は"クイック"の一言であり、このままでは到底量産できないと感じられた。そこで、クイックな操縦性と安定性の両立ができるギリギリのステアリングギヤ比を設定することが、最初の業務になった。R研究段階では、FF車で開発を行なっていて、さらにハンドルの持ち替え操作をせずに運転できることを目指して、片側135度でタイヤがフル転舵状態になる設定（ロックtoロックがハンドル操作で0.75回転）だった。

　後で言及するが、この時のハンドル形状は飛行機のハンドル（？）に近いものを作成して走行テストを行なっていた。

　しかしFR車の駆動力によるヨーモーメントの発生（パワースライドなど）を考慮すると、このままではハンドル操作に対するクルマの応答性が、高すぎて運転しづらくなってしまう。このステアリングギヤ比の変更に際し、基礎研究部隊が大いに悩みながらも、追加のステアリングギヤ比・リダクション（減速）機構を発案し、その結果量産仕様としても十分にクイックで、操縦安定性も確保できる見通しが立ったのである。

　当時のホンダの量産車開発においては、このように基礎研究から提案されたものを、量産車の開発者観点でもう一度特性を検討して、当初の特性からは若干変更されることが往々にしてあった。そんな機能研究領域と、量産開発領域の技術者の交流も組織体制が変化した今となっては懐かしい文化の一つかも知れない。

　ともかく、これでステアリングギヤ比は決定した。あとは、そのギヤ比にふさわしい操縦性を設定するわけだが、コンセプトは「クイックなギヤ比を十分楽しめる、安定した操縦性」と決めた。

　そのため、最初に取り組んだのは車体のロールやピッチングの動きの低減だった。このような場合、一般的な手法はサスペンションのスプリングレートとショックアブソーバーの減衰力特性の変更である。まずはこの範囲でどこまで理想とする操縦性に近づけられるか、ここからトライ&エラーの繰り返しの日々が続くことになった。しかし、この作業には中々"光明"が差さなかった。

　そもそも、ベース車のスプリングレートとショックアブソーバー減衰力特性の組み合わせ自体が、相当なテスト確認の末に設定されたものであり、そのバランスを一から見直しして、別の最

適解を見つけることは容易ではない。実際、この難易度はトライした者しか理解できないかも知れない。

そこで、新たな部品を追加することにした。それは、ショックアブソーバーの内側に装着するスプリングである。このスプリングはサスペンションが伸びる側（リバウンド側）への動きを抑制する、いわゆるリバウンドスプリングである。ホンダでは、レジェンドのような高級車にしか採用していない、言ってみれば贅沢な部品である。

S2000のようなスポーツ性の高いクルマには設定したことがなかったが、車両の動きを劇的に変更するにはここに手を付ける以外、方法はないと考えた。

しかし、リバウンドスプリングの設定は、部品も追加になることから、若干車体重量も増してしまうので、設計担当者は簡単には承知してくれない。そこで、試作品である程度セッティングができたら、テストコースで一緒に乗り合わせをして、効果をアピールすることにした。

設計担当者の穂積豊佳（ほづみ・ゆたか）氏は、「僕が乗っても違いが分かるくらいじゃないと設計者としてこの変更は納得できませんよ……」、当時は皆、今よりずっと若かったので、こんなやりとりがあったと記憶している。

リバウンドスプリングの採用によって、車体の

ロールやピッチングの動きを抑制でき、車両の姿勢は安定した。その結果、より高い旋回Gで走行できるようになったのだが、その反面でタイヤの接地荷重の変化が大きくなるデメリットが顕在化した。要は、旋回中も姿勢が安定しているので、それまで以上に高い速度で旋回できてしまう。しかし、旋回中の接地荷重変化は旋回速度が高くなるに従って大きくなるため、結果的に旋回内側のタイヤの接地荷重が減少してしまうのである。

S2000のベース車の駆動輪には、左右駆動力の急激な変化を抑制するためリミテッド・スリップ・ディファレンシャル（LSD）が設定されているが、このVGS用の試作足回りで走行すると、高い旋回横加速度による旋回内側タイヤの接地荷重の減少によって、その旋回内側の駆動輪が空転し始める。LSD付きの車両で駆動輪の一方が空転すると、その瞬間に空転しながら駆動力を伝えているタイヤから、そのタイヤが伝達している駆動力にトルクバイアスレシオ（TBR：LSDの差動制限トルクの比を示した数値）を掛けた分の駆動力が、空転していないもう一方のタイヤ、つまりこの場合は旋回外側のタイヤに伝わることになる。

結果として、旋回中に内輪に対して外輪の駆動力が大きくなって、クルマを一層旋回させるようにヨーモーメントが生じることになる。

この現象は、ドライバーがコントロールできる

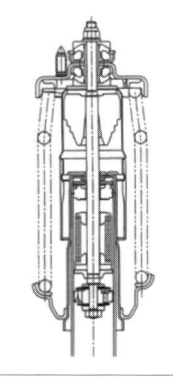

**S2000 typeV**

**ハイレスポンスとハイスタビリティの実現**

**TYPE V 専用サスを設定**

**ロール低減**

・ダンパーリバウンド減衰力アップ
　（フロント・リア）
・リバウンドスプリング内蔵ダンパー
　（フロント・リア）

**スタビリティ向上**

・専用スタビライザー

　　フロント　28.2×5.0t　→　27.2×5.0t
　　リア　　　27.2×5.3t　→　27.2×4.5t

・専用LSD

　　ドライブ　2.6　→　2.2
　　コースト　2.2　→　2.6

**type V サスペンションと仕様**　前後メインスプリングにリバウンドスプリングを内蔵させた、ダンパースプリングアッシー。また、それとあわせてスタビライザーのレート変更やLSDの特性変更などを施し、VGSの特性とマッチさせたハンドリング性能を実現した。

範囲なら運転を楽しむ要素の一つにも考えられるが、この時の車両挙動は楽しめる範疇（はんちゅう）を超えていた。

それまで非常に安定していた車両挙動が、この内側駆動輪の空転によって一気に不安定になる。特に路面の摩擦係数が低いときはなおさらである。そこで、内輪空転が生じた場合に発生するヨーモーメントを減らす手段を講じた。それは、LSDの効果を逆転させることである。通常LSDの特性を決めるTBRは加速（ドライブ）で大きく、減速（コースティング）で小さく設定される。VGS車両用のLSDは、この特性を逆に設定し、ドライブは小さく、コースティングは大きくした（LSDのTBR：加速2.6→2.2、減速2.2→2.6）この効果により、旋回中の駆動力によってコントロールが困難になるようなヨーモーメントの発生はなくなり、加えて強いブレーキングをしながらカーブに進入するような場合の安定性も向上した。

この結果、Type Ⅴは独自のステアリングギアレシオによる特有の操縦性を楽しめる車両にできた。

実は開発時、VGS基礎研究の清水康夫（しみず・やすお）氏から密かに、「乗り心地は、ベース車より悪くなってもいいからサーキットでは勝て」とかなり無茶に思える課題を設定されていたが、この課題にもなんとか対応できた（決して乗り心地を悪くして達成したという意味ではない）。

ここまではいわゆる、操縦性のハードウェア領域のセッティングに関しての記述である。

### ■さらなる課題への対応

量産車開発はこれ以降、ハードウェアが一応

セッティングされた状態で "量産車として性能保証ができているか" の実証実験段階に入ることになる。実証実験の主な目的は、量産車として遭遇するであろう、あらゆる場面でVGSシステム搭載車両が、既存のステアリング機構を持つ車両に対して、不安全な挙動を示さないこと。既存のステアリング機構を持つ車両と同じ感覚で運転しても不安を感じないフィーリングであること。これを "製造時のばらつき" まで含めて実際に確認することである。特に、図のようにVGSシステムは車速の変化によってステアリングギヤ比が大きく変化する。

例えば、カーブに進入した時、ハンドルをある角度で固定して走行する場合を想定する。実際、このような条件で走行することはよくあるが、その場合にVGSシステム搭載車はどのような挙動を示すか考えてみたい。

図中に1点鎖線で表示された線は、参考情報としてR研究時点のギヤ比設定を示している。さて、図中に二本引かれた実線のうち、下側が低速ギヤである。

設定した速度よりもゆっくり走行している時のステアリングギヤ比は、この低速ギヤ比となっている。この状態で、先に述べたようなカーブに進入する。その時、ハンドル（ステアリングホイール）を90度切った状態だったとすると、そこから減速した場合には何ごとも起きないが、逆にカーブの出口に向かって加速していくような場合、車速が上がるに従ってステアリングギヤ比が上側の高速ギヤ比に変化していく。ギヤ比が変化するということは、この場合スロー側に変化するのでド

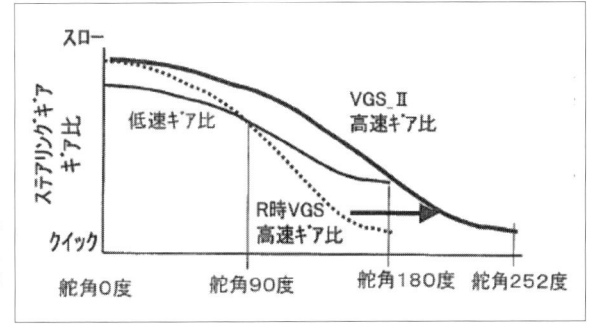

**可変ステアリングギヤレシオ特性**　図中に1点鎖線で表示された線は、参考情報としてR研究時点のギヤ比設定を示している。図中に二本引かれた実線のうち、下側が低速ギヤである。

ライバーは一定の力でハンドルを固定しているつもりでも、勝手にハンドルがどんどん増し切りされていくような感覚になる。

通常の運転感覚ならば、カーブの進入時に切り込んだハンドルを加速できる状態になったら、徐々に元の直進状態に切り戻す。熟練したドライバーならば、この動作をほとんど無意識に行なっている。ところが、開発初期段階のVGSシステム制御だと、この動作の正反対にハンドルが動くのである。当然、この現象をそのままにはできないが、さりとて車速に応じてギヤ比を変化させないと、VGSシステム本来の車速に応じてギヤ比が変化する特性が損なわれることになる。

この事象を前に、各開発領域のVGS担当者同士で対策を講じるため、様々な方法を検討した。VGSシステム搭載車、のちのType Vの量産品質熟成のための時間は、ほぼこのシステム原理にまつわる「ステアリング操作における運転感覚」の、従来車とのギャップ解消に費やされたと思う。その際、開発担当者として常に意識していたことが、所属部門の芝端康二（しばた・やすじ）氏からのアドバイスだった。「世界初のシステムを持ったクルマを開発しているのだから、従来のクルマの運転感覚と全く同じでは意味がない。違和感はあっても良い。だけど、不安を感じさせては駄目だ、そこをとことん考えることが重要だ」。

この考え方は、ホンダの技術開発史で芝端さんが記載されている「世界初は世界一」とも通じるホンダならでの考え方だと思う。言われた方は、その場では納得せざるを得ない。しかし、開発担当者として現場で様々な「世界初の現象」に遭遇すると、そうそう前向きにばかり取り組めるわけがない。特に、品質熟成段階では、研究所以外の様々な方面から、担当者へ関心の目が向けられる。シビックなどから比べると、実に少量しか生産しない特殊なクルマとはいえ、立派な量産車であるから、製作所（生産部門）からも品質の観点から色々な意見を頂いた。

話を先ほどの事象の対応に戻そう。VGSシステムの特徴を損なわず、さりとて従来の運転感覚

にさほどの不安感も与えない方法。それは、"ハンドルを切り込んでいる場合には、ギヤ比を変更しないこと"である。では、ハンドルを切り込まれた状態で、速度が変化したらどうやってギヤ比を変化させるかだが、それは"ギヤ比を変更しても、ハンドルの角度が変化しない範囲のハンドル角の時に急いで変化させる"ことで対処した。

言葉にするとこれだけのことであるが、これを想定されるあらゆる走行場面で検証していく作業には、大変な時間を割く必要があった。ホンダのテストコースだけでなく、小さなサーキットから本格的なレーシングコース、一般路も含めての走り込みを徹底して行なった。

この結果、「通常のステアリング機構の車両とは明らかに異なった操作感だが、不安なく思い通りに操縦できる」。そんな操縦性を実現できたと考えている。

### ■VGSの商品化と生産工程について

これまでVGSという新機構について、主に車両としての運動性を成り立たせるということを主体に述べてきたが、商品化を目指す上では、他にも新機構ならではの特徴的な出来事があったので、それらについても紹介していきたいと思う。

まず、世界初の新機構という特徴を、なんとか前面に押し出せないかという要望が出てきた。せっかくType Vという専用車を仕立てるのであるから、操縦性だけでなく見た目のデザイン性も特徴を押し出したい。

前述したように、R研究段階では、ハンドル形状はそれまでのクルマには無い、飛行機の操縦室で見るような形状であった。S2000の特性に合わせたギヤ比セッティングで、ロックtoロックは1.25回転にはなったものの、従来のギヤ比に比べると大幅に違うものであるし、事実上持ち替えすることなくハンドル操作はできるため、その特徴をアピールできるハンドルの形状にしたいという意欲が出てきた。

まずは、R研究で作った飛行機タイプ、そして楕円形状のデザインが検討された。飛行機タイプ

**ハンドルのイメージ（セスナ社デナリのハンドル）** 持ち替えの必要のないハンドルとしてイメージしていたのは、持つところが決まっていて、丸いハンドルから上下を無くしたものだった。

**量産仕様のD型ハンドル** 量産仕様のハンドルは、スケルトンにはならなかったが、シルバー塗装で下部にVGSのロゴが入る仕様となった。

は斬新で、コクピット周りの見え方も大きく変わって、従来車との違いを出すにはうってつけだったが、ハンドル形状だけでなく、操作系を含めたコクピット周りまで形状を変えるような大がかりなことになるため、検討から外された。

楕円形状もなかなか斬新ではあったが、そのままではメーターを隠してしまうため、飛行機タイプと同じように、メーター周りのデザイン含めて変えなくてはならず、開発期間もコストも成り立たない。また、エアバッグの展開時における、バッグの上方支持が不足するということもあって採用できなかった。

最後に残ったのがD型ハンドルである。形状だけでは斬新さが少ないことから、上部と下部をスケルトン構造にし、中の心金がうっすら見えるデザインが提案された。これは素晴らしかったのだが、製造上の課題解決が間に合わず、上部と下部をシルバー塗装とすることで最終形状となった。個人的にはあのスケルトンハンドルが量産できなかったのがなんとも心残りである。

いよいよ量産を控えて、組み立てライン上での検討会が始まった。VGSのギヤボックスは、（株）

ショーワ（後の日立アステモ）で組み立てられ、検査終了後、高根沢工場に納入される。ここでS2000の車体に組み付けられる訳である。

ここで大きな課題にぶち当たることになる。

VGSは、機構部のギヤ噛み合いの中心位置が厳密に存在する。少しでもずれると左右の操作にズレが顕著に出てしまう。

普通の組み立てでは、ギヤボックスを車体に取り付けてタイヤとラックジョイントで締結、ロックtoロックの真ん中でハンドルを取り付けてトー調整を行なった後、ハンドルの中立を調整、という流れをとる。構造上、ギヤボックス側の中心が多少ずれても許容できるからである。

しかし、VGSはこれができない。ギヤボックス側の中心がずれると左右の操作に影響が出るからである。ギヤボックスの中心がずれないよう、まずギヤボックスの中心を固定する。その後に左右のタイヤを車体に対して真っ直ぐになるよう調整、さらにハンドルを真っ直ぐに取り付けるという、ライン側に大きな負担を強いることになった。これらは当時の高根沢工場のフレキシブルなライン構成と、組み立てのエキスパートがいたか

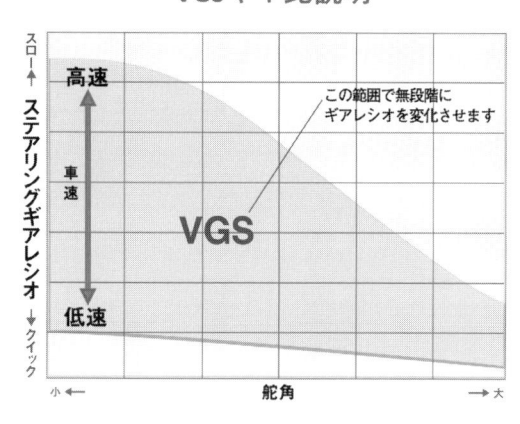

## VGSギヤ比説明

スロー↑ 高速
ステアリングギアレシオ
車速
低速
↓クイック

この範囲で無段階に
ギアレシオを変化させます

VGS

小← 舵角 →大

**VGS のギヤ比** VGS のギヤ比は、車速だけでなく舵角に応じても変化する。速度の高い領域では舵角を大きく切る必要がないため、ギヤレシオはスローの領域を使うことになる。

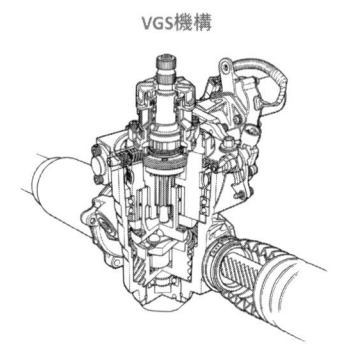

VGS機構

**VGS機構のカット図** VGS機構をカットした図であるが、ギヤ機構が複雑に重なっているので、一目みただけでは理解が難しい。

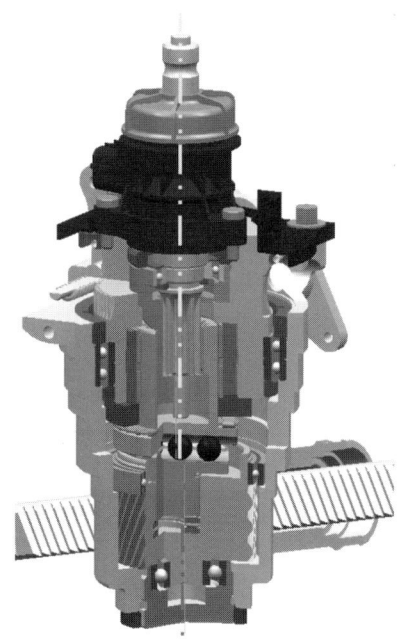

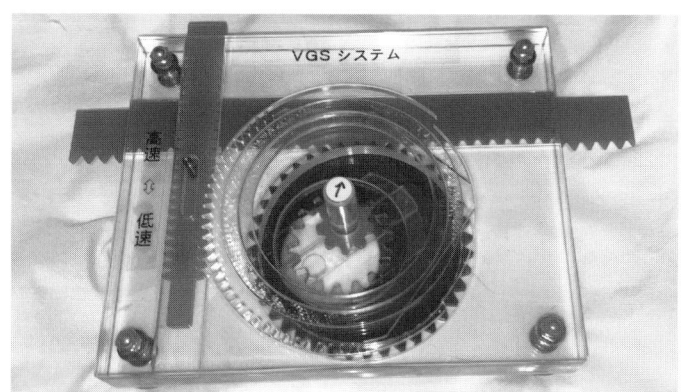

**VGS 機構説明用の模型** サービスマンの勉強会では、機構を上からみた模型が作成され、矢印の描かれた入力軸を回すと、左側の車速の位置によって、青いラックの動きが変化する様子を体感できる。

**VGS 機構の動画を作成** カット図だけでは、構造の理解が難しいため、サービスマンの勉強会向けに機構の動画をサービス部門で作成していただいた。

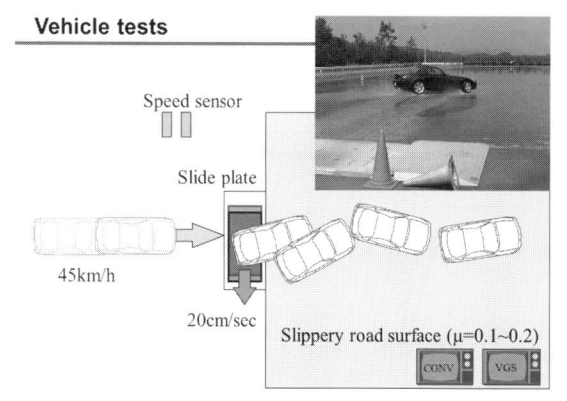

### Vehicle tests

Speed sensor

Slide plate

45km/h

20cm/sec

Slippery road surface (μ=0.1~0.2)

CONV  VGS

**VGS 性能比較テスト** ツインリンクもてぎのアクティブセーフトレーニングパークで、姿勢が乱されたときの操舵によるリカバリーのしやすさを通常車と比較した。

**リカバリーの様子（動画より）** Type V でのリカバリーの様子を切り取ったものだが、コースに入ったばかりにも関わらず、フル転舵状態のカウンターステアとなっているのがわかる。

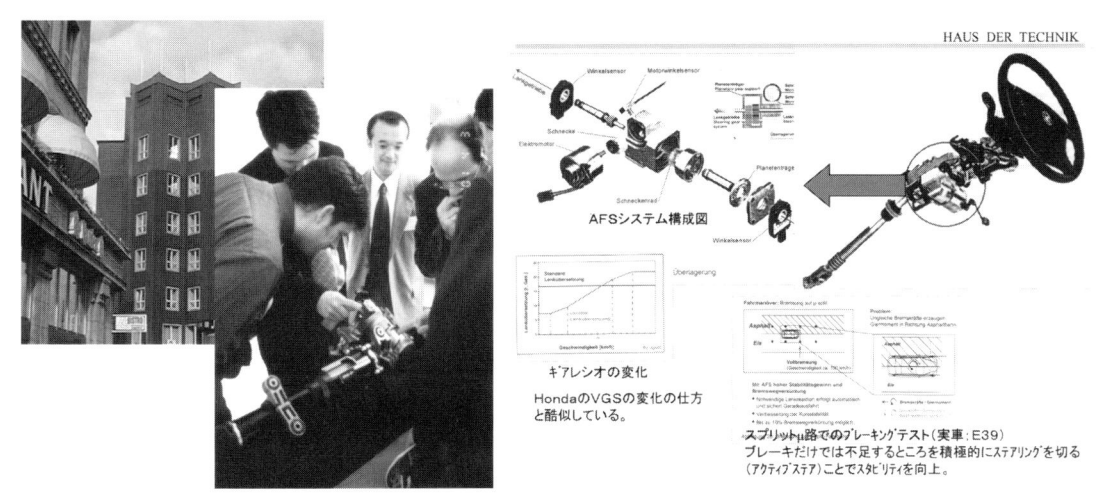

ドイツでの論文発表　ドイツ・エッセンでの論文発表後、VGS 機構のカットモデルの周囲に聴衆が集まってきた（中央が筆者）。

BMW 社の AFS システム　2003 年に BMW 7 シリーズに搭載されたギヤ比可変機構。VGS と異なり、コラム部分に可変機構が搭載されている。

らこそ、対応が可能となったということであり、ラインのメンバーには検討段階を含めて大変にお世話になった。

　今はその高根沢工場は閉鎖となって久しいが、近くを通るたびに思い起こされる。

### ■VGS の機構説明について

　さて、Type V が量産され発売されるとき、顧客と直接関わるのは営業マンであったり、サービスマンである。顧客からの質問に答えられるのはもちろん、整備するうえで性能や機構を理解してもらうことは重要である。

　VGS の原理的なものは、図で表して説明できても複雑な機構を理解して説明するのは大変である。

　サービス統括部門は、この新機構を理解してもらうことを積極的に取り組んでくれて、機構図に留まらず、部品配置や機構の動きをアニメーションで作成してくれた。

　また、VGS の機構を理解する上で、模型まで作成してくれた。

　VGS の性能は試乗してもらうのが一番であるが、試乗できる機会もそうそう得られるものではない。しかし、試乗できなくとも、VGS の特徴的な性能を映像でなら見せられるのではないか、ということで、ツインリンクもてぎのコースを使

わせてもらい、映像撮影を行なうこととなった。

　基本はハンドル操作角の違いを見てもらうようにコース設定したのだが、ツインリンクもてぎにある ASTP（アクティブセーフティトレーニングパーク）も利用させてもらった。ASTP には障害物回避のトレーニングを行なう設備があり、クイックな VGS の特徴を見せるにはうってつけだったのだが、映像を撮るときにちょっとした苦労があった。

　この設備は、滑りやすい路面に侵入する際、後輪がスライドプレートに乗ったときに左右どちらかにこのベースが動く。運転者は後輪が滑るのを抑えて、クルマを進行方向に戻すように操作するわけである。

　この設定が基本は FF 車を想定（訓練車はシビック）してあったので、S2000 のような FR 車が同じ設定で進入するとかなりのエキスパートでも立て直せない。FR 車で対応できるようにして、さらに VGS 搭載車と非搭載車で違いを出しつつ、ちゃんと立て直せる設定を見つけるのにかなりの時間を要した。おかげで完成した動画は、違いを見せるのに大きく役立ってくれた。

　S2000 TypeV の発売後、この世界初の機構と性能を知ってもらうために、国内外で多数の論文発表を行なった。ドイツの Haus der Technik（ハウ

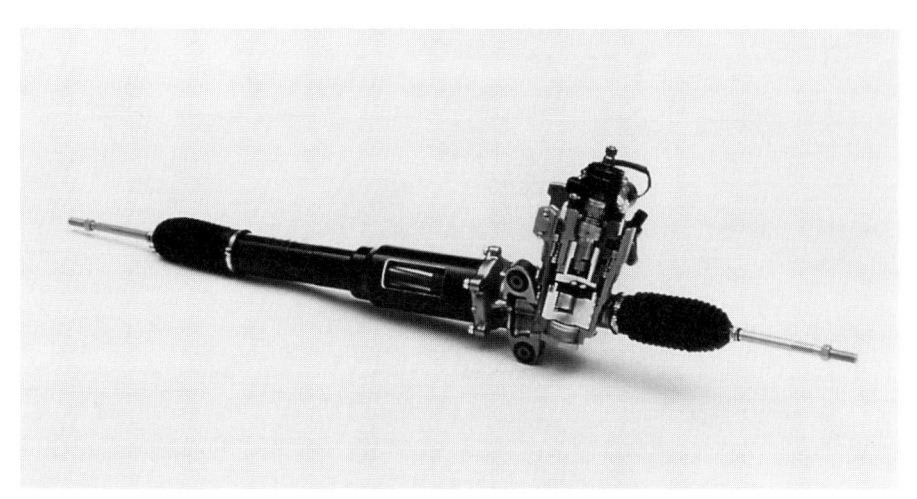
＜関連資料＞VGS（車速応動可変ギアレシオステアリング機構）カットモデル

ス・デル・テクニーク）という学会での発表時に、BMWのエンジニアが、VGSの機構についてかなり熱心に質問してきた。ドイツのエンジニアはプライドが高く、普通なら「そんなことは聞かなくてもわかるよ」というような対応をするのが通常のイメージだったので、「なぜだろう？」と不思議に感じていた。

　その時は全く知らなかったが、実はBMWも機構は違うものの、同じような可変ギヤ比機構を開発しており、すぐ後にBMWの7シリーズに搭載されたのである。

　遠く離れた別々の会社なのに、同じような機構を同じ時期に開発していたということになるので、「不思議なこともあるのだな」と思えた出来事であった。

# 第5章 生産工場

## 高根沢工場—鈴鹿TDラインへ

船橋 高志

### ■はじめに

本稿執筆を依頼された時点で20年以上の歳月が流れ、生産技術はもとよりマテリアルの進化や製造ラインの自動化技術の進歩は目覚ましく、当時の製造技術を回顧しても博物館の説明書きのごとくであることから、今でも色褪せない生産プロジェクトメンバーが取り組んだ物語を記すことにより、当時の熱い想いが伝われば幸いである。

### ■生産部門　S2000導入計画

ホンダ創立50周年記念車と伝えられた概要は、「2シーターオープンスポーツ」。誰もがワクワクし、笑顔になるものである。しかし生産企画に携わる者にはそれは一瞬のことであり、すぐに「苦労しそうだな」と冷静に戻るのであった。

生産台数はわずかに1日50台の少量生産と聞き、目の前に流れている1日1,000台を生産するラインに流すことは無いと確信した。

さて、「どこで造るんだ！」。生産部門は冒頭から最も重要なテーマでスタートした。今となっては初めから高根沢工場で決まっていたかのように思われているが、事業なので多岐の要件を比較検討し、最適の生産ロケーションを設定しなければならない。生産企画にとって生産台数は、最も基本的な要件である。生産設備に必要なエネルギー量、増える社員の厚生施設（食堂・ロッカー・駐車場など）、そして必要な生産サポート要員数も試算する必要がある。

生産には、ラインに入る直接要員だけでなく、管理や品質検証など周辺業務に携わるに間接要員も必要だ。さらには搬入部品の供給コスト、完成車の搬出物流コストなども含めて、最適な生産ロケーションを選定しなければならず、とても複雑で簡単なことではない。

選定は大枠の要件から、「ミニマム投資にて専用ラインで生産する」はすぐに決まった。いくつかの選択肢の中から2つが有力案として残った。

1つ目は主力工場の狭山工場内鋳造棟の跡地に新設する案。これならば狭山工場のインフラを低コストで活用でき、エネルギーや厚生面でメリットがある。

2つ目は高根沢工場で、NSXを少量生産するために立ち上がりスポーツカーを造ってきた環境がある。人材と少量生産に適した物流やコンパクトな周辺業務体制も既に存在する。

しかし、NSXの最大生産数は1日32台なのだ。生産能力を160％以上に拡大しなければならない。

時間が経つにつれ、おおむね対等のコスト見通しも、将来の生産計画も含めると大量生産工場に設置するにはあまりにも小規模なプロジェクトであり、逆に生産効率悪化への懸念も大きくなるなど、次第に高根沢工場での生産がベストとの流れ

**栃木製作所高根沢工場**　NSX、S2000、インサイトの生産を担当した。生産台数は50台／日（S2000）という、手作りによる少量生産工場である。

になった。またNSX立ち上げで得られた開発部門と隣接の環境は、難しいスポーツカーの量産移行の段階において、開発チームと生産部門の良好なコミュニケーションが有効だったことも期待の1つであった。

　かくして、最終的に高根沢工場の生産能力拡大で、S2000生産拠点は定まった。

### ■生産拠点

栃木県塩谷郡高根沢町

　　　　本田技研工業 栃木製作所 高根沢工場

　　　　　　　　　1999年3月～2004年4月

［概要］

1) 1990年　埼玉製作所の衛星工場として本田技術研究所の隣接地に建設

2) 名称は、栃木工場　NSX専用工場として立ち上がる

3) 後に栃木製作所管轄となり、名称を高根沢工場に改定

4) 1999年3月　S2000生産開始

5) 他に電気自動車のEV-Plus、ハイブリッドカーインサイト等の生産も担当

### ■S2000を造る　生産部門
### 　S2000を製品としての具現化取り組み

　当時は、各国でにわかに公害規制が叫ばれ始めた頃であった。北米も同様で、カルフォルニア州では輸入車に対して、数パーセントのLEV（ロー・エミッション・ビークル）が含まれないと通常のクルマも販売できない規制法案が提案された。考え方はシンプルで、超低燃費＝超低公害排出ガスである。これを受けて罰金を払うのではなく、低燃費車を造ろうと取り組んだのがインサイトだ。ホンダはこのクルマをオールアルミボディーで超軽量とし、ハイブリッドシステムを搭載した2シータークーペの形で高根沢工場に投入した。

　S2000計画の1年後にインサイトが立ち上がる計画である。1年のうちに同じラインで、2台のNEWモデルを立ち上げるのは前代未聞だった。後にS2000開発は半年遅れたことから、なんと半

年のインターバルでNEWモデルを2台も立ち上げたのだ。しかもオールアルミボディーでミッドシップのNSX、スチールボディーでモーターとバッテリーのEV-Plus、そこにスチールオープンボディーに縦置きエンジンのS2000、さらに新骨格オールアルミボディーのハイブリッドFFのインサイト。これらの似ても似つかないクルマ達の並行生産である。そんな中で生産能力拡大に取り組んだ。

　生産部門に求められた目標は、「一度マイナーチェンジしたくらいの品質レベルを達成」であった。もちろん開発期間も特別に長く設定され、生産部門の段取り時間も2ヵ月多く設定された。しかし高性能なスポーツカーを新しく造り上げることは容易ではなく、開発は遅れ気味なところに、さらに大きなターニングポイントが出て来た。初めの試作車を造りテスト及び検証を経てデザイン承認を得る評価会で、なんとデザインの再考が指示されたのである。この結果、リヤトレッドが30mmも拡大することになり、それは最初の試作車で作り上げたデータを、リセットすることを意味するのであった。

　まさに高い目標を掲げたクルマだからこその、妥協のない判断であった。今までにない物を生み出すには、避けて通れない必要なことではあったが、そのままの成り行きでは50周年記念車としてのタイミングを失ってしまう。9ヵ月あった生産部門の割り当ては、通常でも7ヵ月のところ、5.5ヵ月まで短くなった。対応として生産部門は大きなチャレンジを求められた。

　物を造るには金型が必要で、中でも大きなボディーパネルは長い時間が必要だ。試作ロットは費用の掛からない試作金型で造り、検証結果を反映して恒久型（量産型）を造る。試作段階ではうまくいかければ造り直せるが、しかし恒久型は試作型の10倍もの費用が掛かり、造り直すことは甚大な損失に繋がってしまう。

　当時、生産部門が置かれた状況は少なくとも2ヵ月の挽回が必要だった。スポーツカーはシャシーが重要なことからフロアパネルを含む他4枚

三重一体溶接構造のフロントピラーとルーフの溶接接合　溶接ビードの強度を保持しながら意匠面を研削する手仕上げ作業。WE（溶接課）が担当。

AF（完成車組立課）で搭載を待つリヤサスペンションアッセンブリー　ディファレンシャルアッセンブリーやドライブシャフトもここで一体に組み込まれる。

の大物パネルについて試作車に恒久型投入を提案した。実行には、充分な周知と検証の機会を増やし、結果の反映漏れがないかの確認も入念に行なった。数千万円もする金型を捨てることにならないよう慎重かつ迅速に対応した。まさに"清水の舞台から飛び降りる"かのようにも感じられた。かくして、2度目の試作車は、要件をクリアして恒久型を無駄にすることなく、生産段取りを加速する結果となった。もちろん軽微な不具合はあったが、処置可能な範囲に留まり生産部門のチャレンジは短期間に品質熟成を達成した。

　さてS2000にフォーカスしよう。一般的に企画・デザイン・開発・試作・量産と、順番で生産部門の関わりは最後と思われがちであるが、実は企画の段階から同時にスタートしている。どれだけ素晴らしいデザインや、高性能な構造を設計しても、要求を満たす材料と裏付けされた生産技術がなければ設計図もただの"絵"になってしまう。

　もちろん充分に考慮して開発・設計は行なわれるのだが、新しいデザインや高性能を求める高い閾値（しきいち）には、生産技術もチャレンジが必要である。S2000で取り組んだ生産技術の中から代表的な事例を挙げてみよう。

### ■デザイン具現化への挑戦
#### フロントフェンダー深絞り成形

　S2000のデザインで一番の特徴は、フロントフェンダーである。エンジンのミッドシップマウントにより、フロントの絞り込みが可能となった結果、フェンダー上面を広く取るダイナミックなデザインになった。

　それはプレス成形の難易度を上げ、製品剛性と成形性のバランスを探るチャレンジとなった。フェンダー上面が、内傾した形状から最初に成形する絞り加工（ドロー型）は、まるでバスタブにも見えるほど深いものである。

　柔らかい材料であれば可能だが、製品として剛性を保たなければならない。トライを繰り返し、通常より一段柔らかい材料に金型を工夫して成形条件を詰め、最後にフェンダー裏面への剛性を維持するパッチを貼ることで、美しいフェンダーの量産プレスを可能にした。デザインを変えるのではなく、アイデアと技術でデザインを守ったメンバーの努力の結晶といえる。

### ■性能具現化への挑戦
#### ①ボディー強度優先の設計

　S2000は、オープントップのボディーでありながら高い剛性を有している。特徴的な高いセンタートンネル以外にも剛性優先の考え方が導入されている。フロントピラーは、ロールバー機能から中空パイプを巻き込んだ一体溶接構造で、一体プレスで作れば外観面に溶接する必要はないが性能優先なのだ。

生産終了を記念して行なわれた工場見学イベント　高根沢工場での生産終了を前に、工場見学に訪れた S2000 オーナーの皆さん。中には 20 回以上も見学に来られた方もいた。

各国のオーナーズクラブの来訪　「S2000 Final Production Tour」と銘打って鈴鹿製作所の TD ラインを訪れた UK、イタリア、ポルトガル、ベルギー、ルクセンブルグ、オランダ、ドイツ各国の S2000 オーナーズクラブの皆さん。

また、フロア剛性向上の設計から外板面にスポット溶接を打つが、スポーツカーとしての性能を優先し、仕上げ作業を選択したのも高い志の現れといえる。

### ■性能具現化への挑戦
#### ②リアサスペンションサブアッセンブリー化

　企画図面が出た当初は、生産ライン上でサスペンションアームをボディーに直接取り付ける構造であった。高根沢工場は、手作りクラフトマンシップとの印象から軽量化のアイデアとして提案されたが、NSX同様にS2000も組立精度・剛性・工数の観点からサブアッセンブリー化を工場から提案、テスト結果もそれを裏付けることとなった。少量生産は、工程集約が工数削減と精度向上のカギである。

### ■製品魅力向上への挑戦
#### カスタムカラー投入

　マイナーチェンジでの新しい提案は、商品魅力を高める。営業部門から何か新しい提案のアイデアはないかと問われた折に、NSXで設定しているカスタムカラーを提案した。工場として保有しているカラーバリエーションは、設備投資をかけずに活用できるがNSXのカスタム価格ではS2000に適用できない。そこで4コートを3コートで仕上げるコストダウンを計画し、塗料開発と

塗装技術を追求するチャレンジである。

　塗装部門はカスタムカラーの流動数の少なさから技術維持に苦心していて、負担増もあるがS2000への投入が技術向上に寄与すると、積極的に取り組んでくれた。

4色のプレミアムカラーが誕生
1) プラチナホワイト・パール（新色）
2) モンツァレッド・パール（新色）
3) ライムグリーン・メタリック（新色）
4) ニューイモラオレンジ・パール（新色）

### ■拠点移動 品質維持への挑戦
#### 鈴鹿へ工場移転の試練

　2004年、生産部門のエンジン車体一貫生産構想に基づき、熟成期に入っていた高根沢工場全機能の鈴鹿移転が決定された。設備と生産要員を鈴鹿製作所の No3 ライン跡地に移設した。設備も造る人も同じならば、同じクルマを生産できるはずである。ところが最初の試作車で出てきたS2000の特性変化は、熟成期の試練となった。もちろん製品精度としては充分に設計基準を満たしているのだが、数値には表れない変化を捉えたのである。

　鈴鹿TD（匠〈たくみ〉DREAM）ラインの名前通り、高根沢工場で培った妥協のない生産マインドは引き継がれ、生産移行期間1ヵ月の僅かな時間にボディー剛性の調整を完了し、鈴鹿生産初号車には高根沢生産車と変わらない高品質なS2000

高根沢工場でのボディー製造工場　溶接作業の風景。

高根沢工場　化成課（塗装）ライン投入前　溶接されたボディーの最終仕上げ工程（磨き・調整）をし、塗装ライン工程へと進んでいく。NSX と S2000 が同時に生産されていた工場の様子。

スポット溶接の様子　大きなスポット溶接機でボディーパネルを溶接していく。

こちらもボディー溶接工程　スポット溶接できない部分はMIG 溶接などでボディーパネルを溶接していく。

の出荷に結び付けた。鈴鹿で手を挙げてくれた若い人達の力も得て、その後の追加モデル TypeSや北米仕様 CR（クラブレーサー）の立ち上げに邁進した。

　　　三重県鈴鹿市平田町

　　　　　　本田技研工業 鈴鹿製作所 TD ライン

　　　　　　　　　　2004 年 5 月〜2009 年 8 月

［概要］

1）エンジン／車体一貫生産構想により、高根沢工場を移管

2）鈴鹿製作所 No.3 ライン跡地に設備・生産要員移管

3）名称は TD（匠 DREAM）ライン　高根沢生産方式（手作り）と鈴鹿量産方式の融合

4）S2000 の派生モデル Type S と北米向け CR を立ち上げる

### ■まとめ

　研究開発部門で作り上げた S2000 の性能と商品魅力を、余すところなく製品として具現化することができた。生産企画から生産実務に携わったメンバー全員の努力の結晶であり、それは工場見学という形で回答されている。S2000 オーナーさんの工場見学の多さからもわかって頂けると思う。高根沢工場でも、鈴鹿製作所 TD ラインでも、多くのオーナーさんで溢れていた。

　ここに、訪れた皆さんの笑顔の写真を証明として残したいと思う。

写真上下：S2000 輸出仕様（1999 年）

# 第6章　発表

## いよいよ世界へ発進

塚本 亮司

### ■プロト試乗会

　S2000の開発も終え、工場での試作確認、品質確認も終えると、いよいよ世の中に発表する時を迎える。発表前の1998年に日本と北米・カナダのメディア、ジャーナリストの方々に、量産前のプロト車両に乗って頂くイベントを開いた。

　北米・カナダメディアは、栃木のPG（プルービンググラウンド）にて、日本メディアは熊本の本田技研工業株式会社の熊本製作所の横に併設されているHSR九州というショートサーキットにて実施された。

　SSMのモーターショー展示から、プロト車両のテストスクープ写真などの露出があったものの、ようやく試乗できる機会が訪れたので、いったいどんなクルマなのかメディア、ジャーナリストの方々は、とても興味津々のようでであった。

　この試乗会はプロトとしての試乗なので、クルマのコンセプトとデザインのみオープンにしたものだった。しかし試乗ドライブ後は北米ジャーナリストも、日本のジャーナリストも同様に、エンジンの高回転仕様への驚きや軽快なハンドリング性能、しっかりしたボディーの剛性感などを評価していただいたインプレッションだった。

### ■いよいよ本番車発表・イベントと試乗会へ

　量産モデルとしての発表イベントは1999年4月から日本を皮切りに欧州、北米・カナダで試乗会がスタートした。

　日本では、1999年4月15日に東京青山本社をはじめ、全国6ヵ所で発表イベントが行なわれ、

**熊本での試乗会**　日本でのジャーナリスト向け試乗会が、ホンダ熊本製作所横のHSR九州で実施された。当日は好天に恵まれ、サーキットでの試乗と阿蘇のワンディングロードでのドライブなど、コンセプトで語った「緑のワインディング」と「サーキットでの走り」を堪能していただいた。

**HSRサーキットで試乗車に乗り込むジャーナリストら**　少し肌寒い気候の中、HSR九州のサーキットコースを思う存分走りこんでいただいた。

**展示された完成車のスケルトンモデル** HSR九州のサーキットのピットにはエンジンカットモデル、トランスミッション、サスペンションなど主要な部品を置き、説明用のパネルとあわせて展示された。写真の完成車のスケルトンモデルも展示され、ジャーナリストの方の目を引いた。

**スケルトンモデルは自走もできる** このスケルトンモデルはエンジンも始動し普通に自走できる、制作者の力作であった。ただ、あまりエンジンを回しすぎると熱でアクリル樹脂がゆがむので、用心しながら自走デモ走行を披露した。このスケルトンモデルは全世界の試乗会で活躍し、その後、ホンダ　テクニカル　カレッジで教育用に活用されている。

その後、試乗会が行なわれた。試乗会の場所はプロト試乗会が行なわれた、熊本のHSR九州で開催された。

ここでは、プロトの時のコンセプト・デザインのお披露目に加え、仕様の詳細、ボディー構造やシャシーの仕様なども開示された。

スポーツカー試乗としてお決まりのサーキットコースに加え、コンセプトで語っている"緑のワインディングを気持ちよく"を体感できるように、阿蘇のミルクロードのワインディング路を試乗コースとして設定した。

この発表試乗会では、プロト車試乗と違い、カットボディー、エンジンカットモデル、トランスミッションなど、単品での展示もあり、多くのメディア・ジャーナリストの方々の興味をひいた。なかでも、完成車のスケルトンモデルなるものも制作し、展示した。このモデルは、ボンネットフード、トランク、片側のフロント・リヤフェンダー、ドアを透明なアクリルでつくり、助手席のフロアもカットするなどかなり手の込んだものであった。

さらにこのスケルトンモデルのすごいところは、エンジンが始動し、自走できるところで、かつてやったことのない展示車両であった。

ジャーナリストの方々の反応は、ホンダが久々に出すスポーツカーであり、S800以来のHonda "S"であるから期待感に満ち溢れたものであった。さらに乗り込んで試乗がスタートする前まで、どなたもとても笑顔で、ワクワクしているのが印象的であった。試乗されたインプレッションも、高回転エンジンのフィール、カチッとしたシフト、軽快なハンドリングなど、チームとして狙った性能を、とてもよく理解していただき、コメントもいただいたことは、開発サイドとして、うれしいものであった。

日本での試乗会を終えると、次は欧州での試乗会が行なわれた。1999年5月から6月に南フランスのサントロペ（Saint-Tropez）で開かれた。ここでは欧州全体のメディア試乗なので、約1ヵ月の長い期間で、各国のメディアが試乗する。サントロペは、地中海に面した高級リゾート地であり、たくさんのVIPのお忍びの場的なところであるが、試乗会の時期は、そのリゾートシーズン前の、まだ混みあう前のタイミングであった。

**南仏サントロペで開かれた試乗会** 欧州での試乗会は南フランスのサントロペにて実施された。欧州地域は、サントロペをはじめメジャーな各地域を拠点に分けての試乗会となるため、約1カ月の長丁場となる。試乗のスタート会場では、各国のメディア取材クルーが満を持して準備し、それぞれ一般道試乗コースへと走り出していった。

**開発チームの技術説明風景** 試乗会場では開発チームからの技術説明と、エンジンやサスペンションなどの展示を実施、それとスケルトン仕様のS2000も展示されメディアの興味をひいた。

**試乗に出発する欧州の取材クルー** 欧州メディアの取材クルーが、試乗会場から乗り出していく様子。彼らはこの地域の地理状況も詳しく、こちらが提案した試乗コースを楽しむだけでなく、それぞれ自分たちの撮影スポットを目指して魅力ある写真を撮るなどしつつ、試乗インプレッションをまとめていた。

**アメリカン ルマンなどが開かれるサーキットで試乗** アトランタでの試乗会では"お決まり"のサーキットドライブ。場所はロードアトランタサーキット。アメリカンルマンなどが行なわれていたメジャーなサーキットである。

**アトランタ郊外で開かれた北米試乗会** 北米での試乗会はジョージア州アトランタ郊外のシャトーエランというワイナリーを会場として実施された。全米・カナダ地区からのメディアが集まり、技術説明を聞いたのちに、試乗へと出発していった。

ここに、ドイツ、イギリス、フランス、イタリアなどの欧州各国のメディア・ジャーナリストが参加する。　この試乗会コースは、地中海の海岸沿いのルートから、丘陵地帯への山岳路など、S2000の魅力を体感できるルート設定をした。試乗会場へ各国メンバーが集まり、そこでS2000の技術説明をした後に、それぞれの試乗車に乗り、コースへと走っていった。再度試乗会場に戻ってきたあと、それぞれの質疑応答を挟み、このクルマの開発経緯や性能などのインプレションを語り合ったのがとても印象に残っている。

ポール・フレール氏も来られ、先行段階での議論にも協力していただいたこともあり、我々開発サイドの意図をうまくサポート説明していただいた。これは今でも開発メンバーみんなの記憶に残り、酒の席での話題になるイベントであった。

欧州のイベントを終えるとすぐに、北米・カナダの試乗会も開催された。場所はアメリカのジョージア州アトランタ。ロードアトランタとい

うサーキットと周辺の一般道・フリーウエイを使ったコースとした。

こちらは欧州での試乗会とはまた違った雰囲気の中で、アメリカらしいオープンスポーツの楽しみ方をしながらS2000のインプレッションを取材していただいた。

アメリカのジャーナリストは走り屋系の人が多く、特にサーキット走行を楽しみながら、興奮して乗っていた。このあたりもお国柄によって価値基準もおのずと違う、ということも実感させられた。

S2000は"緑のワインディングを楽しく""本籍はサーキット"として、開発責任者の上原繁さんも語っているように、「サーキット走行でも十分高いレベルでの性能を楽しめるスポーツカーにしたい」という志をもって作り上げたおかげかなと、手前みそながら自負するところでもある。

このように、一連の発表試乗イベントを終えて、いよいよお客様への提供ができることになった。

S2000 プロトタイプ（1998 年）

# 第7章　MMC　進化　さらなる完成形へ

## エンジンの進化

唐木 徹

### ■S2000の育て方に苦悩する

S2000は1999年4月に日本で発売、同年5月には欧州、9月には北米での発売も開始された。販売は好調で、当初の予定した販売台数もクリアできそうな見通しであり、心配されたビジネス上のリスクも杞憂（きゆう）に終わりそうであった。

一番大切な商品コンセプトが、お客様に正しく理解されたことが何よりの成果と言え、S2000の使命である「ホンダスポーツイメージの強化」の具現化ができたことは大きかった。

しかしながら大きな課題があった。それは企画段階から量産段階への移行タイミングで開発目標が大幅に変わったことで、機種の育て方が全て白紙になってしまったため、具体的にS2000を今後どうしていくのかが、全く定まっていなかったのである。

当初は200PSからスタートし、AT（オートマチック・トランスミッション）の追加、225PSへの出力アップ、軽量化バージョンの追加、240PS Type Sの追加等、毎年てこ入れすることにより、常に話題喚起を行なうと共に、販売台数を維持していく計画だったのだが、立ち上がりが250PSの"やり切り仕様"となってしまったために、この先どうしていけば良いのか、誰も何もアイデアが無かったのである。

そこで実車は作らない（お金を使わない）約束で、S2000の育て方を検討するチーム（開発コード：WGTA）が発足することになった。検討に当たってはS2000のモデルライフを8年と定め、その間の法規動向も見据えながら、どのタイミング

でどのような仕様を投入していくかを検討するのであるが、さらに大切なのは競合車の動向を予測しながら、それを上回る商品魅力を出さなければならないことであった。

S2000の最大のマーケットは北米であるが、北米での競合車の筆頭は、ポルシェ・ボクスターであり、同様のカテゴリーでのライバルはBMW Z3、メルセデスベンツSLKであった。

実際にS2000を買ったお客様に聞いてみたところ、購入者の80％が競合車との比較をしたと答え、比較したクルマの50％がポルシェ・ボクスター、30％がBMW Z3、残りをメルセデスベンツSLKや他が占めた。

では実際になぜS2000の購入を決めたかを聞いたところ、理由の上位から見てみると、車両価格、車両性能、スタイリング、品質ときて、ほぼ同率で"Value for Money"ということであった。

これは日本人には分かりにくい感覚であるが、スタイリングやコンセプトに共感しつつも、実際に財布の紐（ひも）を緩めた最大の理由は、ポルシェ・ボクスターを上回る性能が安価で手に入り、しかも壊れないこと、つまり非常に"Value for Money"が高いスポーツカーであるということとであった。

したがって育て方の検討に当たっては、S2000のこの立ち位置である「リーズナブルな価格で高いパフォーマンス」を原点とし、常に「走りの向上」を目指すということを基本的な考え方に定めた。

ただし検討を始めてみると、非常に難しいことが分かってきた。まず要望が多かったAT仕様の追加であるが、自前でFR用ATを開発するわけにはいかず、どうしてもトランスミッションメーカーから購入してくる形となるが、そもそも

S2000のフロアに収まるATが見当たらなかった。特に完成車のパッケージレイアウトで一番苦労した排気系とペダルレイアウトの付近が、全く成立しないのである。

さらにはATにはエンジン回転の上限があり、9,000回転まで回せるATは無いのである。それどころか7,000回転程度までしかエンジンを回せないため、出力が大幅に低下する恐れがあった。

それでは今のMT（マニュアル・トランスミッション）を生かす形で、クラッチとシフト／セレクト操作をアクチュエーターで行なう自動MTであればパッケージレイアウト上の課題は、ATに比べて小さいだろうと検討をしたが、一番の課題はエンジンのトルク制御が必要なことで、そのためには最低でも電子制御スロットルを使う必要があり、メカニカルスロットルのS2000ではその対応ができなかった。

エンジンそのものの、商品力強化はもっと深刻であった。とにかく性能の伸び代が全く無いのである。250PSよりさらに出力を得ようとした場合、理論上では回転数をさらに上げれば良いが、今の吸気系、排気系、シリンダーヘッドでは、エンジン回転だけ上げても空気が入っていかないのである。これでは出力アップは期待できない。

さらに空気を入れるためには、ボア径を広げて吸気と排気のバルブ径を上げ、逆にストロークを短くしてエンジン回転をさらに上げれば、空気も入り回転数も上げられて結果として出力を上げることが可能となるが、このエンジンのボアピッチ（94mm）ではこれ以上のボア径拡大はできない。そこでかなり荒技であるが、F20C型と回転方向が同じJ型（横置きV6エンジン）を縦置きにしたらどうかということまで検討した。

シミュレーション上ではかなり走りの向上が期待できたし、クルマのコンセプトも1960年代に存在した大排気量エンジンを搭載したロードスター「ACコブラ」を今に再現するものと仮定したが、そもそもV6を積んだFRオープンスポーツはS2000なのか、という観点で無理があった。

S2000に6気筒を搭載するということは、ポルシェ・ボクスターやBMW Z3等の6気筒軍団と同じカテゴリーに入ることになる。そうした場合、限りない排気量アップ競争、馬力競争に巻き込まれてしまいかねず、そもそもお客様から支持された「リーズナブルな価格で高いパフォーマンス」の実現ができなくなることが心配された。

V6エンジンを積んだ瞬間に、S2000はS2000でなくなるのである。

改めて今のF20C型の枠組みの中でできることが無いかを、冷静に見つめ直すためにお客様の声を集めてみた。S2000デビュー当初は、圧倒的に支持されたエンジンであったが、よくよくお客様に深掘りして聞いてみると、一番の課題は「常用域の走りがもっとよければいいのに」ということであった。

F20C型は、エンジン回転数が6,000回転付近でVTECが切り替わり、Hi側のバルブタイミングとなる。この時の発生トルクが大きいため、VTECが切り替わった瞬間に、さらなる加速が味わえることから「二段ロケット」のような加速と言われたこともあった。

まさにこのエンジンの高回転域の性能を味わうため、ワインディングロードやサーキットにおいて、クロスレシオのトランスミッションを生かして、常にエンジンの高回転域を使う楽しさは、競合他車には無い魅力であると言える。

しかしながら、通常の街中で6,000回転以上を使う頻度は非常に少なく、よくあるシチュエーションでいえば隣に並んだクルマと信号グランプリをした場合、相手が大排気量のクルマだとすると、どうしても発進加速で置いていかれることが多く、VTECが切り替わって初めて相手を抜き去ることができる……というケースが多かったようで、どうしても3,000回転辺りの常用域の走り感をさらに上げて欲しいということであった。

言い換えれば、排気量を上げることにより、現行2.0リッターVTEC切り替わり後の発生トルクを、3,000回転辺りの常用域で発生させれば、走

**2.2リッターエンジンの外観** 排気量が2.2リッターとなり、黒色から金色となったイグニッションコイルカバー、電子制御化されたスロットルボディが、外観上大きく変化した箇所である。

り感の大幅な向上が期待できる訳であり、最高出力は上がらないかもしれないが、「トランスミッションのギヤレシオの見直しもセットで行なえば、大幅に走りの向上が実現できるかもしれない」という結論に至った。

具体的には2001年3月より排気量アップの骨格検討をスタートした。検討に当たっては「リーズナブルな価格で高いパフォーマンス」を実現するために、シリンダーブロック、シリンダーヘッドの骨格は現状のままとした。

ボア径の拡大やシリンダーブロックの高さを変えることは、現行の加工設備への影響が大きく現実的ではない。

検討した結果、ボアは現状のΦ87のままとして、ストロークは最大で93mmまでは拡大できることが分かった。Φ87×93mmだとすると排気量は2,211ccとなるが、机上検討ではストロークをあまり延ばしても出力上のメリットが無いことが分かったため、最終的にはΦ87×90.7mm、排気量2,157ccと定めた。

2.0リッターエンジンでの出力ピーク時の回転数は8,300回転であり、この時のピストンスピードは23.2m/secまで高められていた。

2.2リッター化にあたってエンジンをどこまで回せるかを検討した時に、2.0リッターと同様に8,300回転まで回したとするとピストンスピードは25m/secを超えてしまい、従来技術の範疇（はんちゅう）では開発できない可能性が増大してしまう。

そこで2.0リッターエンジンのピストンスピードをわずかに超える7,800回転辺りを出力ピークと定めることにした。この場合のピストンスピードは、23.6m/secと0.4m/secほど2.0リッターエンジンのそれを超えてしまうが、このレベルならば従来技術の範疇（はんちゅう）で何とかなりそうであった。

また性能のシミュレーションをしてみると、最高出力は250PSには届かないものの、狙いである常用域3,000回転付近の発生トルクを、従来の6,000回転付近のトルクと同等以上に高めることができそうであった。排気量アップとギヤレシオのリファインによって常用域の走りは大幅に向上できそうな見通しはついた。

次の問題はいつ、どの地域に排気量をアップしたエンジンを投入するかということであった。一番スポーツカー市場の競争が激しいのは、北米であった。S2000が投入されてから、他社も次々にパフォーマンス向上を図ってきていた。具体的には、ポルシェはボクスターのエンジン排気量を2.5リッターから2.7リッターに拡大、さらに3.2リッターを積んだボクスターSを投入してきていたし、BMWはZ3からZ4にモデルチェンジを行ない、メルセデスベンツSLKのフルモデルチェンジを実施、さらには日産も350Z（日本名：フェアレディZ）のコンバーチブルタイプを投入してきていた。したがってS2000の役割である「ホンダスポーツイメージの強化」を維持し強化するために、北米市場において、排気量アップを含む大幅な商品強化をすることが決定した。

プロジェクトコードは「BP」として開発指示

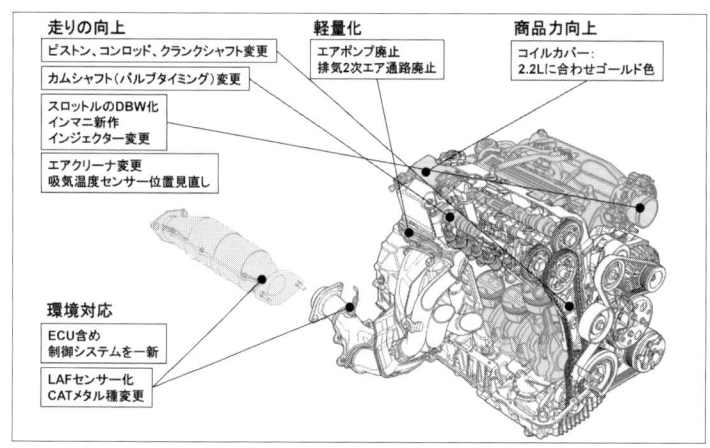

走りの向上
- ピストン、コンロッド、クランクシャフト変更
- カムシャフト（バルブタイミング）変更
- スロットルのDBW化 インマニ新作 インジェクター変更
- エアクリーナ変更 吸気温度センサー位置見直し

軽量化
- エアポンプ廃止 排気2次エア通路廃止

商品力向上
- コイルカバー： 2.2Lに合わせゴールド色

環境対応
- ECU含め 制御システムを一新
- LAFセンサー化 CATメタル種変更

**エンジン主要変更項目** 基本諸元としては、ボア×ストロークを φ 87.0 × 84.0 から φ 87.0 × 90.7 へと拡大し排気量を2,157ccとしたが、バルブタイミング等のカム諸元の変更、メカニカルスロットルからDBW（電子制御スロットル）への変更、吸気燃料系の大幅見直し、電動エアポンプ廃止による軽量化、エンジンマネジメントシステムの刷新等、多岐にわたり変更をしている。

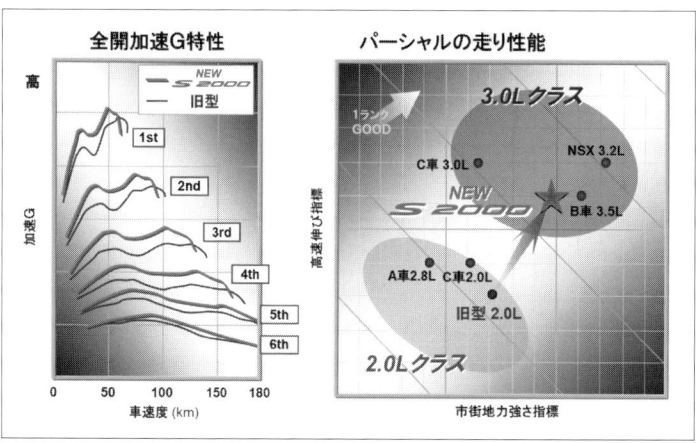

全開加速G特性

パーシャルの走り性能

**2リッター化とギヤ比ローレシオ化による駆動力アップとDBW開度特性の最適化** 左図に示すように、ギアレシオの見直しも含めて、従来に対し全ギアポジションにおいて大幅な駆動力の向上が達成できた。右図はパーシャルでの走り性能の位置づけであるが、2リッタークラスでありながら、NSXに迫る3リッタークラスの走り性能が達成できた。

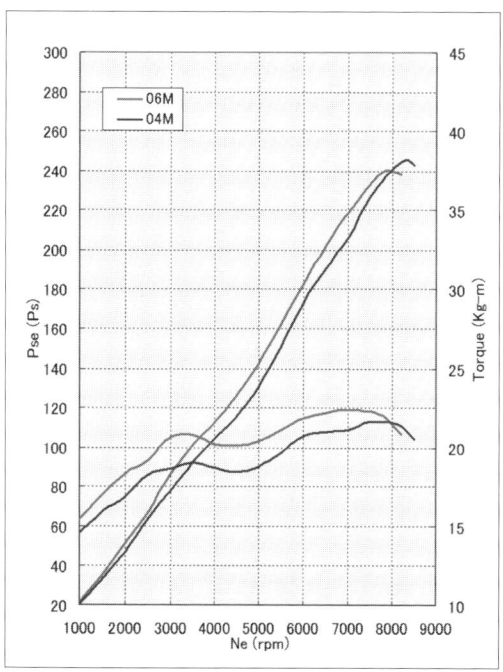

**実用回転域トルクの向上** 排気量アップにより、従来のVTEC切り替え後6,000回転でのトルクを、常用域3,000回転付近で発生させることができた。

書が2002年1月に発行され、2003年9月に2004年モデルとして立ち上がった。

北米市場において排気量アップしたS2000は、非常に好評であった。狙いである常用域の走りについても、排気量3.2リッターでS2000よりも約2万ドル高い、ポルシェ・ボクスターSの同等以上の性能を達成できた。

## ■エンジン最後の総仕上げ

こうして北米市場においては排気量の2.2リッター化で商品競争力が向上し、市場からも高評価が得られたが、日本市場においてエンジンをどうするかは議論があった。同じ2.0リッターでも日本仕様は北米仕様と異なり、250PSを発生しているため、2.2リッター化すると最高出力が242PSへ低下してしまうのである。

モデルチェンジで排気量をアップして最高出力が下がるというのは、すぐにはお客様の理解を得

にくいのではないかと思われた。

　また当初営業部門は、2.2リッターを日本市場に投入するにあたり、2.0リッターとの併売を考えていた。

　キャラクター的に「尖った2.0リッター」と「大人の2.2リッター」という性格分けで訴求しようと考えたのである。しかしS2000開発チームとしては、2.2リッターでS2000の先鋭さをスポイルしたつもりはなかったし、あくまで常用域を含めた走りの向上のために排気量アップをしたのであって、この営業の考え方には賛同できないものがあった。

　確かに商品の幅を広げて購入層を拡大し、販売の安定化を図る意図は、理解できないことはなかったが、当時は日本仕様限定でVGSを搭載したType Vがあったし、これに排気量アップバージョンを加えるとバリエーションだけ増えてしまい、かえって機種のコンセプトがあいまいになりかねない。

　このような議論を重ねた結果、日本仕様の2004年モデルでは、排気量アップは採用しないことになり、タイヤを含むシャシー系、ボディー系のリファインによる走りの向上、トランスミッションにカーボンシンクロを採用し、シフトフィールの向上を図る等、エンジン以外の領域で正常進化を行なうことになった。

　2004年モデルが発売されてから1年ほど経ったころ、今後さらにS2000を継続販売するにあたっての障害が明確になってきた。環境・安全の各法規への対応をしないと2006年以降継続的に販売ができなくなるのである。

　具体的には北米市場において、排気エミッションレベルをLEV（Low Emission Vehicle）からLEV IIレベルに大幅に引き上げること、そして衝突安全性能を大幅に向上することが発表され、この二つをクリアすることが必要となってきたのである。

　電動エアポンプを使った排気2次エア導入システムでLEVを達成したS2000であったが、LEV IIに対応するには抜本的な浄化システムの見直しが必要であった。

　以上の背景から2004年3月、2006年モデルの開発指示書（開発コード：RG）が発行された。エンジンは制御システムを一新すると共に、北米で先行していた2.2リッター化を日本にも導入し、併せてスロットルを電子制御とすることでスロットル開度特性の最適化を行ない、さらなる走り感の向上を図ることにした。

　エンジン性能は、当初の目的であった2.0リッターのVTEC切り替え後のトルクを常用域（3,000回転）で達成した。

　実際の走り感では、ギヤレシオの見直しも行ない、駆動力を大幅に引き上げ、加速Gの大幅な向上が図れた結果、競合6気筒、排気量3.0リッタークラスと同等以上の動力性能を得ることができた。

　また電子制御スロットルの特性を生かして、低開度領域では扱いやすいスロットル特性としながらも、中開度領域以上は車速に応じたマップの切り替えに加え、よりスロットル開度を大きくすることにより、より強い加速フィールが味わえるようにセッティングを行なった。さらにアコードなど他のセッティングと異なり、S2000の持ち味である「ハイレスポンス」をさらに際立たせるスロットル開度特性とした。

　装備仕様では電子制御スロットルが採用されたことで、VSA（Vehicle Stability Assist）が海外仕様には適用されたが、日本仕様でのVSAの採用は見送られ、日本仕様にVSAが装着されるのはS2000最後のモデルチェンジである2008年モデル（開発コード：2RR）になってからであった。エンジンとしてはこの2006年モデル（開発コード：RG）が最後の総仕上げとなった。

# 駆動系進化
## シフトフィールのさらなる進化

矢次 拓

### ■競合車と比較した操作系

「地球上もっとも良いシフトフィーリングを持ったクルマだ」という記事が、ある雑誌に掲載されていた。これはチームが目指し、こだわった技術が、ユーザーにも受け入れられたことを意味していた。開発者としては喜ばしいことである反面、MMC (Minor Model change) としてはこれを超えなければならないという使命感があった。

S2000の競合車は、ポルシェ・ボクスターやBMW Z3、Z4で、一般的にはラグジュアリースポーツとされるスポーツカーであった。まずは競合車の「質感」を感じるためにそれらのクルマを乗りこんで「質感」を体得することからスタートした。

それら競合車を実際に運転してみて改めて感じたことは、操作系の「質感」の統一性と「雑味」の無さだった。"操作系の統一感"とは、ステアリング、ブレーキ、クラッチ、シフトといった操作系のフィーリングがある一定の味付けで整えられているということだった。例えばポルシェ・ボクスターのシフトストロークは、S2000に比べ長いものの、他の操作系もクイックではなくある程度の「遊び」を持たせたフィーリングに統一されていて心地の良いものであった。

S2000は、「クイックレスポンス」といったフィーリングで統一はされてはいた。しかしシフトフィーリングは、「クイックレスポンス」を具現化した「ダイレクトシフトフィール」は達成されていたものの、競合車に対して「雑味」が多いように感じられた。シフトフィーリングでいう「雑味」とは、シフト操作をしたときに手に感じる「ゴツゴツ感」や、シフト完了してもまだ奥に入りそうな「グズグズ（引掛り）感」である。(Fig1)

ここでMMCとしての開発方向性は「ダイレクトフィールは継承しつつ、雑味を消した洗練された質感」と定めた。

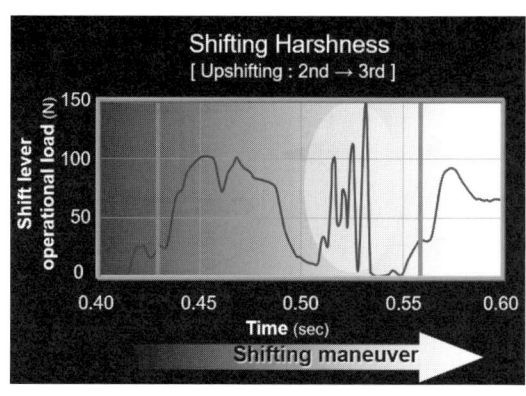

**Fig1　Shifting Harshness（シフティング・ハーシュネス）**
2速から3速にシフトチェンジする際のシフトレバーの操作荷重。丸で囲まれている部分にてシフトレバー上の荷重に乱れが発生している。これが「グズグズ感」として、ドライバーに不快なフィーリングを感じさせてしまっている。

「ゴツゴツ感」や「グズグズ（引掛り）感」を解消する手段は複数あるが、S2000の場合、最も効果的と考えたのは、シンクロナイザーの高容量化であった。高容量化とは、シンクロナイザーが吸収可能なエネルギー量を増やすことを意味し、手法としてはシンクロナイザー摩擦面の複数化、摩擦面自体の摩擦係数の向上があった。

S2000は、すでに全段マルチコーンシンクロ（複数摩擦面を持つ）が適用されていた。これが「ゴツゴツ感」や「グズグズ（引掛り）感」の要因ともなっていた。摩擦面が複数あるということは、摩擦面の片当たりや低温時のオイル摩擦（シンクロナイザーの摩擦面に低温オイルが入り込むとフリクションとなる）を誘発しやすくなる。そういったことを踏まえて摩擦面の複数化ではなく、他の手法で検討を進めた。

### ■カーボンシンクロナイザーの適用

当時、他のスポーツ機種のマニュアルトランスミッションには、摩擦面の摩擦係数向上と耐摩耗性の高い「カーボンシンクロナイザー」が適用され始めていた。当然、この技術はS2000にも有効であり、カーボンシンクロが適用された試作トランスミッションを製作し、フィーリング確認を行なった。3〜6速にはシングルカーボンシンクロナイザー (Fig2,3)、1速、2速はマルチコーンカー

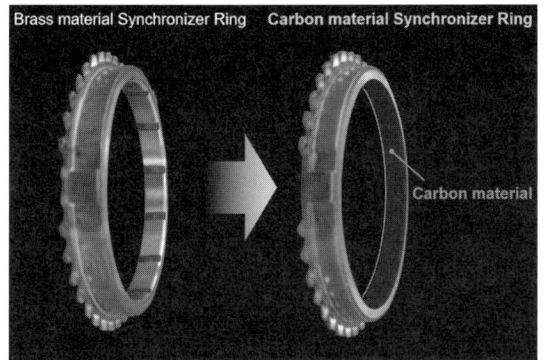

Brass material Synchronizer Ring Carbon material Synchronizer Ring

Carbon material

Fig2 Carbon Synchronizer（カーボン・シンクロナイザー） 通常のシンクロナイザー（左）の内側にカーボン材を貼り付けることで、シンクロナイザーの基本設計は変更せずに高摩擦係数と高耐久性を持つシンクロナイザー（右）とすることが可能となった。

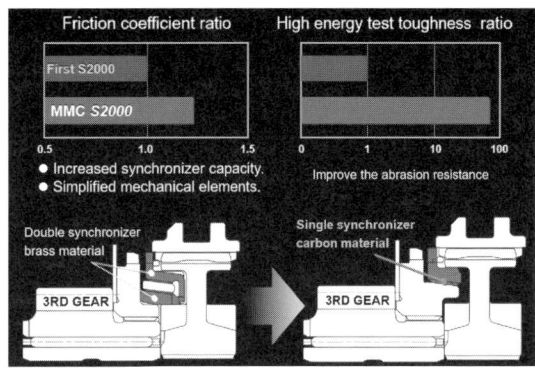

Friction coefficient ratio  High energy test toughness ratio

First S2000

MMC *S2000*

0.5        1        1.5

● Increased synchronizer capacity.
● Simplified mechanical elements.

0        1        10        100

Improve the abrasion resistance

Double synchronizer brass material

3RD GEAR

Single synchronizer carbon materuel

3RD GEAR

Fig3 Carbon Synchronizer Efficiency（カーボン摩擦材の効果） 左下の初代 S2000 の 3 速ギヤシンクロナイザーはダブルコーン構造（変速時に使用される摩擦面が 2 面）。MMC 後は右下のシングルコーン構造（変速時に使用される摩擦面が 1 面）となるが、カーボン摩擦材の効果で摩擦係数と耐久性は初代に対して向上している。また、構成部品が減ったことによりシフトフィーリングの向上にも影響している。

ボンシンクロナイザーを適用した。

　試乗してみると、3〜6速は狙い通り「雑味」のないすっきりとしたフィーリングとなった。しかし問題は1速、2速で、3〜6速ほどの効果が感じられなかったのである。トランスミッション単体で各段のシフト荷重を測定してみると、試乗したときのフィーリング通り、1速と2速のシフト操作時の荷重は、想定よりも大きな荷重が発生し、かえって「雑味」を増幅させていた。

　原因を解析していった結果、シンクロナイザー摩擦面の真円度が悪かったことが判明した。シンクロナイザー摩擦面は、シフト操作する際にギヤ側の摩擦面に接触し、そこでエネルギーを吸収する仕組みだが、真円度が悪いと摩擦面の一部しかギヤ摩擦面に接触しないので、結果的にエネルギーが吸収しきれない状態であった。

　なぜ真円度が悪いのか？　3〜6速のカーボンシンクロナイザーは、他のスポーツ機種で適用しているものを流用でき実績もあった。しかし1速、2速のシンクロナイザーはラインナップ上最もサイズ（口径）が大きく、他から流用できるものがなく、専用品となっていた。

　製作方法としては既存のシンクロの摩擦面を削り込み、カーボンを貼り付けるのだが、サイズに対しての削り込み量が多いため、円環剛性が低下

してしまい、削り込み加工後の形状を測定するとラグビーボールのような楕円形になってしまっていた。これではシンクロナイザーとして正しく機能する部品にはなりえなかった。「シンクロナイザーの摩擦面の真円度が悪い」、それだけのこと

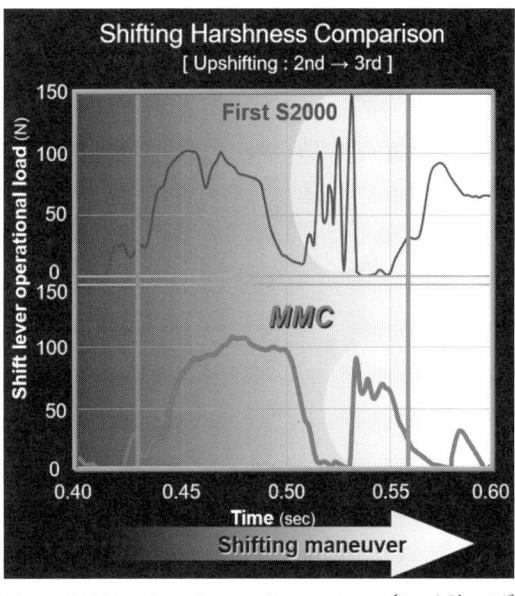

Shifting Harshness Comparison
[ Upshifting : 2nd → 3rd ]

First S2000

MMC

Shift lever operational load (N)

150
100
50
0
150
100
50
0

0.40    0.45    0.50    0.55    0.60

Time (sec)

Shifting maneuver

Fig4 Shifting Harshness Comparison（シフト時の"グズグズ感"の比較） シフティング・ハーシュネスの図と同じテスト条件で、初代と MMC 後の 2 速から 3 速へのシフトチェンジ時のシフトレバー上の荷重を比較している。MMC 後の丸で囲った部分は初代に対して明らかにシフトレバー上の荷重の乱れが少なくなっており、ドライバーに「グズグズ感」を感じさせない爽快なフィーリングを感じてもらえるようになっている。

で全体としてのフィーリングを損ねてしまう。そんな悔しさを感じざるをえなかった。当時、シンクロナイザーを製造して頂いていたサプライヤー担当者と素材、製造工程を一つひとつ見直しながら対策の方向性を日々検討した。

　検討の結果、摩擦面を削り込んでいく際のシンクロナイザーに対するチャッキング（加工時にシンクロナイザーを工作機に保持する方法）が真円度悪化に影響することが判明してきた。他のシンクロナイザーと同じようなチャッキングで加工すると、加工時のストレスが局所的にかかってしまい、チャッキングを外した途端に加工時のストレスが解放され、歪（ゆが）んでしまうのだった。

　チャッキングの方法を変えれば解決するのではあるが、チャッキング力、個数、位置等様々なこ

とを試行錯誤した結果、ようやく最適な方法を見出すことができた。

　対策を施したシンクロナイザーを組み込んだトランスミッションで走行してみると、全段にわたって開発時に設定した「ダイレクトフィールは継承しつつ、雑味を消した洗練された質感」を体感することができた。（Fig4）

　このように初代（ローンチモデル）に引き続き、シフトフィーリングにこだわって開発し、さらに「地球上もっとも良いシフトフィーリングを持ったクルマ」を超えた、「宇宙の中でもっとも良いシフトフィーリングを持ったクルマ」のトランスミッションを世に送り出すことができたと感じている。

＜関連資料＞ 2.2L エンジン搭載車

200

# シャシー性能進化
（サス・ステアリング・タイヤ）

船野 剛　植森 康祐　塚本 亮司

## ■初期型の反省と改良

### マイナーモデルチェンジ(MMC)の方向性

　初期型の2000年モデルは、スーパー・セブンのダイレクト感及び限界性能を車重1250kgのクルマでの実現することができ、その部分に関しては市場からも高い評価を得た。しかし、操る楽しさの部分に関しては、コーナーリング限界内では同じく高い評価であったが、限界が高く、かつレスポンスが良いこともあり、限界を超えたスライド開始後のスライドスピードやスライドの収束も通常のFR車より早いため、早めかつ少な目のカウンターで対応しながらグリップ回復後、瞬時に的確な量の"ステア戻し操作"をする必要がある等、限界を超えた領域でのスライドコントロールがやや難しいという部分があった。

　このように従来のFR車のドリフトをイメージしているユーザーや、初級・中級ユーザーには敷居が高い仕様になっていたことは否めず、FRとしての"別の楽しさ"としての面での、限界域コントロールの難しさに関しては改善の余地があったのである。

　そこでMMCとしての性能進化の方向性として、シャシー仕様もその検討を進めていった。その対応として、操安性をマイルドにしながら限界を下げる手もあるが、それではS2000のコンセプトが崩れてしまうことになるため、対応として行なったのが、操安（操縦安定性）ポテンシャルを同等以上確保しながら、限界でのコントロール性を確保するために、当初から想定はしていたが、タイヤサイズアップを含めたサスペンション仕様をアップデートすることであった。

## ■サスペンション／ステアリングの進化

　S2000のシャシー進化では、2004年モデルにおいて、モデルラインナップの充実期としての進化を図った。初期モデルの2000年モデルでは冒頭に述べたように、レスポンス重視のシャシー性能を目指し、性能開発を行なってきたが、限界領域でのコントロール性においては、やや扱いにくい面もあった。進化はこの領域がポイントとなった。

　2004年モデルのシャシー性能進化の狙いは、下図に示すような、限界性、外乱感受性、コントロール性といった軸で、性能進化を図った。

　また、2004年モデルではUS仕様がエンジン排気量が2.2 Lに変更された（US以外は2.0Lのまま）。シャシー系としてはサスペンション・パワステ仕様、タイヤのサイズアップも併せた進化を図った。タイヤサイズアップの件は後述するが、サイズアップに伴って、コーナーリングパワー・フォースのポテンシャルは大きく向上するため、その向上分を少しコントロール性に使うこととした。以下、もう少し具体的な変化を語ろう。

　限界域の挙動のコントロールしやすさと安定性向上を狙い、リアのバンプトーイン量の低減、イニシャルトーインに関してもIn 30'（0.5deg）からIn 20'（0.33deg）に低減させた。

　サスペンションセッティング仕様も、上記ジオメトリーとタイヤ変更に伴うハンドリング性能の進化にアジャストする必要があり、メインバネ・ダンパー・前後スタビライザー仕様を変更したとは言うまでもない。また、やや上質な乗り味にする進化も図った。具体的な変更内容を次頁の図に示すが、メインバネ・スタビライザー仕様を見直し、フロントのロール剛性アップとリヤのロール

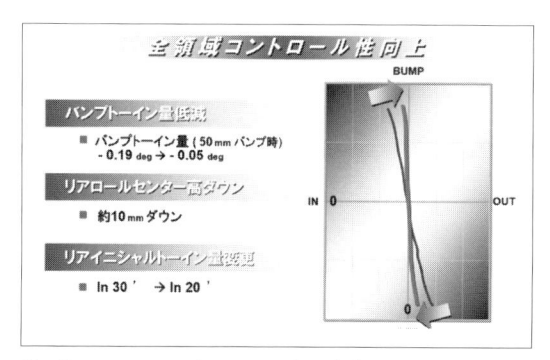

**リアサスペンションジオメトリー変更内容**　図はサスペンションストローク時のトー変化を示したもので、初期型よりもバンプストローク時のトーイン量を若干減らした仕様とした。ロールセンター高も10mm低くすることで、接地性なども向上させた。

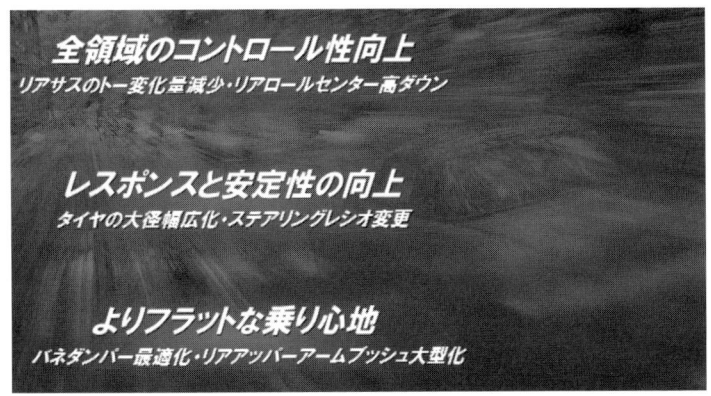

サスペンションアームブッシュの形状図　リアアッパーアームブッシュにインターリングという金属のプレートを挟み込み、軸直方向（＝コーナーリング時入力）の剛性は上げながら、ねじり方向（サスペンションストローク時入力）のばねは下げるというブッシュ構造とした。

MMC シャシー変更の狙い　図のように、ダイナミクス性能向上の狙いを定め、よりコントロール性と安定性、質の向上を目指した。

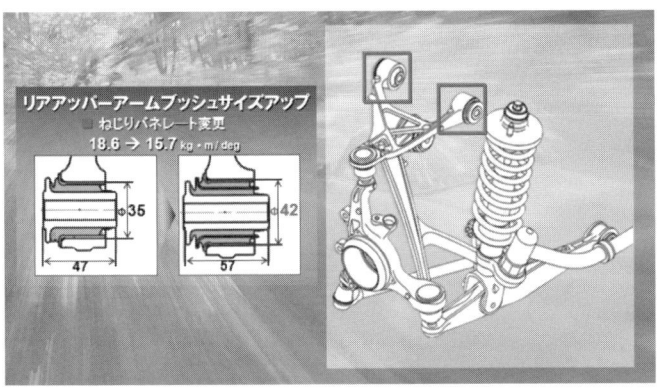

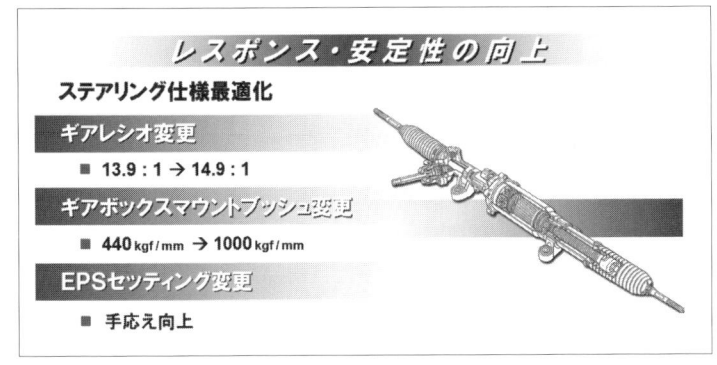

ステアリングギアボックスの変更概要　サスペンションのセッティング変更と併せ、ステアリング系も仕様変更を施した。レシオの変更、ギアボックスの取り付け点剛性のアップ、EPS のアシスト制御セッティングの変更を行なった。

剛性の低減による、ステアバランス改善を行なった。

　リアアッパーアームのブッシュの仕様も、コーナーリング時のタイヤ横方向の剛性は確保しながら、サスペンションストローク時のねじり方向のバネを下げて、突き上げといった乗り心地の改善も行なった。これはブッシュゴムの間に、鉄のプレートを挟み込んで実現している。このブッシュ変更のために、アッパーアーム及びサブフレームまでも変更して対応した。

　また EPS もステアリングギヤ比をややスロー

な仕様への変更とアシスト特性の適正化を図り、ハンドリングの一体感と、軽快さの両立を図った仕様とした。

　具体的な変更内容は、ステアリングギヤ比も約7％スロー化、ステアリングギアボックスをマウントするブッシュの硬度も約2倍強に上げて、フロントの入力を支えることとした。

### ■ボディーの進化

　これらのシャシー仕様変更に合わせて、フロント及びリアのボディー剛性アップを入念なテストのうえで重量増加を最小限に抑えながら実施した。

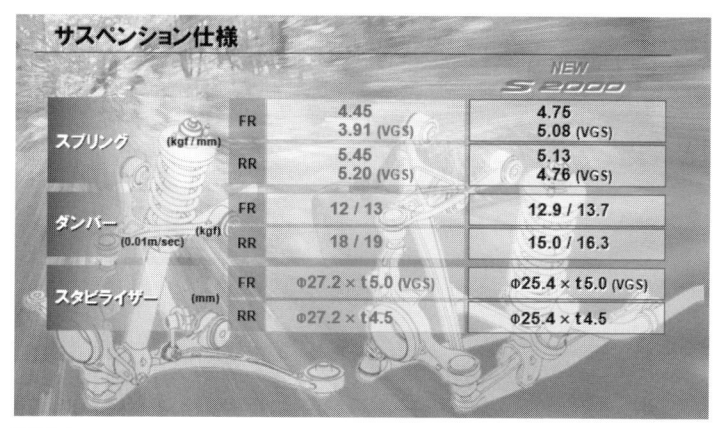

**サスペンション仕様**

| | | | NEW S2000 |
|---|---|---|---|
| スプリング (kgf/mm) | FR | 4.45<br>3.91 (VGS) | 4.75<br>5.08 (VGS) |
| | RR | 5.45<br>5.20 (VGS) | 5.13<br>4.76 (VGS) |
| ダンパー (0.01m/sec) (kgf) | FR | 12 / 13 | 12.9 / 13.7 |
| | RR | 18 / 19 | 15.0 / 16.3 |
| スタビライザー (mm) | FR | Φ27.2 × t5.0 (VGS) | Φ25.4 × t5.0 (VGS) |
| | RR | Φ27.2 × t4.5 | Φ25.4 × t4.5 |

**ボディー剛性アップ箇所①**　応答性向上のために、ボディー側の補強対策も行なった。フロントはクロスメンバーとサイドフレームの結合点の剛性補強、リアはダンパー取り付け点の左右をつなぐ横方向のバーの固定ポイントの追加、リアフレーム後端をつなぐロッドの追加などを行なった。

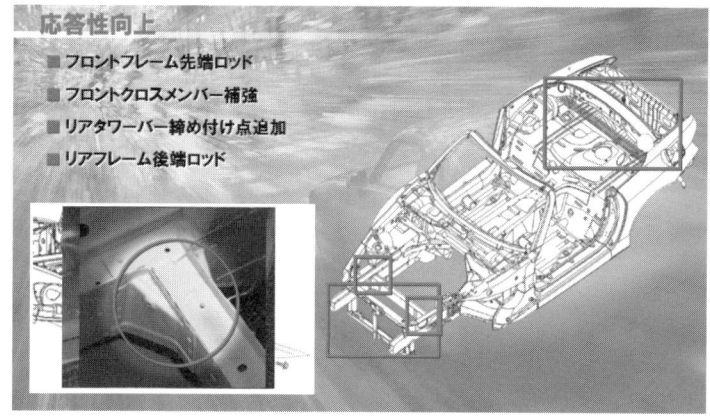

**応答性向上**
- フロントフレーム先端ロッド
- フロントクロスメンバー補強
- リアタワーバー締め付け点追加
- リアフレーム後端ロッド

**ボディー剛性アップ箇所②**　さらに、フロントバルクヘッドにパフォーマンスロッドを追加、アッパーアーム取り付け部ブラケットの補強、リアはリアホイールアーチ部の補強など、細かいところまで仕様の見直しを行なった。

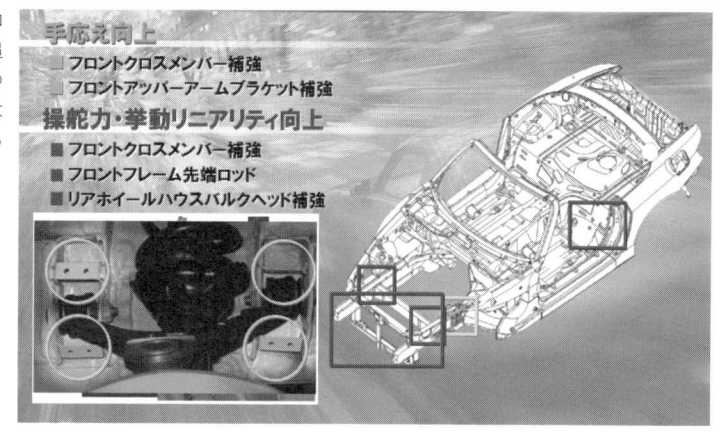

**手応え向上**
- フロントクロスメンバー補強
- フロントアッパーアームブラケット補強

**操舵力・挙動リニアリティ向上**
- フロントクロスメンバー補強
- フロントフレーム先端ロッド
- リアホイールハウスバルクヘッド補強

　これらの変更内容は、日本仕様のパワートレーン系をアップデート（エンジン排気量2.2L化＋Drive by Wire化＋駆動系進化）した2006年モデル、及び2008年モデルのベースモデルでは踏襲している。

　S2000としての最終モデルは2008年モデルが最後となる。ただし、ベースモデルの性能進化に関しては2006年モデルが、事実上最終モデルと言える。2008年モデルは、US仕様ではCRモデル、日本ではType-Sが設定されるが、そのモデルに関しては、この後の章で紹介する。

　このようにS2000は初期ローンチモデルからの性能進化を遂げていき、S2000が誕生した時の性能から洗練進化されてきた。この進化については、どれが好きかはお客様の好みで分かれるところもあると思うが、ただ言えることは、人が成長するように、やや、"やんちゃ"な初期モデルと少し"大人"になった後期セッティングの違いはあるものの、S2000の軸はブレていない範疇と考

えている。

## ■タイヤの進化

### ①MMCタイヤ開発の制約条件

スポーツカーの性能進化において、タイヤの進化も重要であり、お客様視点でもタイヤサイズアップは魅力あるところである。しかし、単なるドレスアップではなく、スポーツカーとしての性能を進化させる開発は、とても手間と難易度を伴うものである。

前述の通り、S2000のニューモデル開発では、ゼロからの車両開発と共にタイヤ開発を行ない、その開発は困難を極め、結果 10次品越え（数字は、開発時に改良・改善すべき点を設計変更した回数を示す）を象徴とする多くの開発リソースを必要とした。

S2000 MMC開発初期（2002年初頭）のホンダは、新機種が増加傾向にあった。S2000も例外ではなく、開発リソースを適正化することは必須な状況 であった。スポーツカーとしての性能進化をいかに効率良く開発するのか？ が課題だった。以降に、進化させた性能設計と設計計画（作戦）について述べる。

### ②タイヤ開発の目標性能

タイヤの設計は、まずはサイズ選定からである。フロントは205/55R16（Φ631）から215/45R17（Φ625）へ、リアは225/50R16（Φ631）から245/40R17（Φ627）へそれぞれサイズアップを検討した。

＊Φ：タイヤ規格外径

スポーツカーは、ライフサイクルの中での運動性能の進化は必然であり、このS2000もニューモデル開発時にすでに折り込み済みであった。

しかし、タイヤ外径の制約があるので扁平率が小さくなり、タイヤハイトも低くなるため、路面の入力をタイヤで吸収させることが困難になり、乗り心地やロードノイズが悪化する。

S2000のMMCとしてさらなる運動性能進化はもちろんのこと、どこまで相反する乗り心地やロードノイズ性能をリカバリーできるのかを見極めることが重要な課題であった。そのため、

ニューモデル時の16インチタイヤに対して、サーベイテスト（開発初期の性能比較調査をいう）を行なった上で、目標性能のバランスを決定した。この時点でタイヤパターンをPOTENZA RE050に決定した。

16インチから性能を高めた項目は、ドライ路面の操安性能だった。一方で、タイヤハイトが低くなる分、タイヤ上下方向のばね定数が高くなり、タイヤケース剛性（全体の剛性）を低下させるとドライ路面での操縦安定（操安）性能が悪化するため、譲る項目は、乗り心地性能とした。その他の性能は、ニューモデルの 16インチ性能同等とした。ブレーキ性能は、ドライ路面での操安性能と同じ傾向であり、ロードノイズ性能は、ある程度まで構造での対策を行なえる。ドライ路面の操安性能と相反する性能は、転がり抵抗と車外騒音（自動車の走行騒音に係る環境基準を満足するタイヤ騒音）となる。

タイヤ性能に寄与するコンパウンド選びは、操安性能の向上の観点から選出した。トレッドコンパウンドを次頁の表に示す。

候補であるコンパウンドBは、コンパウンドAに対して5% 転がり抵抗が悪化する。しかし、転がり抵抗は17インチ化による低扁平化によって、タイヤの接地形状がスクエアとなることによる接地面の滑り領域の減少により、リカバリーできた。

一方、車外騒音の性能はタイヤ低扁平化、幅広

**タイヤの変更** S2000 FMC に対して、MMC ではさらなるドライ路面の限界性能向上とウェット性能および NV 性能との高次元バランスを狙ったブリヂストン製 POTENZA RE050 タイヤを採用した。

| ゴム/性能 | コーナリング<br>フォースMAX | コーナリング<br>パワー | 転がり抵抗 | ゴム硬度 |
|---|---|---|---|---|
| コンパウンドA<br>（FMC 16インチ） | 100 | 100 | 100 | 100 |
| コンパウンドB | 97 | 113 | 95 | 105 |

**タイヤコンパウンド（FMC16 インチを 100 とした場合の指数）①** S2000 用タイヤのタイヤコンパウンド（トレッドゴム）の各性能に対する指数。FMC16 インチを 100 とした場合の指数であり、100 よりも大きい方が性能が優れる。

化により悪化する傾向にある。一般的にタイヤの騒音の発生メカニズムは、ラグ溝（横溝）のポンピングノイズ と ゴムの衝突ノイズに分けられる。前者のポンピングノイズは、パターンで対策ができる。後者は、地面と衝突する時のノイズだから、トレッドコンパウンドの硬度が高いと悪化する。目標は、ニューモデル時の16インチ同等であった。しかしコンパウンドAに対してコンパウンドBは5%悪化する。このリカバリーはタイヤパターンの横溝のピッチパターンの分散でリカバリーするとした。この決断が後に開発の大きな課題となるとは思いもよらなかった。

③スポーツカーとして、異例のタイヤ短期開発への挑戦

　私は1992年入社以来、主にタイヤ開発に従事し、7代目EU CIVICの開発を終え、タイヤ開発のプロセスに関しては熟知している状況で、前任者から本開発を引き継いだ。その開発日程は、スポーツカーとして異例の約半年間だった。正直当初は真っ青になった。計画に記載されていたのは、一桁前半次品（タイヤを試作し、実車適合性を検証する回数が一桁前半の回数を意味する）で仕様を決めるとあり、ニューモデル開発実績から大幅な削減が必要だった。その削減には、"開発シナリオ"つまり工夫が必要と考えた。

　ニューモデルの開発時と比べて、MMCの開発のメリットはベース車両があることだ。そして、最大のメリットはタイヤ・サプライヤー様においても車両の準備は可能であるということだ。

　当時は、通常の機種開発でも一桁次品（タイヤ試作を行ない、実車適合性を検証する回数が一桁台の回数）での設計仕様の決定は難しい状況だった。私が考えたシナリオを紹介する。1次品（タイヤ

試作の1回目）はタイヤプロファイル（タイヤの外形形状は、タイヤ規格内で同じパターンでも種類がある。S2000は専用プロファイル）とトレッドコンパウンドの選定、並びに大まかな構造仕様の検証を行なう必要がある。前後タイヤ異サイズであるS2000で重要なのは、リアタイヤの操安キャパシティー（高速での操舵応答性の指標、タイヤのコーナリングフォースを大きくすると操安キャパシティーが増加する）を十分に確保するため、タイヤ規格内でどこまで大きくする必要があるのか？を見極めることだった。それに伴い、フロントタイヤのプロファイルの大きさのバランスも重要である。リアに対してフロントの比率が上がればフロント勝ちとなり、常用域の操縦性は確保できるが、限界域のスタビリティーが悪化する。逆にリヤ勝ちになれば、限界域のスタビリティーが確保できるが、常用域はアンダーステアが強くなりパフォーマンスが落ちる。

　この限界枠の器は概ねタイヤプロファイルとタイヤコンパウンドで決まる。そして、S2000のMMCでは、ニューモデル開発時よりも常用域の操縦性を進化させつつ、限界域のスタビリティーも穏やかに進化させたい。よって、この1次品での飛距離と方向は非常に重要なことが分かる。つまりゴルフでいう、グリーンに乗せるというところである。

　そして、2次品（タイヤ試作の2回目）は1次品で概ね方向性を決めた内部構造のチューニング段階となる。もちろん、1次品が設計と狙い通りの実車評価結果になればよいが、現実は上手くいかないことが多く、3次品（タイヤ試作の3回目）でのゴルフでいう"ピン寄せ"を計画した。もし、2次品で狙いが外したとしても、3次品で帳尻を合わせる作戦だった。

　上記の開発のシナリオは、1次品にしわ寄せした計画に見える。そのしわ寄せのしわを伸ばす施策が、ブリヂストン（以下BS）での事前評価作戦であった。

　1次品の提示があるまで、BSは幾度となく、実車テスト結果、及びタイヤプロファイルや構造

案別を検討し、通常の3次品相当まで煮詰めていただいた。

④タイヤの新規金型の投入タイミング

S2000は、前後重量配分を適正にするとともに、ヨー慣性モーメントを低減させ、横剛性の高いサスペンションを有する車両である。前後のタイヤのサイズを変えることによるリアの追従性の向上により、「軽快な走り」を実現しており、その前後バランスは専用タイヤ開発も一役担っている。このロジックはMMC開発においても、同様であった。

S2000のためのタイヤプロファイルとパターンは、フットプリントと呼ばれる接地形状がその異質さを物語っている（このフットプリントは、ハンコのように黒墨をタイヤに塗布し、車両の輪重分を垂直荷重方向に紙に押し付けた跡のこと）。特にニューモデル開発時のタイヤサイズ幅は、フロントが205、リアが225だが、図の接地形状を見れば分かる通り、リアがMMCの245に近い割に、フロントが195相当に極端に細いことが分かる。また溝の幅もリアの幅が狭いことも特徴であり、リアのキャパシティーを最大限必要とされたことが分かる。

MMC開発では、このNew Model開発時のタイヤの接地形状に着目し、幅方向の前後比を同等にすることにした。上記前後バランスの確からしさもサーベイテストの結果から明白であった。

具体的には16インチS02の接地形状の幅方向の前後比が約0.7であり、リア勝ちが適値であった。MMCでの245化は正解であり、接地形状からも規格幅の上限値ぎりぎりに幅を広くした。

一方で、フロントの接地形状を見て分かる通り、前後の長さが17インチは短くなり、ステアリングの初期手応えや、限界付近の舵の抜けなどの性能ネガが発生する傾向になる。これは低扁平化によるタイヤハイト（高さ）が、低くなることが要因となり、ニューマチックトレール（コーナリングフォースの作用点とタイヤの接地中心を結ぶ距離）が小さくなり、スリップ角が付いた場合にタイヤ中心からすべり領域が短いためである。こ

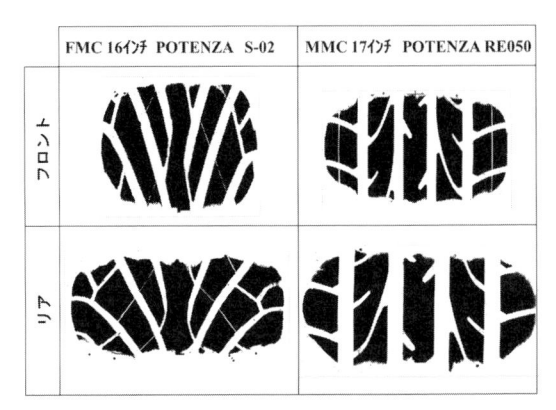

| FMC 16ｲﾝﾁ POTENZA S-02 | MMC 17ｲﾝﾁ POTENZA RE050 |

S2000用タイヤのFMCとMMCの前後フットプリント比較

れをリカバリーするには、タイヤハイトを高くするためにタイヤ外径を大きくするか、もしくはタイヤの構造で接地形状を丸くするしかない。MMCとしては、車体のレイアウトが決まっているため、後者を選択した。MMCのフロントの接地形状を見ると、前後がラウンドし、比較的丸くなっていることが分かると思う。

S2000は他車にはない車両性能ロジックであることを、この接地形状が物語っている。これらのサーベイタイヤの検証結果をもって、1次品から新規金型品を投入できた。

⑤S2000の研ぎ澄まされた操安性能の実現　－常用領域／限界領域 へのアプローチ手法

1次品では、フロント・リア共にニューモデル開発時で使用したコンパウンドAに似たコンパウンドBを採用した。その理由は、限界領域を代表性能とするコーナリングフォースをキープ（100から97へ、マイナス3％に留める）しながら、常用領域を代表性能とするコーナリングパワーの向上（100から113へ13％の向上）を狙ったためである。なおコンパウンドとは、タイヤが路面に接するトレッド面のゴムを指す。

しかし、1次品の評価結果では、常用域の操安性能の良さの反面、限界域でリアが唐突にオーバーステアへ転じる問題を抱えていた。

MMCの開発目標では、限界域のドライバーの扱いやすさ（穏やかさ）があったので、問題の大きさが分かる。これは、通常の乗用車と異なるスポーツカーならではの問題点である。

最初に私がこの一報を聞いたのは、BSとの合同テストの場であった。1仕様20分前後で戻ってくるはずのところが、倍の40分かかって戻ってきた。ホンダ側の評価ドライバー大久保健治さんは、首をかしげて、「常用域は良いんだけど、限界域が唐突なんだよね。現行よりも悪化している」とのコメントだった。この限界域の事象は、高速スラロームで顕著に再現ができた。BSの評価ドライバー、次にBSの設計者が順に乗り込み確認いただいた。

私は合同テスト終了後、同乗した。真っ暗な中、S2000のライトがテストコースを照らし、パイロンが微かに浮かんでいた。VTECサウンドと共に一気に加速、2個目のパイロンを過ぎたあたりで横Gが溜まった直後、リヤから唐突に流れる挙動を体感できた。私は車酔いに強い方だが、真っ暗闇の中での高いGのスラロームは、さすがに酔ってしまいフラフラだった。

その対策については、主にフロントのコンパウンドを変更（コンパウンドBからCへ）し、下の表の通り、前後バランスを考慮しコーナリングパワーはキープ（113から111へ）とし、フロントのコーナリングフォースを逃がす（97から88へ）という変更となる。

この改良で当初の目論見（もくろみ）から外れていくのは、タイヤコンパウンドのゴム硬度を105から107へ硬くする分である。一般的にタイヤのゴムが硬くなると、回転するタイヤのパターンブロックが、路面と接触する際に叩く音が大きくなるため、実は1次品の車外騒音の評価結果も出てきており、狙いのパターンの効果が出ておらず、この2%悪化の数値を見て気が重くなった。

車外騒音の基準を達成することは、量産車とし

| ゴム/性能 | コーナリングフォースMAX | コーナリングパワー | 転がり抵抗 | ゴム硬度 |
|---|---|---|---|---|
| コンパウンドA（FMC 16インチ） | 100 | 100 | 100 | 100 |
| コンパウンドB | 97 | 113 | 95 | 105 |
| **コンパウンドC** | **88** | **111** | **111** | **107** |

**タイヤコンパウンド（FMC16インチを100とした場合の指数）②** S2000用タイヤのタイヤコンパウンド（トレッドゴム）各性能に対する指数。

て販売する上で必須条件となる。しかし、S2000の研ぎ澄まされた操安性能は、お客様にとって、第一要件になる訳なので、私はアイデアで車外騒音との両立を考え、コンパウンド変更を決断することにした。

⑥操安性能と車外騒音の両立の難しさ

騒音に対して、自動車という製品は車外騒音法規の基準値を超えないようにしなければならない。そして、スポーツカーといえど、この社会性を持ち合わせる必要がある。

MMC開発では、前述の主要部品の骨格や構造を変更することはできないので、17インチ化だからといってタイヤからの騒音を悪化させることはできない。そして、一般的にスポーツカーで採用されるタイヤコンパウンドのゴム硬度は、低温域（約0〜40℃まで）は硬く、高温域（約50〜80℃まで）は柔らかい特性である。これは、サーキット等での限界領域において発熱し、ゴムを柔らかくして粘着摩擦を活用するためである。このゴムの特性は、車外騒音の基準を達成することに対しては不利な特性になる。

2次品でフロントタイヤにコンパウンドCの決定をした際、「温度特性を利用して、両立できないものか」という課題に対する解決のアイデアがあった。2次品の評価のころには、すでに11月も過ぎ、外気温が10℃を下回る日が続いていた。

通常、車外騒音は気温20℃相当での路面温度にて評価を行なうため、どの機種も同じ係数を用いて、測定した騒音値（dB）に対して温度換算する方法を取っている。

S2000に採用したコンパウンドは低温になるにつれて、セダン用よりもゴムが硬くなる特性を持っている。この特性を騒音値に例えると、「10℃の路面温度では騒音値に差があるものの、評価路面温度では差が少なくなるはず」と考えた訳である。

私の考えをBSに相談したところ、トレッドコンパウンドの特性であることが確認でき、実車テストにご協力いただけた。

2月の時期に、評価路面温度の状態を再現する

ためにBS 黒磯テストコースでテストを実施した理由は、評価路面温度でのタイヤ内部温度は40℃に相当するため、これを再現するタイヤウォーマーをお借りしたいからだった。冬季2月ということもあり、完全に覆えるサイズはF1用が適当であること、テスト効率の観点から12セット（48本）のウォーマーを準備いただいた。そして、F1で使用しているタイヤトレッド面に突き当てて、内部温度を計測する器材も使用した。計測環境として走行風でタイヤが冷却されることを想定し、スタートとゴール地点の2ヵ所で計測した。

下の図の通り、内部温度を40℃まで上昇させ、外気温と同じになるところまで数回計測することとした。

2月10日、午前10時に テストスタート。午前中半分が終わった段階で、想定外のことが起こった。それは、F1用タイヤウォーマーは、S2000よりも幅広だが、外径が小さいため、装着した際にタイヤ中心まで覆え、タイヤ内部温度が約30℃までしか上昇しなかった。また、走行前に十分温めたタイヤ表面温度は、走行風で冷やされ、ゴール時には想定よりも10℃ほど低い温度となってしまった。

結果は、目標とする40℃近辺の状態には届かず、30℃付近までのデータで外挿（40℃は、30℃までの既知のデータを基にして、そのデータの範囲の外側で数値を予測した）せざるを得なかった。そのため、効果は薄く目標の騒音値にはわずか（小数点）に届かない結果となった。

この結果をもって、日本以外の仕向地しか適合できないことが判明した。

⑦17インチ化 全世界統一仕様の断念

2次品からのスタートでは、短期間での仕様決定は難しいと考え、開発スケジュールを精査し、日本向けのみ短期間で仕様決定するという計画を立案した。最終の図面締め切りに間に合うデッドラインぎりぎりまで粘る作戦である。

そして、車外騒音担当者 北原 純（きたはら・じゅん）さんと共に、S2000チームへBS黒磯テストコースの車外騒音の結果を報告した。上原繁LPLは、私の報告を最後まで黙って聞いておられた。いくつかの技術的な質疑応答の後、静かに「分かった」と決断していただいた。本当は、最初の開発目標の見通しの甘さなどを言いたいところだと思ったが、「次は失敗するな」「開発日程は死守せよ」と逆にエールを送っていただいたのだと認識した。

⑧日本向け17インチタイヤの開発

この開発では、車外騒音の目標クリアがテーマだった。2次品までの開発テスト結果から、リアタイヤからの騒音の低減は必須という状況だった。残る手段は、トレッドコンパウンドをニューモデル開発時の16インチと同じコンパウンドAに戻すしかなかった。しかし、操安性能の進化として、常用域を向上させるため、フロントはコンパウンドBのままとした。

しかし、フロントの金型を新造し、接地形状を若干狭めることで前後バランスを整え、見事に短期間で仕様を決定することができた。

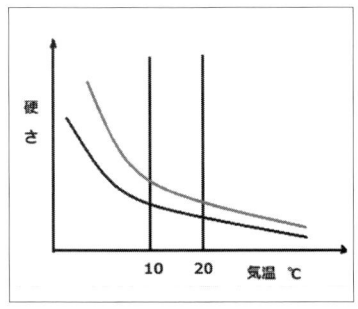

気温に対するゴムの硬度（上：S2000用、下：セダン用）

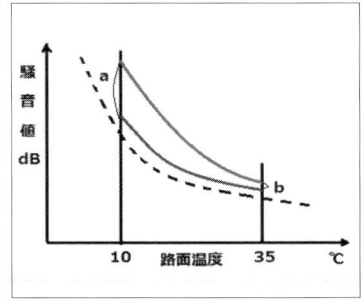

路面温度に対する騒音値（上：S2000用、下：セダン用、点線は換算係数線）

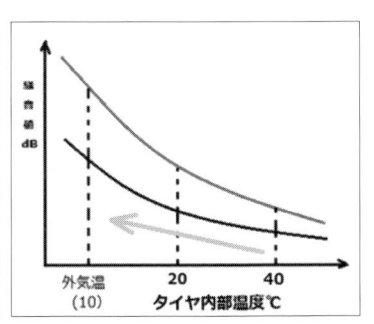

タイヤ表面温度と騒音値の計測結果（上：S2000MMC用、下 S2000FMC用）

**2006年モデルからタイヤサイズをアップ**
BS製 POTENZA RE050 を採用。ドライ
性能とウエット性能を高いレベルで両立さ
せた。フロントタイヤ：215/45 R17、リア
タイヤ：245/40 R17。

⑨MMCタイヤ開発を振り返って

　過去に前例がないスポーツカータイヤの短期開発は、当初予定の12月を1.5ヵ月オーバーしたものの、2003年の2月に幕を閉じた。超短期間の開発だったが、その開発の中身も"全世界統一仕様"というチャレンジがあったからこそ、日本仕様の17インチ市場投入が、早期に完了実現でき

たと思っている。

　開発の泥臭い一断面の紹介となったが、我々開発陣の思いが詰まった新車装着タイヤであることがお分かりいただければ幸いである。常に「高い志」を忘れず、大切に育てあげたS2000用タイヤがあったことをお伝えし、この章を終わりたい。

# シャシー性能進化
（ブレーキ性能進化）

箕田 修一

## ■2004モデルでの進化

2.2 L化するエンジンをはじめ、進化する2004年モデルに対して、ブレーキシステムの検討を始めた。ある意味ギリギリの設定だったリヤブレーキ容量のアップも検討したが、それに伴う重量増も不可避であるため、ブレーキシステムとしての軽量化を第一優先とするコンセプトは変えないこととし、重量変更の伴わないブレーキパッドの検討を行なった。

2000年モデルより使用していた日本仕様のブレーキパッドは、耐熱樹脂を基材とするいわゆるノンアスベスト（ノンアス）材であり、ブレーキ鳴きのタフネスがあるほか、ブレーキディスクへの攻撃性が少なく、ディスクの長寿命が望めるなど利点がある。しかし、樹脂を基材としているため、スポーツドライビングでの高温状態では、樹脂がガス化してパッドとディスクの間に滞留して摩擦係数が下がってしまう「フェード現象」が起こりやすいデメリットもあった。

余談ながらブレーキパッドのスリット、ブレーキディスクにスリット加工、あるいは穴をあける例があるが、これはこの滞留ガスの除去、耐フェード性向上の効果がある。ノンアス材とは異なるタイプとしてロースチール材があり、基材をスチールファイバーとするため、樹脂より耐熱温度は高くガス発生も少ない（基材以外に結合材として樹脂も併用するためゼロにはならない）ため、耐フェード性に優れる。またディスクに対しては「鉄vs鉄」摩擦となるため、摩擦係数も一般的に高い。一方、デメリットとしては、ディスクへの攻撃性が高くディスク寿命が短くなる。またパッド自体の摩耗も早く、その摩耗粉はホイールディスクの錆を伴う汚れとなって現れる。

このように一般的な商品性としては、難のあるロースチール材であるがアウトバーンを代表とする速度領域が高いヨーロッパでは、ブレーキ性能への要求性能が高く、寿命が短い等の商品性は許容される傾向のため、広く使われている。実際S2000のヨーロッパ仕様ではロースチール材を適用していた。そこで日本仕様に対してもこれを適用すべく検討を始めた。懸案のディスク及びパッド寿命については、過去NSX-Rで適用していたメタリック系のパッドの市場実績と2000年モデル以降のユーザーの使い方からして許容されうる

**ブレーキ性能進化** 2000年モデル発表後、鈴鹿サーキットでMMC開発に向けてベースデータを取るテストを行なった。ダッシュボードには温度ロガーとアンプ、助手席床には車輪速、縦横G、ヨーレートをロギングするデータロガーが置いてある。当時は車体側にセンサーが無かったため、別付けセンサー、アンプ等計測器満載状態である。

ブレーキ前後配分　ブレーキ配分グラフ上でのPCVとEBD（点線）による配分、EBDによる制動効率が高いことがわかる。

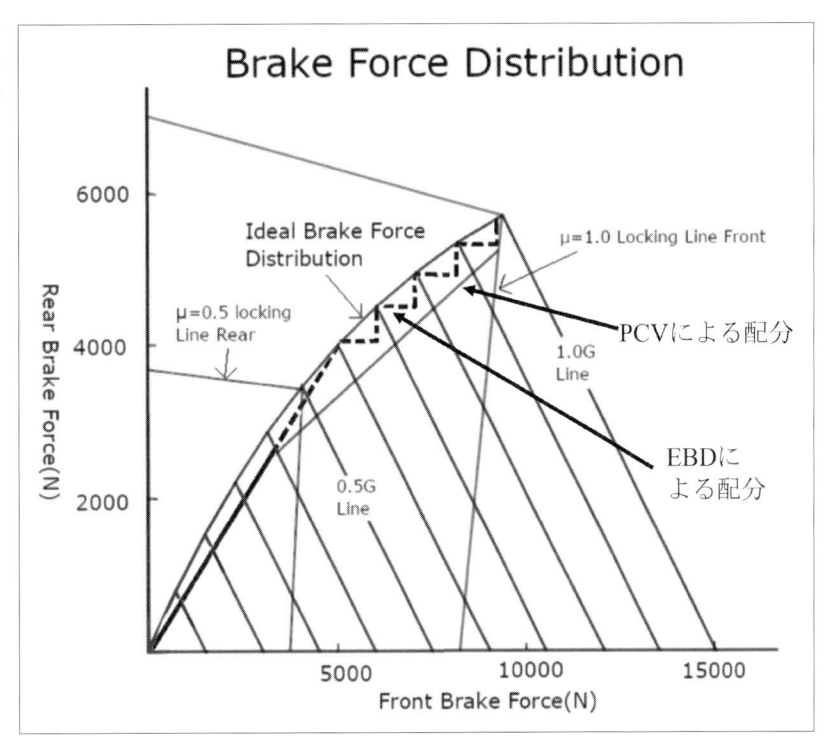

と判断した。基本性能自体は判っているので、フィール上の効果をサーキットテストで確認した。摩擦係数が上がるため、ブレーキの利き自体は向上し、またロースチール材特性としてある程度温度が上がった方が、摩擦係数が上がるという性質により、一制動中に利きが上がっていくビルドアップ特性があり、フィール上も好ましいものであり、当然、耐フェード性能の向上も確認できた。

ただし少々利きすぎの感があり、コントロール性の観点よりマスターパワーの出力特性でアシスト倍率を下げる方向で調整した。

ABSユニットは、2000年モデルよりNK8Aシステムを適用してきたが、2004年モデルのタイヤのサイズ、性能向上を最大限生かすために、より高速のCPUを使い、制御ロジックのサイクルタイムの短いNK11Aを適用した。サイクルタイムが短いことは細かい制御ができ、よりタイヤ性能のスイートスポットを使えることを意味する。またヨーコントロールロジックの追加等により、安定性の向上が図りながら、NK8Aに対して700gの軽量化を果たせた。

### ■VSA、EBDの適用

VSA（ビークル・スタビリティ・アシスト）は他社でいうVSC、ESCと同様な横滑り防止制御である。いわゆる安全デバイスであるがゆえに、スポーツドライビングの文脈中での位置づけ、コンセプトには悩んだ。安全方向にセッティングを振れば、早期に制御介入してドライビングの楽しさを阻害しかねないし、介入しづらいセッティングにすると条件次第では、限界を超えてスピン等をしかねないシステムとなり、存在価値を疑われかねない。

OFFボタンがあるので安定志向にとの意見もあったが、それはそれでスポーツドライビングの前に押す「お約束のボタン」と化してしまい面白くない。悩んだ末にスタートは"攻めた仕様"にして実車検証でレベル調整をしていくこととした。この検証ではホンダ鷹栖プルービンググラウンドが非常に役に立った。様々な速度、路面状態での検証が可能であり、その検証の中で案の定"攻めた仕様"では、好ましくないオーバーステア状態に陥ることがあることが確認できた。そういう"攻めすぎた"部分をリセッティングしてい

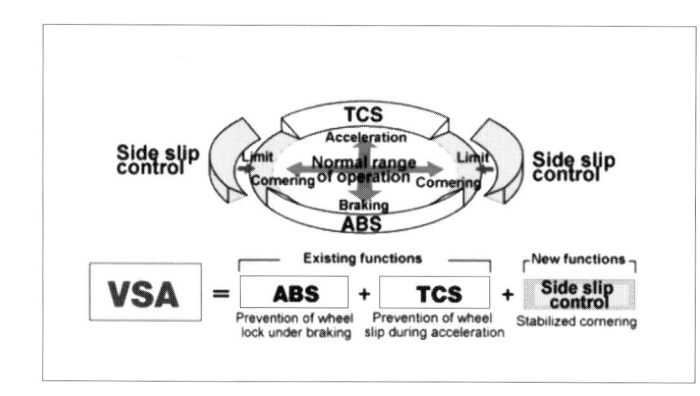

**VSAのコンセプト** 1990年代より普及が始まった横滑り制御で2000年代にはスポーツカーにも適用が進んだ。各社それぞれ名前を付けたがホンダはVSA（Vehicle Stability Assist）とネーミング。"Assist"とはドライバーの意思を尊重し、制御は脇役であるとの思想を反映したもの。S2000に適用されたVSAはリア駆動として初めてであり、専用チューニングが施された。その一つがシフトダウン時に過剰なエンブレ（エンジンブレーキ）が車両姿勢を乱すことを避けるため、スロットルを開けてタイヤを回転させ、エンブレ成分を"ゼロ"にする制御。

き、スポーツドライビングを阻害しない、かつ安定性を両立させたVSAシステムができた。と同時に、ブレーキ配分を機械的なPCV（プレッシャー・コントロール・バルブ）配分から電子制御式EBD（エレクトリック・ブレーキ・ディストリビューション）による配分に変更した。

　PCVによる配分は設定された液圧に達すると、それ以降はリヤの液圧を特定の比率でフロント液圧に対して減少させる機構であり、制動に伴う前後荷重配分を見越して、制動効率と安定性の両立を担保する機構ともいえる。

　ただし現実の積載状況、ガソリン残量、旋回時の内外輪の荷重移動等には追従できないため、

セッティング段階で安定性を見ながら制動効率は妥協しなければならない面がある。

　一方EBDではリアルタイムで4輪の車輪速をセンシングしリヤ側の車輪がスリップし始めたところでリヤ側の液圧をコントロールするため、制動効率と安定性の両立が高いレベルで望める。

　時にターンインの旋回ブレーキでは荷重の抜けやすいリヤ内輪の状態で制御できるため、オーバーステアに移行しそうになる状況で、安定性を確保しつつ、旋回制動効率を高いレベルで両立することができるようになった。このVSAとEBDは2008年モデルに適用した。

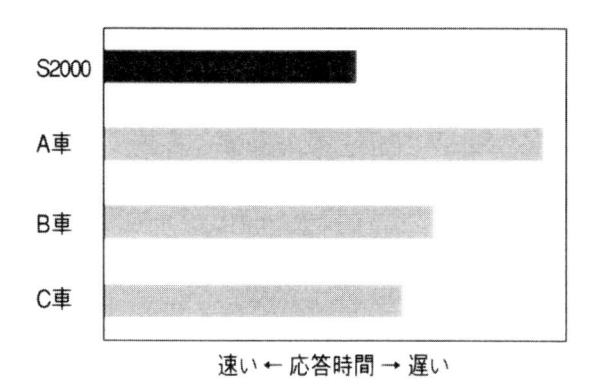

＜関連資料＞実車ブレーキ応答比較（0.8G 到達時間、1999 年）

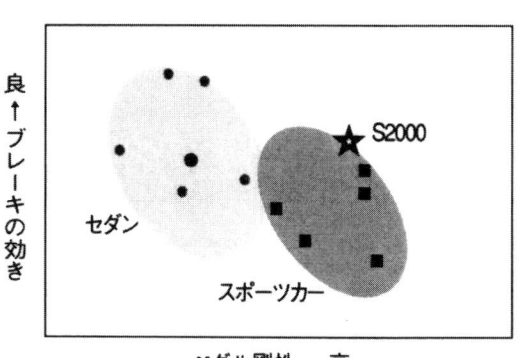

＜関連資料＞実車ブレーキ剛性比較（1999 年）

# Final Model CRとTYPE-S
# S2000　モデル完成形へ

雨澤 博道

## ■最終モデルCR
## （Café Racer）

　現行モデルでのライフサイクルが2009年イヤーモデルまでとなり、最後のMMCとして、お客様に喜んでいただけるようなものを提供したい、ということからコンセプトの議論がはじまった。

　元々、以前から営業より「S2000にもタイプRを」という声があった。その中でも、特に、アメリカの営業のトップからも、レース場でも走りが楽しめる差別化したバージョンが欲しいという声が上がってきていた。しかし、「ベースがすでにタイプRのようなクルマ、やりようがない」としてきた。そんな中、色々手を加えて楽しまれているユーザーも多く、S2000ならではの「カフェレーサー」の世界がある。そこで、コンセプトは「お客様のカスタマイズへの想いも踏まえ、自動車メーカーが考えたカフェレーサー」とした。

　カフェレーサーの象徴であるエアロスタイルを"カッコいい"だけではなく、効率が良く、操縦安定性向上に結び付くエアロ効果を得るものとする、つまり、速度が上がるにつれ大きくなるリフト力により生じる前後の荷重バランスの変化をオープンでも効率よく抑え、中高速での操縦安定性（操安）向上をはかる＝"オープンでの空力操安"をテーマとして定めた。LPLを含め主要メンバーが、空力操安をテーマとした2002年モデルNSX-Rの開発メンバーであったため、この方向性について、多くの議論は必要はなかった。

　実車性能の具体化＝ベースに対し、どこまでパフォーマンスを上げられるかの手探りの作業が始まった。正直、機種チームとしては小さなチームであった。先行検討にかけられる人的な資源は、限られていた。開発が決まっていない段階では、テスト用パーツの試作も難しいが、幸いなことにS2000には、「ホンダアクセスや無限のエアロパーツ」を始めとした多くのチューニングパーツが

あった。これらを使い、空力バランスを探りながら、それに合わせて足回りのセッティングを同時に進め、方向性を模索することにした。

　ある程度まとまってきたところで、上原繁LPLより、「NSX-Rのタイヤをはかせてみて」とリクエストがあり、これをきっかけに、CRの目標性能、商品イメージがより具体的に構築され、主要マーケットであるアメリカの営業に試乗してもらい、好感触を得て、"開発GO"へ一気に向かっていたのだった。

## ■CRのメニュー

　オープンでの空力操安をテーマとし、かつ、見た目にインパクトのあるエアロパーツ、これで得た空力操安性能とNSX-R譲りのハイパフォーマンスタイヤを軸としたハンドリング性能の向上、シートは標準が革シートのところをあえて滑り難いファブリック表皮を採用した。パッド厚の見直しと合わせホールド性をアップし、ケブラーにインスパイアされたデザインで差別化、遊び心として使われていないワーニングランプスペースを活用し、パワーピークインジケータ表示を採用したメーター、NSX-Rで採用した丸シフトノブは操作ストローク短縮と操作手応えアップを狙った。さらにエキゾーストパイプは排気音への見直しを施している。

## ■空力性能の構築

　エアロパーツに関しては、実車性能から効果のある空力性能（リフトの低減と前後バランス）の目標を定めた。そして、この目標を達成する上で二つの開発課題に取り組んだ。まず、一つ目の開発課題はこのクルマの主題であるオープンでの空力操安である。ソフトトップのクローズ状態とオープン状態での空力（前後リフト）バランスに差があることに着目、「オープンでの操縦安定性を空力により向上させ、かつ、クローズとの特性変化を抑える」が一つ目の開発課題であった。前後リフトバランスは重量配分同等の5：5を基準にスタートし、実車テストで前後のリフト低減量を定

めた。二つ目の開発課題は、空気抵抗を悪化させずにリフトを下げることであった。空気抵抗が増えてしまうと、走行抵抗が増え、燃費への影響が大きくなり、エミッションレギュレーションを取得し直す必要が出てくるため、開発内容が一気に増えてしまう。そこで、「走行抵抗は増やさずにリフトを下げる」が、もう一つの開発課題となった。

デザイン部門と空力部門でシミュレーションとテストを繰り返し、最終的に上前二つの開発課題を守りつつ、目標の空力性能を達成するデザインが完成したのだった。

次に、完成車目標として挙げたのが、S2000ユーザーがサーキット走行で、ノーマルとの差がはっきりと実感できるレベルにハンドリング性能向上を向上させることだった。ユーザーがこのクルマでサーキット走行を楽しむと思われるロケーションとしてショートサーキットを想定、筑波サーキットでのラップタイム2秒短縮を完成車目標と定めた。

そして実際に筑波サーキットでタイムアタックを実施、狙いとする性能を得られることを確認することができた。

### ■スポイラーのデザインが決まったものの

さて、実車性能面とは別にCR専用装備である前後のスポイラーには大型ゆえの課題があった。

まずフロントスポイラーである。現行バンパーより低く、先端が前に延びるために、前輪接地点とバンパー（スポイラー）下端を結んだ線＝アプローチ角度が減るため、駐車場出入口等にあるア

プローチでより接地しやすくなる。元々、車高が低く、アプローチ角度の少ないS2000は輸送時にバンパーが接地しないよう、スプリングにスペーサーを挟み込み車高を上げて出荷している。輸送時の車高を上げた状態でもクルマのアプローチ角度は同様に減るため、出荷からディーラーまでの輸送が課題としてクローズアップされた。フロントスポイラーを取り付けずに、車内に入れて出荷、ディーラーで取り付けてもらうことも考えられるが、S2000の室内に収納できるわけはなく、スポイラーを取り付けての出荷が前提になる。そこで、デザインが固まったところで、発泡スチロールのデザインモックを実車に取り付け、輸送検証を行なった。この課題がクリアできないと、デザインへのGOサインを出せなかった。

検証は鈴鹿製作所内の移動、製作所から出荷するトレーラーの積み下ろしの国内にとどまらず、CRの販売先である、アメリカへの輸送船内（スロープ、固定ベルトの干渉）、アメリカでの陸揚げ、貨車の積み下ろし、トレーラーの積み下ろしまで確認した。

結論は、運送を担当する方から「クルマを傷つけずに輸送するのが俺たちの仕事だ！」と頼もしいお言葉を頂き、輸送する際にトレーラー積載位置を配慮してもらうことで、輸送のメドを立てることができた。

次にリヤスポイラーである。ホンダアクセスや無限のスポイラーの固定箇所はトランクの両端、つまり骨があるところである。しかしCRスポイラーの固定箇所は内側に入ったところ、つまり骨

**車体上部中央付近の風の流れ**　リヤスポイラー周辺は乱れが見られるが、リヤスポイラー中央は後方視界確保も含め、水平にし、オープンでもクローズでも影響がないような形状処理を行なった。

**車体サイド側の空気の流れ**　オープンでもリヤスポイラー周辺の風の流れに乱れが少なく整流されている。またリヤスポイラーの両サイドを翼断面とし、オープンとクローズで同等のリフト低減効果を確保した。

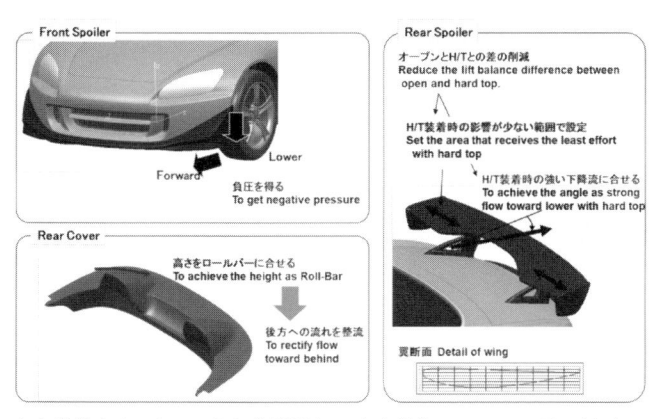

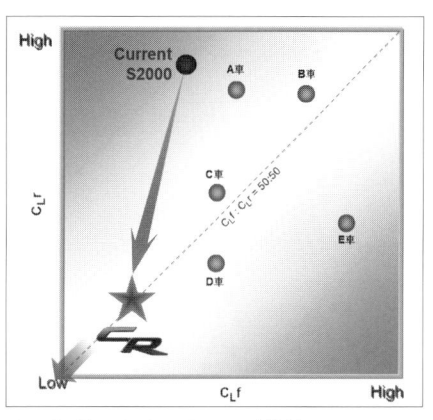

**空力特性向上のための各部仕様詳細** 空力性能では、リフト量の低減と前後のバランスを考慮した仕様開発を行なった。空気抵抗（ドラッグ）を悪化させないように、リフト低減を行なうのは結構なハードルがあった。様々なスポイラー形状での研究を実施して、最適なウイング形状を導き出した。

**オープン時のリフトバランス** （横軸 CLf；フロントリフト、縦軸 CLr；リヤリフト）重量バランスと同等のリフトバランスの大幅なリフト低減を達成した。特に Fr リフトの低減は市販モデルとしての実現性の関係もあり、難しい課題であった。

**出荷時の状態** 工場出荷時にサスペンションスプリングにゴム製のスペーサーを挟み込み車高を上げて、輸送船、貨車、トラックなどの輸送要件を満たすようにした。

**アメリカの自動車運搬の貨車** 北米大陸間の輸送は、輸送船で到着した港で陸揚げし、鉄道輸送となる。写真の貨車はクルマ専用の貨車でなんと3階建てである。

**貨車への積み下ろしのスロープ** このスロープは結構な傾斜と狭い幅になっているが、搬入のドライバーはとても迅速に手際よくこなしていた。

**積み下ろし検証** 搭載用のスロープに乗り上げるところが最も接地しやすいため、その検証も入念に行なった。実際の搭載ドライバーのお墨付きも得ることができた。

**トレーラー積み下ろしの検証** 貨車から降ろされると、今度は陸送用のトレーラーに載せることになるが、これも車高の低いクルマにとっては難関である。検証の際、かなり厳しい箇所もあったが搭載ドライバーが「大丈夫。俺たちはプロだ。傷つけないようにする」と自信たっぷりに宣言された。

**HPCCへ向かう道** アメリカにあるホンダのテストコースHPCCへ向かう風景。近くの町カリフォルニアシティからHPCCまでは建物などなく、荒涼とした延々と砂漠の道を走行し、たどりつく。あらためてアメリカの広大さを実感する。

が無いスキン一枚のところであり強大なダウンフォースを受け止められるように補強を施した。

また、大きなスポイラーのため、その重さから悪路走行でトランクが暴れないようにトランク開口左右にスペーサーを追加した。

## ■ソフトトップの廃止

CRのタイヤは2002年イヤーモデルNSX-Rのタイヤをベースに開発を行なった。このタイヤのハイパフォーマンスを受け止るために必要なボディー剛性アップは、軽量化のために廃止をしたソフトトップとスペアタイヤのスペースに新たにパフォーマンスロッドを取り付け、ボディー補強を行なった。これにより、ボディー剛性はボディー曲げ剛性で11%向上させた上で、エアロパーツやボディー補強によるウエイトアップを上回る軽量化を達成した。また、ソフトトップ跡地をカバーするリヤデッキカバーもリアリフト6%低減空力性能へ寄与するデザインとした。

タイヤの開発目標は、前述の走行抵抗＝転がり抵抗と騒音レベル＝ロードノイズをベースタイヤ同等に守りながら、ハンドリング性能を向上させるというものだった。実際のタイヤ開発においては、このクルマのコンセプトに共感していただいたブリヂストンに多大な協力を頂き、目標性能を満足するタイヤを開発することができた。

ソフトトップの廃止にあたっては、「アメリカではオープンカーは基本オープンのまま、日本のように出先で雨に降られる、ということも少ない」いうことから廃止を決断、その代わり、ハードトップを標準装備とした。

スペアタイヤ廃止に関して、当時、アメリカ向けについてはまだスペアタイヤの時代であった。そこでアメリカホンダのボードメンバーで市場品質責任者でもある方へ相談、「スペアタイヤレス＋パンク修理キットは時代の流れ、このクルマでパイロット的に採用してみよう」と了承を得ることができた。

## ■熟成

開発も終盤となり、アメリカでサスペンションの最後の熟成を行なった。

最後のセッティングの詰めのテストは、ロサンゼルスの北、モハベ砂漠にある、テストコース（HPCC=Honda Proving Center of California）のワインディング路を専用にして行なった。ここは、旅客機の中古機屋さんで有名なMojave Air & Space Portの近くにある荒涼とした人里離れたところであった。テストコースを使用する前のブリーフィングで「ガラガラ蛇やサソリに気を付けて、また、天然記念物の陸ガメが生息しており、もしも見つけたら触らずに連絡するように」との説明を受けた。

そこでは、少数の開発メンバーが集中してテストに臨んだ。他のチームが不在で、広大なテストコースを我々がほぼ専有して、みっちりテストに集中できた。サスペンションの仕様を変えたらすぐに、ワインディングコースなどへ飛び出していき、その仕様確認をしては、また戻り、次の改善仕様をトライアルしていく。実に充実したテストであった。

先に書いたように、この地域は広大な砂漠地帯であり、このPG（プルービンググラウンド）の周りは恐ろしく人が住んでいないところであった。真っ暗なコースに出て行って走る。テスト車の灯りだけが照らすのみ。今でも印象に残っている

CR 外観（前方）

CR 外観（後方）

CR インテリア

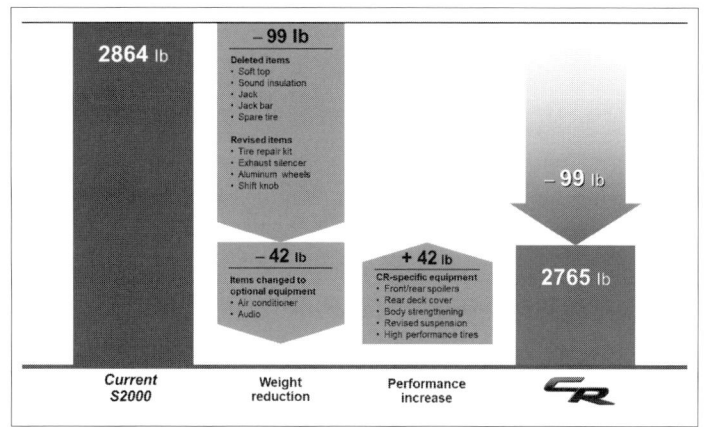

CR 車両重量の位置づけ　エアロパーツ、ボディー補強による重量アップを上回る軽量化を実現。
・ベース仕様と同装備、ハードトップ無しでは 25kg 軽量化を実現。
・最軽量（エアコン・オーディレス）仕様、ハードトップ無しでは 45kg 軽量化できた。

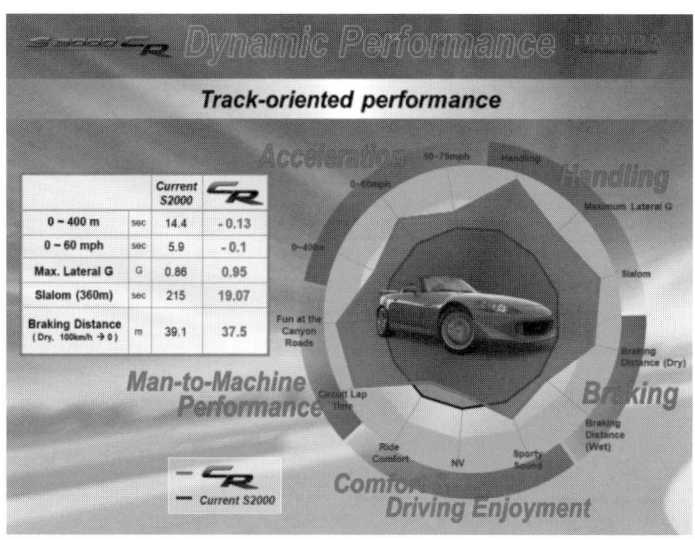

CR の完成車性能チャート　運動性能がベースモデルから全域で向上された。また乗り心地や NV といった領域はやや割り切り、ダイナミクス性能に特化した性能とすることでベースモデルとの差別化を図った。

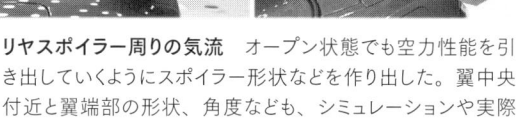

フロントスポイラー周りの気流　特にチンスポイラー下部の流れがポイントで、その圧力差から下方へ押し下げるような力が働き、ダウンフォースを生み出す。

リヤスポイラー周りの気流　オープン状態でも空力性能を引き出していくようにスポイラー形状などを作り出した。翼中央付近と翼端部の形状、角度なども、シミュレーションや実際の風洞テストなどで決めていった。

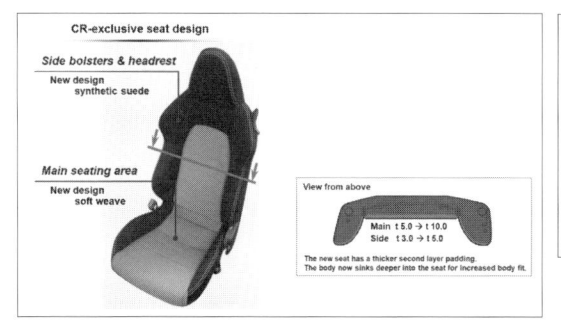

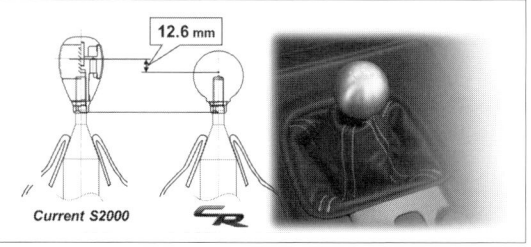

シート　新デザインのファブリック表皮とパッド厚のアップによりホールド性を向上させた。

CR 専用シフトノブ　握りやすい大きさとして採用した NSX-R の丸シフトノブ。素材は NSX-R のチタンではなくアルミだが、形状を継承した。力点が下がることで、シフトストロークを 6% ショート化、シフトの手応えは 10%アップしている。

**リヤカバー** CRモデルはリヤのソフトトップを廃止して、新たにハードのリヤカバーを設定。このカバー形状を工夫することで、リヤリフトを6％低減。空気抵抗の低減にも寄与している。

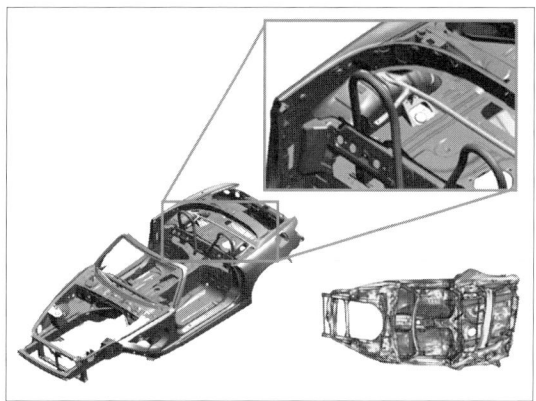

**ボディ補強** CRモデルはソフトトップを廃止し、空いたスペースに補強バーを追加。コーナリング時にボディにかかる横方向からの入力に対しての、ボディ横曲げ剛性を11％向上させた。

**CRとベースモデルのサスペンション仕様比較**
メインバネレートの大幅アップ、それに合わせたダンパー減衰特性を変更、前後のスタビライザー強化のセッティングを行なった。

| | Front | | Rear | |
|---|---|---|---|---|
| | Current S2000 | 𝐶𝑅 | Current S2000 | 𝐶𝑅 |
| Damping force (<0.1m/s) | base **100** | 165 | base **100** | 139 |
| Spring rate (kgf/mm 比) | base **100** | 147 | base **100** | 127 |
| Stabilizer bar (mm) | Φ26.5 x t 4.5 | Φ28.6 x t 4.0 | Φ25.4 x t 4.5 | Φ26.5 x t 4.5 |

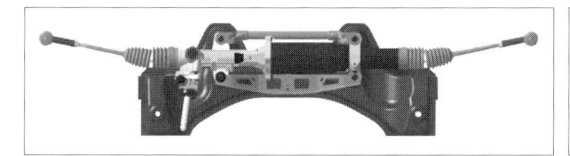

**EPSギヤボックスの仕様変更** タイヤ、サスペンションのパフォーマンス向上に合わせ、応答性向上のためステアリングレシオを7％クイックにした。また、よりしっかりとした剛性感、操舵リニアリティ向上のためにEPSギヤボックスの取り付け剛性を30％アップさせた。

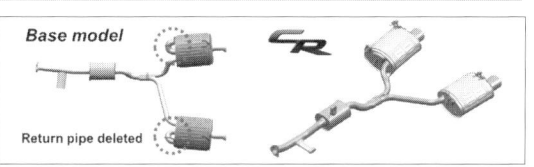

**エクゾーストパイプ** 法規の範囲内でサイレンサーの消音特性を見直し、よりスポーティな音へ再チューニングした。

**タイヤ** CRモデルのタイヤはNSX-R譲りのブリヂストン製ハイパフォーマンスタイヤ POTENZA RE070 を新規に専用開発した。またリヤタイヤサイズは245/40R17から255/40R17へとアップさせた。

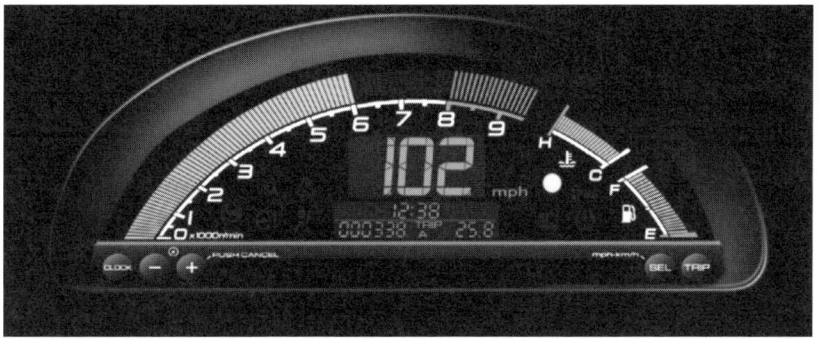

| | | | | |
|---|---|---|---|---|
| rpm up | ~ 7000 rpm | 7000 ~ 7500 rpm | 7500 ~ 8100 rpm | 8100 ~ rpm |
| rpm down | ~ 6600 rpm | 6600 ~ 7100 rpm | 7100 ~ 7700 rpm | 7700 ~ rpm |
| Peak power indicator | **Off** | Blink mode | On | **Off** |
| Tachometer red zone | **Normal** | | | Flash mode |

**ピークパワーインジケーター** CRモデルはシフトアップポイントを表示するピークパワーインジケーターを新たに設定し、グリーンランプで表示した。ピークパワーゾーンに近づくとランプが点滅し、ピークで点灯する。ドライバーがドライビングをより楽しめるものとした。

**TYPE-S の完成車性能チャート** 日本仕様として新規に TYPE-S を設定。CR のようにソフトトップの廃止は行わなかったが、ベースモデルの快適性を損なわず、運動性能を向上させた。

| | Front | | Rear | |
|---|---|---|---|---|
| | *Base* | **TYPE S** | *Base* | **TYPE S** |
| ダンパー (<0.1 m/s) | base **100%** | 114%<br>(Ten/Com共) | base **100%** | 100%<br>(Ten/Com バランス見直し) |
| スプリングレート (kgf/mm 比) | 100 | 107 | 100 | 103 |
| スタビライザー (mm) | Φ 26.5 x t 4.5 | Φ 27.2 x t 5.3 | Φ 25.4 x t 4.5 | Φ 27.2 x t 4.0 |

**サスペンション仕様比較** ベースモデルに対して CR と同様に空力パーツの適用により向上した空力特性に合わせ、「鷹栖ワインディングベスト」でチューニングを施し、よりダイナミクス性能を引き上げていった。

**ストレーキの設定** 最高速に効果がありリミッターの無い輸出モデルに適用しているストレーキ。CRで開発した空力パッケージとして TYPE-S にも適用された。

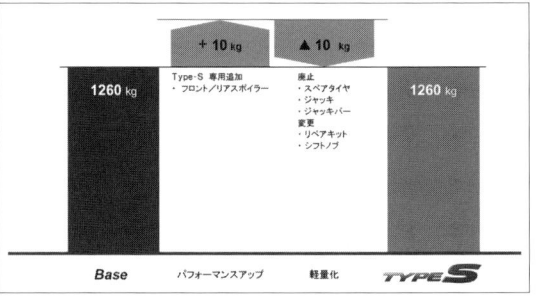

**TYPE-S の車両重量比較** エアロパーツでの重量増をスペアタイヤレス化（パンク修理材対応）などでリカバリーし、ベースモデルに対し、重量増のない 1260kgをキープした。

シーンであり、充実できた瞬間であった。結局、陸ガメやガラガラ蛇には会えずじまいだったが、テストを終え、日が沈み暗くなった駐車場を進むと、目の前を野ウサギの群が駆け抜け、大自然の中にいることを実感したのだった。

HPCCのワインディングコースで十分に鍛えあげ、熟成を行なった上、これをロサンゼルスの市街地や、ハイウェイで現地適合性を最終確認した後、アメリカのAH（American Honda）へ試乗報告し、開発は終了した。

### ■US発表試乗会

CRの発表試乗会はアメリカ オハイオ州にある Mid-Ohio Sports Car Course をベースに近郊の一般道も含めた試乗コースで実施された。 さすがにアメリカの試乗会は、アメリカらしい気の置けない、カジュアルな雰囲気で行なわれた。

各ジャーナリストも、みんな"走るのが大好き"な感じで、サーキットでの走行を多いに楽しまれていた様子で、「やっぱりアメリカ人はスポーツカー好きなんだなぁ」と改めて感じたものだった。

**Mid-Ohio Sports Car Course での試乗会①** インディのシリーズ戦も開催しているオハイオ州にあるサーキットで北米試乗会が行なわれた。

**Mid-Ohio Sports Car Course での試乗会②** S2000CR モデルの上原繁 LPL をはじめとした開発メンバー。

**北米メディア試乗会** ミッドオハイオ（Mid Ohio）サーキットだけでなく、コロンバス郊外の一般道でも試乗が行われた。途中の中継地点で、クルマの乗り換えやハードトップの脱着なども行なった。

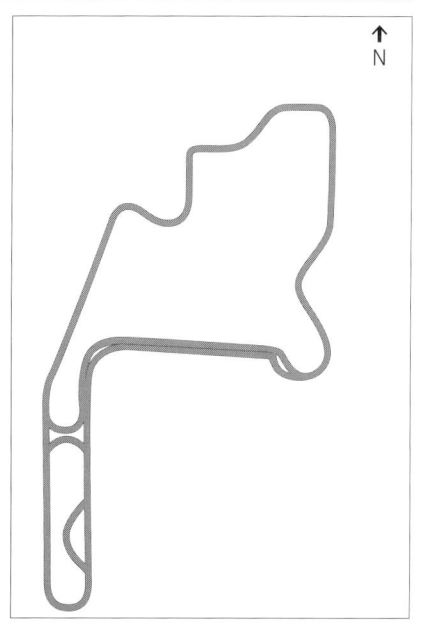

**Mid-Ohio Sports Car Course のコース図** 試乗会の前日、このサーキットにて ALMS（American Le Mans Series）が開催された。このレースの冠スポンサーが ACURA であったので、まさにホンダのベースグラウンドである。

TYPE-S 外観（前方）

TYPE-S 外観（後方）

スポーティーシート表皮

カラーステッチ

ドアライニング

シート

球形アルミシフトノブ

サテライトスピーカー

（全タイプ標準装備）

TYPE-S のインテリア

## ■TYPE-S

　さらにとがったカフェレーサーモデルとしてアメリカ向けにCRが完成したが、日本向けについては、雨が多く、出先で雨になる場合もあること。また、ハードトップの取り付け、取り外し、及び保管場所確保という点でも日本では広いガレージが一般的ではないことから、ハードトップを標準にしてソフトトップを廃止することはできなかった。

　そこで、ソフトトップはそのままに、CRの空力操安パッケージとサポートを向上させたシート等の内装パッケージを取り込んだ日本仕様をTYPE-Sとして世に送り出した。アメリカ向けに対し、日本向けはリヤ回りのボディー剛性アップが適用できないので、ハイパフォーマンスタイヤが使えないなど、さらに制約が多い中での仕様の組み立てとなったが、CRで構築した空力操安パッケージは一般路でもその効果がわかるものであり、見た目だけでなく実車性能として差別化ができたものになっている。

　鷹栖プルービンググラウンドには、ニュルブルクリンクのオールドコースに学び、クルマに高いポテンシャルを求められるワンディングコースがある。サスペンションの最後仕上げは、このワインディングコースベストの性能を目指し、走り込んだ。　進歩した空力性能にマッチさせるため、スプリング、ダンパー、スタビライザーから、最終的にリヤスタビライザーブッシュのチューニングにまで手を入れた。

　こうして向上したハンドリング性能は、TYPE-Sならではものに仕上がったと思っている。

　元々ポテンシャルが高いS2000から新しい価値を生み出す、という作業は、アフターマーケットのチューニングパーツを使って試す、というまるでチューニングショップのようなところから始まった。限られた開発資源で、法規適合性をはじめ多くの制約があったからこそ、チームはもちろん、開発に携わったメンバーが知恵を出し、ベクトルを合わせて開発し、最後のMMCで多くのS2000ファンの皆さんへ贈り物である「自動車メーカーが考えたカフェレーサー」を生み出すことができたと考えている。

自分の運動能力が高まったような面白さ。五感が研ぎ澄まされていく気持ち良さ。バーチャルではない、
ダイレクトな体験。HONDAはこれからも「走る楽しさ」を次々にリアルにしていきます。

まず、HONDAはこれからも持てる技術を人とクルマの更なる一体感のデザインに注ぎ込みます。
乗っている限り、常に快感がつづくような、世の中になかったクルマをつくっていきたいと思います。

「走る楽しさ」を軸にしながらも、HONDAは同時に時代の要請に確実に応えていきます。
従来、環境性能や安全性など、「走る楽しみ」と相反するものとされていた常識を独創の技術でくつがえしていきます。

今日、50周年を通過する私たちは、新しいスポーツカーを提案します。走ることで、生きることが楽しくなる。
それは私たちの決して変わることのない、マインドのプレゼンテーションです。

*Boundless joy. Like the rush of all-out athletic competition. Total perception.
As though all five senses have been electrified. An experience that is actual not virtual.
How does one describe that intangible feeling known as "driving pleasure"? Leave it to Honda.*

*To begin with, Honda has always aimed to create technologies that unify man and machine.
Producing cars that deliver the exhilaration of motion.*

*Driving pleasure remains at the core, but at the same time, Honda continues to meet
the demands of the times without fail. And our unique and original technologies
will bring together what have long been considered conflicting elements.
Environmental awareness, safety and driving pleasure.*

*Today, to coincide with our 50th anniversary, we are proposing a new kind of sports car.
Its creation is the sum total of Honda's unwavering ideology:
Driving makes Living a lot more fun.*

全長/全幅/全高/ホイールベース(mm):4115×1750×1285×2400 ●駆動方式:フロントエンジン・リアドライブ ●エンジン:2.0ℓ 直列4気筒DOHC VTEC LEV適合 ●最高出力:240PS以上

「S2000 PROTOTYPE」本田技研工業発行（1998 年）より

# ホンダS2000の変遷

## ■東京モーターショーに出展された 「SSM（Sports Study Model）」（1995年10月）

1995年10月、幕張メッセで開催された第31回東京モーターショーに、ホンダのスポーツ・スタディ・モデル「SSM」が出展された。開発コンセプトは「心と体で感じる操る楽しさの追求」。モータースポーツへの熱き情熱を持ち続けてきたホンダが、スポーツカー本来の楽しさである「操る楽しみ」を追求し、21世紀に向けて提案する新時代のライトウェイトFR（フロントエンジン・リアドライブ）スポーツカーのスタディ・モデルであり、S2000の源流となったモデルである。

1995年10月、東京モーターショーに登場したホンダSSM

S500にはじまり、S600やS800へと受け継がれたホンダライトウェイトの精神を汲みながら、2.0L 直列5気筒 DOHC VTEC（可変バルブタイミング・リフト機構）エンジン＋シーケンシャル電動セレクト5速 AT、FRの駆動方式やマルチモード・ディスプレイメーター、独創的な車体設計技術から生まれたフルオープン2シーターのキャビンなど、スポーツカーに求められる基本性能を現代的なテイストで具現化していた。サイズは全長3985mm、全幅1695mm、全高1150mm、ホイールベース2400mm。

## ■東京モーターショーに SSM と同時に展示されていた 「アルジェント ビーボ」（1995年10月）

1995年10月、ホンダが「SSM」を出展した、第31回東京モーターショーのピニンファリーナ社のブースに出展されたコンセプトカー「アルジェント ビーボ（ARGENTO VIVO）」。Argento は銀、Vivo は、いきいきと、活発に、速く、という意味のある、テンポを表す音楽用語で、日本語では「活発な銀」となろうか。アルミを鏡面仕上げした大型のボンネットとトランクリッドから銀と名付けられたのであろう。ボディーのその他の部分には熱可塑性樹脂を採用。内装には木が多用され、シートにもシンプルな木製シェルを使用し、多めにパッドを敷いた革張りシートとしている。そして、ガラスルーフ付きリトラクタブルハードトップを装備する。

1995年10月、東京モーターショーに登場したアルジェント ビーボ

フレームはアルミニウム合金の押し出し成形材と鋳造アルミジョイントによるスペースフレームで、ダッシュパネルとフロアはアルミ合金のリベット止め。エンジンはホンダの2451cc 直列5気筒 SOHC 140kW（190PS）/6500rpm、237N·m（24.2kg-m）/3800rpm+5速 MT を積み、駆動方式は FR。サイズは全長4248mm、全幅1795mm、全高1225mm、1175mm（ルーフ開放時）、ホイールベース2500mm、トレッド前後とも1528mm、車両重量1250kg。鍛造アルミニウム合金製の独立懸架サスペンションは、ホンダ NSX で使用されたものと同じものを採用とある。

「アルジェント ビーボ」は、ピニンファリーナ社が15年間にわたり協力関係にある、本田技研工業との契約に基づき製作したコンセプトカーだが、SSM や S2000との関係性はない。製作期間は1994年9月にスタートしてわずか1年で完成させている。

1998年9月に発表されたホンダS2000プロトタイプ

## ■ S2000プロトタイプ発表（1998年9月）

　ホンダが創立50周年を迎えた1998年9月24日、1995年の第31回東京モーターショーにコンセプトカーとして出展した「SSM」の具現化である「S2000」のプロトタイプが発表された。

　S2000は新設計のコンパクト2.0L 直列4気筒 DOHC VTEC LEV（ローエミッションビークル）最高出力240PS 以上のエンジンを、前輪車軸の後ろに配置するビハインドアクスル・レイアウトなどにより、50：50の理想的な前後重量配分を実現したFRの駆動方式を採用、新開発の6速 MT（マニュアルトランスミッション）、電動オープントップなどによって「操る喜び」の追求をテーマに開発された新世代オープンスポーツであった。

　また、オープンスポーツカーでありながら、クローズドボディーに匹敵する高剛性ボディーを新開発。運動性能向上のために欠かせない優れた高剛性を確保しながら、世界最高水準の衝突安全性を達成している。

　サイズは全長4115mm、全幅1750mm、全高1285mm、ホイールベース2400mm。

## ■ロサンゼルスオートショーで米国向け S2000発表（1999年1月）

　1999年1月2日に開催されたロサンゼルスオートショーにて米国向けS2000が発表された。ただし、発売は同年9月であった。米国仕様のエンジンは圧縮比が日本仕様の11.7：1に対して11.0：1であり、最高出力は250PS/8300rpm に対し240HP/8300rpm（SAE ネット）、最大トルクは22.2kg-m/7500rpm に対し21.2kg-m/7500rpm であった。全長が日本仕様より15mm 短い4120mm だが、これは日本仕様にあるフロントのナンバープレートが無いためである。当初のベース価格は3万2000ドルであった。

1999年ジュネーブモーターショーでS2000は「Cabrio of the Year」を受賞

## ■ジュネーブモーターショーで欧州向け S2000発表（1999年3月）

　1999年3月11日に開催された第69回ジュネーブモーターショーにて欧州向け S2000が発表された。ただし、発売は同年5月であった。欧州仕様のエンジンは米国仕様と同様に圧縮比が11.0:1であり、最高出力は日本仕様より10馬力低い240PS/8300rpm、最大トルクは21.2kg-m/7500rpm であった。UK では、当初のベース価格は2万7995ポンドであった。このショーにおいて「カブリオ オブ ザ イヤー 1999（Cabrio of the Year 1999）」を受賞している。

## ■ S2000日本国内販売開始（1999年4月）

　1999年4月15日、全国のホンダベルノ店より S2000の国内販売が開始された。S2000 は、FR 駆動方式の2シーターオープンスポーツカーであり、2リッター4気筒自然吸気ながら最高出力250PS、最大回転数9000rpm という世界最高水準の高出力と、平成12年排出ガス規制値を50パーセント以上下回る先進の排出ガスのクリーン化を実現している。

FRスポーツカーとして、より優れたハンドリング性能、軽快感、人車一体感実現のために、エンジンを前輪車軸後方に配置するFRビハインドアクスル・レイアウトとすることにより車体前後重量配分を理想である50：50とした。

　また、新開発オープンボディ骨格構造「ハイX（エックス）ボーンフレーム」により、クローズドボディーと同等以上のボディー剛性と世界最高水準の衝突安全性を備えている。

　生産はNSXと同じ栃木製作所高根沢工場で行われた。

　本田技研工業社長の吉野浩行（当時）は、「S2000は、楽しさ、地球環境への対応、安全性という複数の価値を高い次元で実現した21世紀に向けた新しいホンダのシンボルである」と語っている。

1999年4月、発売されたホンダS2000

　新開発F20C型1997cc 直列4気筒自然吸気DOHC VTEC エンジンは、リッターあたり125馬力、最高出力250PS/8300rpm、最大回転数9000rpm、最大トルク22.2kg-m/7500rpm を発生。2リッター4気筒自然吸気では、世界トップレベルの高性能を実現している。また、ホンダ独自のVTEC（可変バルブタイミング・リフト機構）の進化を中心に高回転化とフリクションの低減、充填効率の向上などにより高出力化を達成すると同時に、シリンダーブロックなどのスリム化により、従来の2リッター DOHC VTEC エンジンに対し軽量コンパクトなものとしている。

S2000に積まれたF20C型エンジン

　さらに、マルチポート排気2次エアシステムとメタルハニカム触媒の採用などにより、コールドスタート時からの効率的な排出ガスのクリーン化を実現、平成12年排出ガス規制最初の適合車として認可された。CO、HC、NOx とも平成12年排出ガス規制値を50パーセント以上下回っており、環境庁技術指針「低排出ガスレベル」をも満たしている。10·15モード走行では、12.0km/L（運輸省審査値）という低燃費も達成している。変速機は、エンジン特性を引き出し、スムーズな加速感と小気味よいチェンジフィールの実現のため、新開発したショートストロークでクロスレシオの6速MT（マニュアルトランスミッション）を積む。

　サイズは全長4135mm、全幅1750mm、全高1285mm、ホイールベース2400mm、トレッド前／後1470／1510mm、最低地上高130mm、車両重量1240kg。価格（東京）は338万円（消費税含まず）であった。

### ■アルミ製リムーバブルハードトップをオプション設定（2000年2月）

　1999年10月に幕張メッセで開催された第33回東京モーターショーに参考出品された、S2000に装着するアルミ製リムーバブルハードトップがオプション設定され、2000年2月に発売された。

### ■世界初のステアリング機構VGS搭載のS2000 type V を追加発売（2000年7月）

　2000年7月7日、S2000に世界初のステアリング機構VGS（Variable Gear Ratio Steering：車速応動可変ギアレシオステアリング）を搭載したS2000

S2000 type Vの運転席

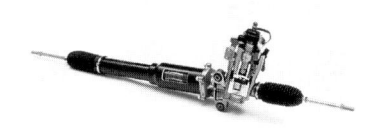

S2000 type Vに搭載された世界初のステアリング機構VGS

type Vの追加設定を発表した。発売は7月14日。

　S2000は「走る楽しさ」と「操る喜び」を具現化するとともに、運輸省が新たに制度化した、「優―低排出ガス（平成12年基準排出ガス50%低減　運輸大臣認定車)」に認定されるなど環境にも配慮したリアルオープンスポーツカーであった。

　S2000 type Vに採用したVGSは、「操る喜び」をさらに向上させるために、車速と舵角に応じてステアリングのギアレシオを無段階に変化させ、様々な運転状況において理想的なハンドリングを実現する機構である。ワインディングロードなどでは、ステアリングをきりはじめた瞬間から、レスポンスよくクルマの向きが変わるので、軽快で気持ちのいい走りが可能になる。また高速走行時など車速が高い領域では、敏感すぎないスムーズなステアリングギアレシオとなる。また、ロックトゥロックは従来のクルマの約半分の1.4回転で、取り回し性も向上している。S2000 type Vの価格（東京）はS2000より18万円高の356万円（消費税含まず）であった。

2001年9月にマイナーモデルチェンジされたS2000

### ■ S2000をマイナーモデルチェンジ（2001年9月）

　2001年9月13日、S2000のマイナーモデルチェンジを発表。発売は9月14日。主な変更点は、よりクオリティーの高いハンドリングを目指し、サスペンションを熟成させ、しなやかな乗り心地を目指した。従来の幌の軽快な操作感と開閉スピードはそのままに、リアウインドーをタイマー付熱線入りガラスにし、よりクリアな後方視界を確保している。自在に外装色（13色）・内装色（5パターン）・幌色（2色）から好みの色を組み合わせ、自分だけの1台を作ることができる「カスタムカラープラン」の導入などであった。価格（東京、消費税含まず）はS2000が343万円、S2000 type Vは361万円。

S2000特別仕様車「ジオーレ」

### ■ S2000特別仕様車「ジオーレ（Giore）」発売（2002年10月）

　2002年10月3日、S2000の特別仕様車「S2000 ジオーレ」を発表。発売は10月4日。「ジオーレ」はゴールドピンストライプ付専用ボディーカラーに、専用タン内装を組み合わせ、内外装を充実させたこだわりのモデルであり、外装では、専用外装色2色（ダークカーディナルレッド・パール、ローヤルネイビーブルー・パール）にゴールドピンストライプを加え、専用ドアミラー（クロームメッキ)、BBS鍛造アルミホイール（ゴールド）を装備する。内装では、専用タン内装（本革シート、ドアライニングセンターパッド、センターコンソールをキルティング加工)、専用革巻ステアリングホイール（S2000)、type V専用ステアリングホイール（S2000 type V)、フロアカーペットなどを装備する。価格（東京、消費税含まず）はS2000「ジオーレ」が368万円、S2000 type V「ジオーレ」は386万円。「ジオーレ」は国内向けS2000唯一の特別仕様車であった。

　2002年12月、「ジオーレ」に採用された専用外装色のダークカーディナルレッド・パールと専用タン内装の組み合わせが、社団法人 日本流行色

協会主催の「オートカラーアウォード2003」において、「ファッションカラー賞」を受賞している。

「オートカラーアウォード」とは、社団法人 日本流行色協会が、自動車産業の活性化とカラーデザインの向上を目指し、優れた自動車のカラーデザインを称えるために、1998年より毎年実施されている表彰制度。「ファッションカラー賞」は、これからのトレンドカラーとして市場を牽引し、自動車のカラーデザインのみならず、デザイン業界全体へのインパクトを与えるものに授与される。

### ■米国で2004年型S2000に2.2Lエンジン搭載（2003年10月）

2003年10月7日、アメリカンホンダ（American Honda Motor Co. Inc.）から2004年型S2000が発表された。2004年型最大の変更点は、エンジンを2.0Lから2.2Lに拡大したことである。直列4気筒DOHC VTEC 16バルブエンジンは、2003年型の1997cc（ボア×ストローク：87.0×84.0mm）、圧縮比11.0：1、240HP/8300rpm、21.2kg-m/7500rpmから2004年型の2157cc（ボア×ストローク：87.0×90.7mm）、圧縮比11.1：1、240HP/7800rpm、22.4kg-m/6500rpmとなり、特に中・低速回転域から力強いトルクを発生した。このエンジンはカリフォルニアの厳格な低排出ガス車（LEV）基準を満たしていた。そのほかの変更点は、ホイールとタイヤを16インチから17インチに変更、ボディー剛性の向上、サスペンションの熟成、6速MTのギア比変更と前進ギアにカーボンシンクロナイザー採用、トリプルビームレンズデザインによる前後デザインの変更、肩と肘のスペース改善などであった。ベース価格は3万2800ドル。

2.2Lエンジンを積んだ米国仕様2004年型S2000

### ■ S2000をマイナーモデルチェンジ、17インチタイヤ採用（2003年10月）

2003年10月9日、S2000のマイナーモデルチェンジを発表。発売は10月17日。「リアルスポーツ」として高い評価を得てきた走行性能に関し、サスペンションチューニングや、17インチタイヤとホイール、耐フェード性に優れた新ブレーキパッド、シフトフィール向上を狙ったカーボンシンクロナイザーの採用、さらにボディー剛性の強化など細部にわたり改良。走りの質感、限界性能、安定性をより向上させ、さらなるドライビングプレジャーを生み出す爽快な走りを実現した。

2003年10月、マイナーモデルチェンジされ17インチタイヤを装着したS2000

エクステリアでは、フロントヘッドライト、リアコンビネーションランプ、および前後バンパーのデザイン変更、新デザイン17インチアルミホイールの採用などにより、ワイドで低重心なスタンスとスポーツカーらしい力強さを新たに表現している。

また、インテリアでは、センターコンソールやオーディオリッド、メーターを一新することで、スポーツカーとしての上質感と魅力をより向上させるとともに、ドアセンターパッド、ショルダー部のデザイン変更により、肩や肘まわりの空間を拡大。ゆったりと快適なドライビングポジションを可能とした。

さらに、プレミアムカラーと合わせ全13色のボディーカラーをラインアップして、6バリエーションのインテリアカラー、2色のソフトトップカラーとの組み合わせにより、156通りのカラーコーディネーションが可能なカスタムカラープランを設定している。

### ■S2000の生産を栃木製作所高根沢工場から鈴鹿製作所に移管（2004年4月）

### ■S2000をマイナーモデルチェンジ、2.2L エンジン採用（2005年11月）

2005年11月、マイナーモデルチェンジされ2.2Lエンジンを搭載したS2000

2005年11月24日、S2000のマイナーモデルチェンジを発表。発売は11月25日。中・低速回転域から力強いトルクを発生する2.2L エンジンを新たに搭載した。リニアで自然なアクセルフィールを実現する DBW（ドライブ・バイ・ワイヤ）などの採用とあわせ、加速性能と実用域での扱いやすさを重視し、ギアレシオをリファインし、ローレシオ化して、より日常での走りの質感を高めている。エンジンは F22C 型2156cc 直列4気筒自然吸気 DOHC VTEC 16バルブ178kW（242PS）/7800rpm、221N・m（22.5kg-m）/6500rpm 〜7500rpm で6速 MT を積む。

エクステリアでは、大径を強調した新デザインの17インチアルミホイールを採用。ボディーカラーにバミューダブルー・パール、ディープバーガンディ・メタリックを追加。インテリアでは、ステアリングホイールのデザイン変更とともに、シート剛性向上のため形状を変更。ドアライニングやセンターパッドのパターン、オーディオパネルリッド、センターコンソールボックスリッド部の色調変更などにより、より高品質なインテリアとした。インテリアカラーにシックで上質な空間を演出するブラウンを追加している。また、スピードメーターには外気温表示機能が追加され、セキュリティアラームも追加された。価格（消費税含まず）は S2000が360万円、S2000 type V は380万円。

### ■パリモーターショーで特別仕様車 S2000 RJ 発表（2006年9月）

2006年9月30日に開催されたパリモーターショーで、F1にインスパイアされた特別仕様車「S2000 RJ」が発表された。S2000 RJ はイタリア、フランス、スペインで販売され、オーディオヘッドユニットケースの上部にホンダの2人のF1ドライバー、ルーベンス・バリチェロとジェンソン・バトンの直筆サインが入っていることが最大の特徴となっている。50台の限定生産で、ボディーカラーは特別なパールホワイトで、内装は黒と赤のレザーで仕立てられている。

2006年パリモーターショーで発表された特別仕様車S2000 RJ

### ■ニューヨークオートショーで S2000 CR プロトタイプ発表（2007年4月）

2007年4月4日に開催されたニューヨークオートショーにおいて、前月14

日に発表予告されていた、米国で2007年秋発売予定の2008年型 S2000に、新たにタイプ追加モデルとしてラインアップに加わる「S2000 CR」のプロトタイプを発表した。CR は Club Racer（クラブレーサー）の略で、休日に趣味でサーキット走行を楽しむモータースポーツファンの意味。

このモデルは、本格的な後輪駆動のオープンスポーツカーとして高い評価を得ていた S2000の日常での走りの質感を高めるとともに、サーキットでのスポーツ走行においてもさらに高い性能を発揮できるモデルとして開発された。S2000 CR は、スポーツ走行性能を最大限に引き出すために、細部にわたりボディー剛性を高めながら、約40kg の軽量化を施し、サスペンションチューニングを中心に足回りも強化している。また、専用設計のフロントスポイラーやリアスポイラーなどのパーツ類が、空力性能向上に加えて力強くスポーティーな外観を表現している。ルーフは、格納式の電動ソフトトップにかわり、着脱式のアルミ製ハードトップとボディーと同色のロールバーカウリングを装備する。パワーユニットは、2.2L 直列4気筒 DOHC VTEC エンジンを積む。

2007年ニューヨークオートショーで発表された米国仕様S2000 CRプロトタイプ

### ■米国で2008年型 S2000 ／ S2000 CR 発表（2007年9月）

2007年9月13日、アメリカンホンダ（American Honda Motor Co. Inc.）から2008年型 S2000 ／ S2000 CR が発表された。発売は10月10日。スペックは同年4月に発表されたプロトタイプに準じる。シートは S2000のレザーに対し S2000 CR ではイエロー／ブラックのファブリックとした。タイヤは S2000のブリヂストン・ポテンザ RE050に対し S2000 CR では同 RE070を採用、フロントは P215/45 R17 87W で両モデルとも同じで、リアは S2000 の P245/40 R17 91W に対し S2000 CR では P255/40 R17 94W を履く。ベース価格は S2000が3万4300ドル、S2000 CR は3万6300ドル。S2000 CR にエアコンと AM/FM/CD オーディオシステムを装着すると3万7300ドルとなる。価格は MSRP（Manufacturer's Suggested Retail Price：希望小売価格）で、税金、免許、登録料、635ドルのデスティネーションチャージおよびオプションを含まない。

米国仕様2008年型S2000 CR

### ■ S2000をマイナーモデルチェンジ、TYPE S を追加設定（2007年10月）

2007年10月22日、S2000のマイナーモデルチェンジおよび新タイプ S2000 TYPE S の追加設定を発表。発売は10月25日。全タイプに VSA（Vehicle Stability Assist）とサテライトスピーカーを標準装備し、安全性、快適性を向上させるとともに、TYPE S には専用のエアロパーツ、専用のサスペンションチューニングを施し、空力性能とステアリング操作の応答性を追求している。エンジンおよびトランスミッションは F22C 型 242PS/22.5kg-m ＋6速 MT で変更はない。タイヤは全タイプともフロント 215/45R17 87W、リア245/40R17 91W を履く。なお、ホンダは、このマイナーモデルチェンジにより、商用車を含む国内で販売する全ての車で、業界に先駆けて、厚生労働省の定めた VOC(Volatile Organic Compounds:

2007年10月に追加設定されたS2000 TYPE S

ホルムアルデヒド、トルエンなどの揮発性有機化合物）の室内濃度に関する指針値を達成している。価格（消費税含まず）はS2000が368万円、S2000 TYPE Sは380万円。

## ■ S2000の生産を2009年6月末をもって終了すると発表（2009年1月27日）

### ■第79回ジュネーブモーターショーで欧州向け特別仕様車「Ultimate Edition」発表

2009年ジュネーブモーターショーで発表された欧州向け特別仕様車「S2000 Ultimate Edition」

「S2000 Ultimate Edition」のシリアルナンバー付きキックプレート

2009年3月3日に開催された第79回ジュネーブモーターショーで、S2000の生産終了を記念して特別仕様車「S2000アルティメット エディション（Ultimate Edition）」を3月から欧州で発売することを発表した。Ultimateは「最終の」あるいは「究極の」の意味。

アルティメット エディションは、高い評価を得ている2.0Lで最高回転数9000rpmのVTECエンジンを積み、グランプリホワイトのボディーとグラファイトカラーのアロイホイールを組み合わせている。このカラーは、1964年にホンダがF1マシンに初めて採用して以来、多くのスポーツモデルに使用されてきたものである。

ホワイトのエクステリアに、レッドレザーのインテリアの色調で、シフトレバーのゲート部分のステッチにはユニークなレッドカラーが採用されている。アルティメット エディションには、キックプレートに刻印されたシリアルナンバーが付く。

S2000は、発売から10年近くが経過するなかで、240PSの2.0Lエンジンは、リッターあたりの出力が高く、高回転型のエンジンとして知られていた。その驚異的な出力が評価され、1.8〜2.2Lエンジンを対象としたインターナショナル・エンジン・オブ・ザ・イヤーのカテゴリーで、5回受賞している。

S2000 アルティメット エディションは、その名の通り、2009年6月末に生産が終了する前の最後のモデルであった。1999年に発売されたS2000は約11万5000台生産され、そのうち約6万9100台が北米で、約2万1600台が日本、そして約2万700台が欧州で販売された。

まとめ：當摩 節夫

## ■ホンダ S2000 年表

| 年月日 | | | モデルの変遷 |
|---|---|---|---|
| 1994 年 | | | デザインスタジオにて "ついたて裏" デザインスタディ活動スタート |
| | | | 新骨格直列4気筒エンジン開発 スタート |
| 1995 年 | | | 新骨格直列4気筒エンジン開発 縦置き化 |
| | 10 月 | 27 日 | SSM(Sports Study Model)東京モーターショーで発表 |
| | | | ピニンファリーナ「Argent Vivo」を東京モーターショーで発表 |
| 1996 年 | | | FR研究BWWスタート |
| | 2 月 | | S2000量産前先行開発チーム発足 企画先行検討スタート |
| | 6 月 | | S2000量産開発正式スタート 開発チーム編成 |
| | 7 月 | | プラットフォーム先行車（外観CR-Xデルソル）テストスタート |
| 1997 年 | 5 月 | | VS (Value Study) フロースタート（欧州検証） |
| | 6 月 | | 欧州事前調査本物の価値探索 |
| | 7 月 | | 量産プロト1テスト車完成 量産開発テストスタート |
| | 9 月 | | VS0報告欧州価値探索結果 報告とVS開発フローの承認 |
| 1998 年 | 5 月 | | 量産プロト2テスト車完成 プロト2での開発テストスタート |
| | 9 月 | 24 日 | ホンダ創立50周年の記念式典にてS2000プロトタイプ発表 |
| | 10 月 | | 量産開発完了 |
| 1999 年 | 1 月 | 2 日 | ロサンゼルスオートショーで米国向けS2000発表（発売は9月） |
| | 3 月 | | S2000高根沢工場での量産モデル生産スタート |
| | 3 月 | 11 日 | 第69回ジュネーブモーターショーで欧州向けS2000発表（発売は5月） |
| | | | 「カブリオ オブ ザ イヤー（Cabrio of the Year）」受賞 |
| | | 15 日 | S2000が平成12年排出ガス規制（施行は平成12年10月1日）への最初の適合車として認可された |
| | 4 月 | 15 日 | S2000国内販売開始 |
| | | | 2.0L 直列4気筒自然吸気DOHC VTEC 250ps/8300rpm、22.2kg-m/7500rpmF20C型エンジン搭載、2.0L 4気筒 |
| | | | 自然吸気では当時の世界トップレベルの高性能を実現 |
| | 4 月 | | 国内発表試乗会 HSR九州 |
| | 5 月 | | 欧州試乗会 南フランスサントロペ |
| | | | 北米・カナダ試乗会 USジョージア州アトランタ |
| 2000 年 | 7 月 | 7 日 | S2000 type V発表（発売は7月14日） |
| | | | 世界初のステアリング機構VGS(Variable Gear ratio Steering：車速応動可変ギアレシオステアリング) を搭載 |
| | | | S2000 type V発表試乗会 箱根 |
| 2001 年 | 1 月 | 15 日 | 米国でハードトップが純正アクセサリーに設定された |
| | 9 月 | 13 日 | S2000のマイナーモデルチェンジ発表（発売は9月14日） |
| | | | サスペンションの熟成、幌のリアウインドーにタイマー付き熱線入りガラス採用、カスタムカラープラン導入など |
| 2002 年 | 10 月 | 3 日 | S2000特別仕様車「ジオーレ（Giore）」発表（発売は10月4日） |
| | 12 月 | 19 日 | S2000特別仕様車「ジオーレ」、オートカラーアウォード2003「ファッションカラー賞」を受賞 |
| 2003 年 | 10 月 | 7 日 | 米国で2004年型S2000発表 |
| | | | エンジンを2.0L⇒2.2Lに変更、タイヤサイズを16インチ⇒17インチに変更、ボディー剛性の強化、トランスミッショ |
| | | | ンのギア比変更、サスペンションの熟成、内外装の変更など |
| | 8 月 | 5 日 | 2004年モデルUSロングリード試乗会 ラスベガス |
| | 10 月 | 9 日 | S2000のマイナーモデルチェンジ発表（発売は10月17日） |
| | | | タイヤサイズを16インチ⇒17インチに変更、ボディー剛性の強化、サスペンションの熟成、内外装の変更など |
| 2004 年 | 4 月 | 28 日 | S2000の生産を栃木製作所高根沢工場から鈴鹿製作所に移管 |
| 2005 年 | 9 月 | 10 日 | 米国で2006年型S2000発表 |
| | | | ドライブ・バイ・ワイヤ（DBW）スロットル採用、ビイークルスタビリティアシスト（VSA）採用、シートとコンソール |
| | | | デザイン変更など |
| | 11 月 | 24 日 | 2006年モデル マイナーモデルチェンジ発表（発売は11月25日） |
| | | | エンジンを2.0L⇒2.2Lに変更、ドライブ・バイ・ワイヤ（DBW）スロットル採用、内外装変更など |
| 2006 年 | 9 月 | 30 日 | パリモーターショーで特別仕様車S2000 RJ発表 |
| | | | F1にインスパイアされたモデルでルーベンス・バリチェロとジェンソン・バトンのサインが入り、イタリア、フランス、 |
| | | | スペインで50台が限定販売された |
| 2007 年 | 3 月 | 14 日 | S2000 CR プロトタイプを4月4日から開催されるニューヨークオートショーに出展することを発表 |
| | 4 月 | 4 日 | ニューヨークオートショーにてS2000 CR プロトタイプを発表 |
| | | | 同年秋に発売予定の2008年型S2000に追加モデルとして加えると発表 |
| | 7 月 | | 2008年モデルCRモデルロングリード試乗会 オハイオ州コロンバス+ミッドオハイオサーキット |
| | 9 月 | 13 日 | 米国で2008年型S2000 CR (Club Racer) エディション発表（発売は10月10日） |
| | | 20 日 | アメリカンホンダモーター社が9月8日に開催した「ホンダS2000ホームカミング」について発表 |
| | | | カリフォルニア州トーランスの施設に約500台のS2000と、そのオーナーたち約1000名が参加、S2000開発責任者 |
| | | | の上原繁が参加し、発売前のS2000 CRの紹介もおこなった |
| | 10 月 | 22 日 | S2000のマイナーモデルチェンジとTYPE S発表（発売は10月25日） |
| | | | 全タイプにVSAを標準装備、新デザインアルミホイール採用など |
| | | | Type Sには専用ファブリックシート&インテリア、専用フロントスポイラー、専用大型リアスポイラー、専用チューニ |
| | | | ングサスペンション、専用色アルミホイール、応急パンク修理キット採用など |
| 2009 年 | 1 月 | 27 日 | S2000の生産を2009年6月末をもって終了すると発表 |
| | 3 月 | 3 日 | 第79回ジュネーブモーターショーで欧州向けS2000最後の特別仕様車「S2000アルティメット エディション」発表 |
| | | | 「Ultimate Edition」は英国では「GT Edition 100」の名前で販売された |
| | 8 月 | | S2000生産終了 |

# History

## S2000

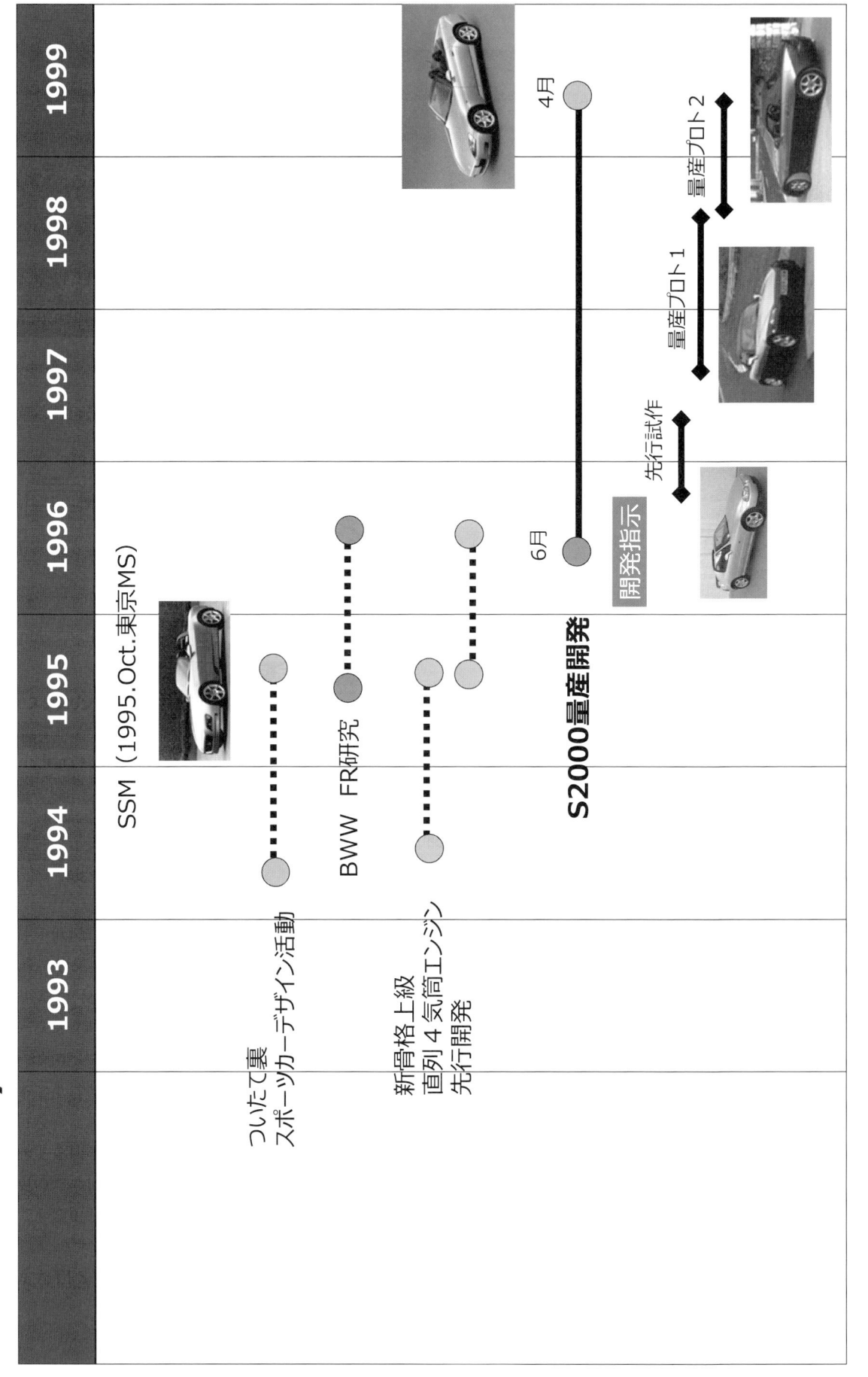

| 1993 | 1994 | 1995 | 1996 | 1997 | 1998 | 1999 |
|------|------|------|------|------|------|------|

SSM（1995.Oct. 東京MS）

ついたて裏
スポーツカーデザイン活動

BWW FR研究

新骨格上級
直列4気筒エンジン
先行開発

**S2000量産開発**

開発指示

6月

4月

先行試作

量産プロト1

量産プロト2

# History

# S2000

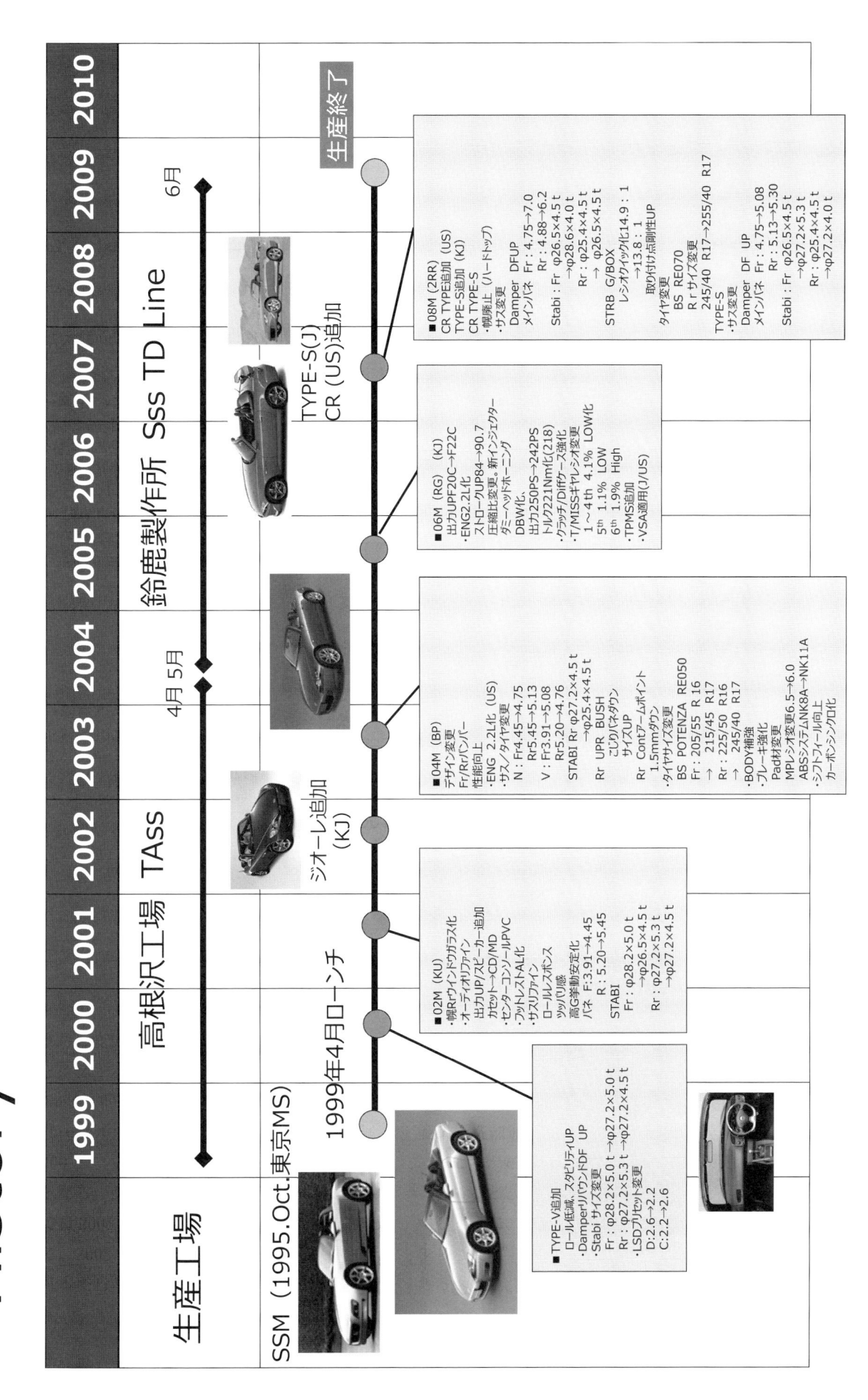

| 1999 | 2000 | 2001 | 2002 | 2003 | 2004 | 2005 | 2006 | 2007 | 2008 | 2009 | 2010 |
|---|---|---|---|---|---|---|---|---|---|---|---|

生産工場　　高根沢工場　　　　　鈴鹿製作所　Sss TD Line

SSM（1995.Oct.東京MS）

TAss

Sss TD Line

1999年4月ローンチ

ジオーレ追加（KJ）

TYPE-S(J)
CR (US)追加

4月 5月

6月

生産終了

**■ TYPE-V追加**
・ロール低減、スタビビレ UP
・DamperリバウンドDF UP
・Stabi サイズ変更
　Fr：φ28.2×5.0 t→φ27.2×5.0 t
　Rr：φ27.2×5.3 t→φ27.2×4.5 t
・LSDプリセット変更
　D:2.6→2.2
　C:2.2→2.6

**■ 02M（KU）**
・幌Rrウインドウガラス化
・オーディオリファイン
・出力UP/スピーカー追加
　カセット→CD/MD
・センターコンソールPVC
・フットレストAL化
・サスリファイン
　ロールスポス
　ツッパリ感
　高G挙動安定化
STABI
　Fr：F:3.91→4.45
　R：5.20→5.45

**■ 04M（BP）**
デザイン変更
Fr/Rrバンパー
性能向上
・ENG 2.2L化（US）
・サス/タイヤ変更
　N：Fr4.45→4.75
　　R5.45→5.13
　V：Fr3.91→5.08
　　Rs.20→4.76
STABI Rr φ27.2×4.5 t
　　→φ25.4×4.5 t
Rr UPR BUSH
　こじり/ピストン
　サイズUP
Rr Contアームポイント
　1.5mmダウン
・タイヤサイズ変更
BS POTENZA RE050
　Fr：205/55 R 16
　→　215/45 R17
　Rr：225/50 R16
　→　245/40 R17
・BODY補強
・ブレーキ強化
Pad材変更
MPレシオ変更6.5→6.0
ABSシステムLNK8A→NK11A
・シフトフィール向上
・カーボンシンクロ化

**■ 06M（RG）（KJ）**
・出力UPF20C→F22C
・ENG2.2L化
　ストローフUP84→90.7
　圧縮比変更、新インジェクター
　ダミーヘッドホーニング
DBW化
出力250PS→242PS
トルク221Nmf化(218)
・クラッチ/Diffケース強化
・T/MISSギヤレシオ変更
　1～4th 4.1% LOW化
　5th 1.1% LOW
　6th 1.9% High
・TPMS追加
・VSA適用(J/US)

**■ 08M（2RR）**
CR TYPE追加（US）
TYPE-S追加（KJ）
CR TYPE-S
・幌廃止（ハードトップ）
・サス変更
　Damper DFUP
　メインバネ Fr：4.75→7.0
　　→φ28.6×4.0 t
　Rr：4.88→6.2
Stabi：Fr φ26.5×4.5 t
　→ φ25.4×4.5 t
　Rr：φ26.5×4.5 t
STRB G/BOX
　レシオオフィックル化14.9：1
　　→13.8：1
取り付け点剛性UP
・タイヤ変更
　BS RE070
　R サイズ変更
　245/40 R17→255/40 R17
TYPE-S
・サス変更
　Damper DF UP
　メインバネ Fr：4.75→5.08
　　→φ27.2×5.3 t
Stabi：Fr φ26.5×4.5 t
　Rr：φ25.4×4.5 t
　　→φ27.2×4.0 t

**■ホンダ S2000 生産実績** （1998年量産開発完了、2009年8月生産終了）※本田技研工業株式会社資料より作成

栃木製作所高根沢工場生産実績

| 生産時期 | モデルイヤー | 仕向け地域・国 | | | | | | | | | | 合計 |
|---|---|---|---|---|---|---|---|---|---|---|---|---|
| | | 国内 | 北米 | | 欧州 | | アジア太平洋 | | | | その他 | |
| | | | アメリカ | カナダ | イギリス | ドイツ | 韓国 | 南アフリカ | オーストラリア | 中南米 | | |
| 1998年度下期 | 1999年モデル | 374 | | | | | | | | | | 374 |
| | 2000年モデル | | 44 | 3 | 30 | 7 | | | 2 | 1 | | 87 |
| 1999年度上期 | 1999年モデル | 5278 | | | | | | | | | | 5278 |
| | 2000年モデル | | 3050 | 371 | 726 | 954 | | | 650 | 44 | | 5795 |
| 1999年度下期 | 1999年モデル | 2725 | | | | | | | | | | 2725 |
| | 2000年モデル | | 3905 | 280 | 769 | 2428 | | 18 | 269 | 10 | 1 | 7680 |
| 2000年度上期 | 2000年モデル | 190 | 2207 | 100 | 126 | 1235 | | 13 | 295 | 12 | 20 | 4198 |
| | 2001年モデル | 1602 | 797 | 100 | | | | | | | | 2499 |
| 2000年度下期 | 2000年モデル | | | | | | | 3 | 10 | 6 | 5 | 24 |
| | 2001年モデル | 1156 | 6079 | 315 | 207 | 792 | | 5 | 230 | 5 | 5 | 8794 |
| 2001年度上期 | 2001年モデル | 735 | 3069 | 35 | 369 | 545 | | 1 | 123 | | 1 | 4878 |
| | 2002年モデル | 148 | 560 | 50 | 1 | 1 | | | | | | 760 |
| 2001年度下期 | 2002年モデル | 952 | 4428 | 125 | 656 | 786 | | | 49 | | | 6996 |
| 2002年度上期 | 2002年モデル | 705 | 5061 | 145 | 903 | 447 | | | 81 | | | 7342 |
| | 2003年モデル | | 765 | 58 | 47 | 37 | | | 26 | | 1 | 934 |
| 2002年度下期 | 2002年モデル | 523 | | | | | | | | | | 523 |
| | 2003年モデル | | 4558 | 91 | 553 | 799 | | | 49 | | | 6050 |
| 2003年度上期 | 2002年モデル | 343 | | | | | | | | | | 343 |
| | 2003年モデル | | 2543 | 120 | 509 | 189 | | | 20 | 1 | | 3382 |
| | 2004年モデル | 14 | 842 | 32 | 3 | 4 | | | | | | 895 |
| 2003年度下期 | 2004年モデル | 631 | 4335 | 140 | 838 | 636 | | 38 | 7 | | | 6625 |
| 2004年度上期 | 2004年モデル | 52 | 885 | 40 | 146 | 80 | | 8 | 2 | 1 | | 1214 |
| | | | | | | | | | | | 合計 | 77396 |

＊年度の上期は4月～9月、下期は10月～3月。

＊仕向け国は必ずしも販売国とは限らない。英国、ドイツ向けはそれぞれ欧州各国にも振り向けられる。

**本田技研工業株式会社**
**栃木製作所　高根沢工場**

栃木県塩谷郡高根沢町上高根沢に存在した本田技研工業栃木製作所に属する自動車生産施設。1990年5月から稼働開し開始し、職人工場として、手作業中心による一台一台に手間を掛けた作業工程が特徴。NSX、インサイト、S2000などの少量生産車を主に担当。2004年4月に閉鎖された。

**本田技研工業株式会社**
**鈴鹿製作所**

鈴鹿製作所は1960年に、三重県鈴鹿市にホンダの国内3番目の工場として設立。この鈴鹿製作所は、「鈴鹿サーキット」に隣接した工場であり、レースの街から世界中のユーザーにホンダの生産車両や部品を供給する。また、海外の工場へ技術支援をするマザー工場としての役割も担っている。

鈴鹿製作所生産実績

| 生産時期 | モデルイヤー | 仕向け地域・国 | | | | | | | | | | 合計 |
| | | 国内 | 北米 | | 欧州 | | アジア太平洋 | | | | その他 | |
| | | | アメリカ | カナダ | イギリス | ドイツ | 韓国 | 南アフリカ | オーストラリア | 中南米 | | |
|---|---|---|---|---|---|---|---|---|---|---|---|---|
| 2004 年度上期 | 2004 年モデル | 517 | 1449 | 1 | 202 | 73 | | 22 | 10 | 2 | | 2276 |
| | 2005 年モデル | | 1463 | 60 | 71 | 57 | | 20 | 12 | 2 | | 1685 |
| 2004 年度下期 | 2004 年モデル | 432 | | | | | | | | | | 432 |
| | 2005 年モデル | | 4249 | 60 | 716 | 415 | | 80 | 30 | 1 | | 5551 |
| 2005 年度上期 | 2004 年モデル | 591 | | | | | | | | | | 591 |
| | 2005 年モデル | | 3209 | 120 | 669 | 274 | | 71 | 16 | 3 | | 4362 |
| 2005 年度下期 | 2006 年モデル | 15 | 235 | 15 | | | | | | | | 265 |
| | 2006 年モデル | 597 | 3405 | 70 | 28 | 382 | 357 | 59 | 14 | 1 | | 4913 |
| 2006 年度上期 | 2006 年モデル | 612 | 2026 | 50 | 105 | 249 | 284 | 53 | 14 | 1 | | 3394 |
| | 2007 年モデル | | 1012 | 10 | 25 | 29 | 87 | 21 | 3 | | | 1187 |
| 2006 年度下期 | 2006 年モデル | 510 | | | | | | | | | | 510 |
| | 2007 年モデル | | 2613 | 58 | 271 | 246 | 149 | 44 | 21 | 1 | | 3403 |
| 2007 年度上期 | 2006 年モデル | 420 | | | | | | | | | | 420 |
| | 2007 年モデル | | 1282 | 43 | 156 | 134 | 25 | 9 | 16 | 1 | | 1666 |
| | 2008 年モデル | 39 | 395 | 10 | | | | | | | 9 | 453 |
| 2007 年度下期 | 2008 年モデル | 816 | 1706 | 20 | 277 | 244 | | 18 | 11 | 6 | 63 | 3161 |
| 2008 年度上期 | 2008 年モデル | 526 | 447 | 25 | 241 | 79 | | 13 | 6 | 3 | 9 | 1349 |
| | 2009 年モデル | | 146 | 10 | 60 | 3 | | 2 | 1 | 3 | | 225 |
| 2008 年度下期 | 2008 年モデル | 273 | | | | | | | | | | 273 |
| | 2009 年モデル | | 209 | 34 | 33 | 72 | 100 | 6 | 2 | 1 | 22 | 479 |
| 2009 年度上期 | 2008 年モデル | 992 | | | | | | | | | | 992 |
| | 2009 年モデル | | 1 | 5 | | 15 | | | 6 | 1 | 42 | 70 |
| | | | | | | | | | | | 合計 | 37657 |

＊年度の上期は4月〜9月、下期は10月〜3月。
＊仕向け国は必ずしも販売国とは限らない。英国、ドイツ向けはそれぞれ欧州各国にも振り向けられる。

生産実績に見る仕向け地域・国別の比率

| 国内 | アメリカ | カナダ | イギリス | ドイツ | 韓国 | 南アフリカ | オーストラリア | 中南米 | その他 | 合計 |
|---|---|---|---|---|---|---|---|---|---|---|
| 18.9% | 58.2% | 2.3% | 7.6% | 9.7% | 0.9% | 0.4% | 1.7% | 0.1% | 0.2% | 100% |

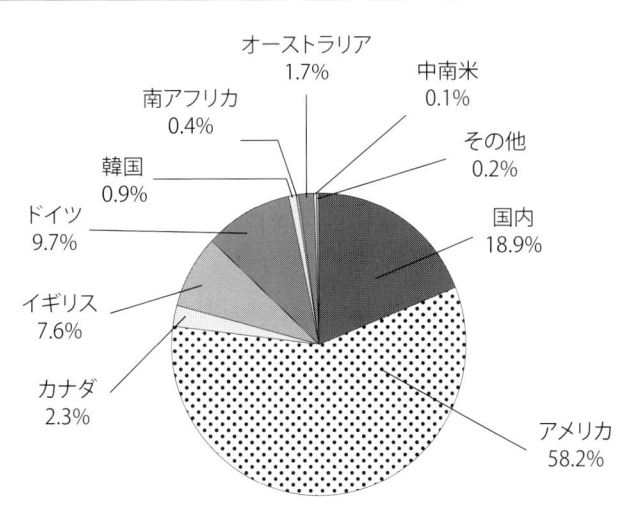

総生産台数　115053 台

■三面図（単位：mm）

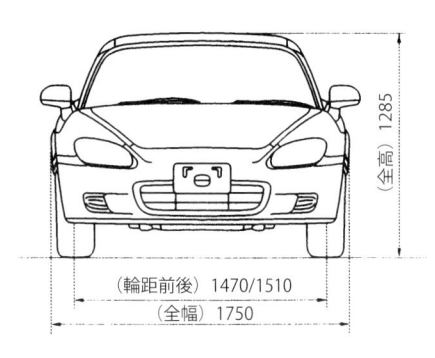

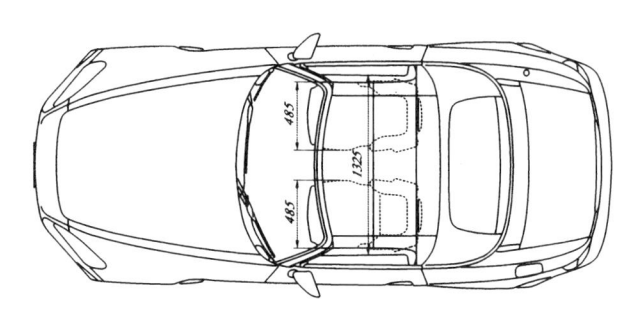

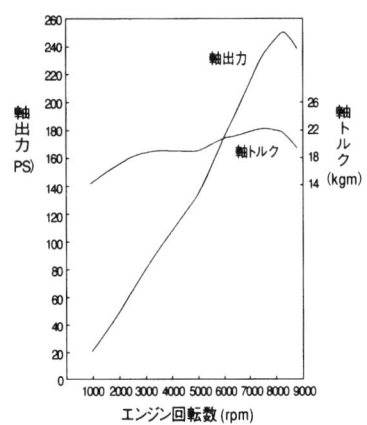

■エンジン性能曲線

| 車名・型式 | | ホンダ・GH-AP1 |
|---|---|---|
| 寸法・重量・乗車定員 | 全長×全幅×全高(m) | 4.135×1.750×1.285 |
| | ホイールベース(m) | 2.400 |
| | トレッド(m) 前 | 1.470 |
| | 後 | 1.510 |
| | 最低地上高(m) | 0.130 |
| | 車両重量(kg) | 1,240 |
| | ナビゲーション装着車 | 1,250 |
| | 乗車定員(名) | 2 |
| | 客室内寸法(m) 長さ | 0.800 |
| | 幅 | 1.325 |
| | 高さ | 1.055 |
| エンジン | エンジン型式 | F20C |
| | エンジン種類・シリンダー数及び配置 | 水冷直列4気筒縦置 |
| | 弁機構 | DOHC チェーン・ギア駆動 吸気2 排気2 |
| | 総排気量(cm³) | 1,997 |
| | 内径×行程(mm) | 87.0×84.0 |
| | 圧縮比 | 11.7 |
| | 燃料供給装置形式 | 電子制御燃料噴射式(ホンダPGM-FI) |
| | 使用燃料種類 | 無鉛プレミアムガソリン |
| | 燃料タンク容量(L) | 50 |
| | 潤滑方式 | 圧送式 |
| 性能 | 最高出力(PS/rpm) | 250／8,300 |
| | 最大トルク(kgm/rpm) | 22.2／7,500 |
| | 燃料消費率(km/L) | |
| | 10・15モード走行(運輸省審査値) | 12.0 |
| | 60km/h定地走行(運輸省届出値) | 19.0 |
| | 最小回転半径(m) | 5.4 |
| 動力伝達・走行装置 | クラッチ形式 | 乾式単板ダイヤフラム |
| | 変速機形式 | 常時噛合式 |
| | 変速機操作方式 | フロア・チェンジ式 |
| | 変速比 1速 | 3.133 |
| | 2速 | 2.045 |
| | 3速 | 1.481 |
| | 4速 | 1.161 |
| | 5速 | 0.970 |
| | 6速 | 0.810 |
| | 後退 | 2.800 |
| | 減速比(1次／2次) | 1.160／4.100 |
| | ステアリング装置形式 | ラック・ピニオン式(パワーステアリング仕様) |
| | タイヤ(前・後) | 前：205／55R16 89V 後：225／50R16 92V |
| | 主ブレーキの種類・形式 前 | 油圧式ベンチレーテッドディスク |
| | 後 | 油圧式ディスク |
| | サスペンション方式 | ダブルウイッシュボーン式(前／後) |
| | スタビライザー形式 | トーション・バー式(前／後) |

■主要諸元

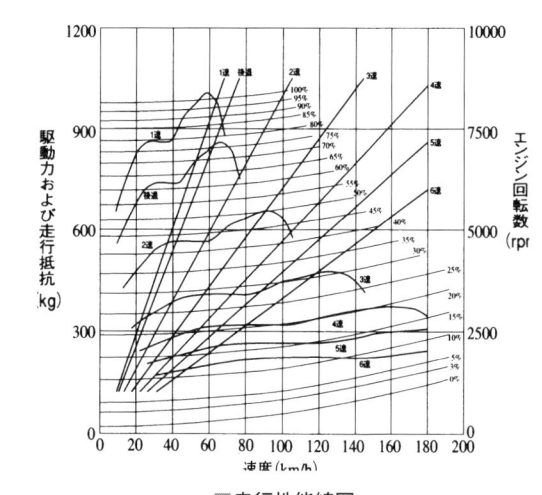

■走行性能線図

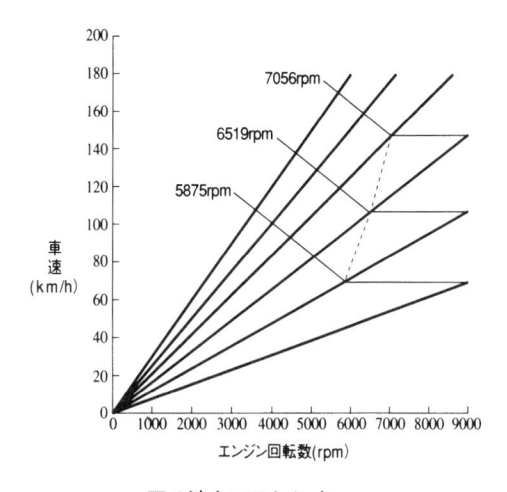

■6速クロスレシオ

■ S2000 受賞歴

| 年 | 月 | 日 | 名　称 | 主　催 | 地　域 |
|---|---|---|---|---|---|
| 1999 | 3 | — | CABRIO OF THE YEAR | ジュネーブショー主催<br>スイス | 欧州 |
| 1999 | 7 | — | ROADSTER CAR OF THE YEAR | AUTO EXPRESS 誌主催<br>イギリス | 欧州 |
| 1999 | 10 | 14 | GOOD　DESIGN賞 | 通産省 | 日本 |
| 1999 | 11 | 19 | MBC（マイ・ベストカー・チョイス）賞 | アポロ出版主催<br>読者投票 | 日本 |
| 1999 | 11 | — | SPORTS CAR OF THE YEAR | ECHAPPEMENT 誌主催<br>フランス | 欧州 |
| 1999 | 11 | — | SPAIN CAR OF THE YEAR | CAR AND DRIVERスペイン版<br>スペイン | 欧州 |
| 1999 | 11 | — | BEST SPORTS CAR (AU$56,000以上) | RACQ/COURIER-MAIL QCAR | アジア大洋州 |
| 1999 | 12 | 1 | 日本カー・オブ・ザ・イヤー特別賞 | 日本カー・オブ・ザ・イヤー実行委員会 | 日本 |
| 1999 | 12 | 1 | TEN BEST | CAR AND DRIVER 誌主催 | 米国 |
| 1999 | 12 | 1 | BEST OF WHAT'S NEW | POPULAR SCIENCE 誌主催 | 米国 |
| 1999 | 12 | 15 | SUPER GOODS OF THE YEAR 乗り物部門 | モノマガジン誌主催 | 日本 |
| 2000 | 1 | 27 | 読者投票BEST | 月刊自家用車主催 | 日本 |
| 2000 | 1 | — | PORTUGAL CAR OF THE YEAR | SPORTS部門<br>ポルトガル | 欧州 |
| 2000 | 2 | 4 | CAR OF THE YEAR | ニュージーランド | アジア大洋州 |
| 2000 | 2 | — | NET OF THE YEAR | — | 日本 |

CABRIO OF THE YEAR（1999/3）

日本カー・オブ・ザ・イヤー（1999/12）

# おわりに

## S2000生産終了 果たした使命とは

塚本 亮司　唐木 徹

これまでS2000の誕生の背景、開発から生産までを各々担当した開発者が語ってきた。

発売以降、数回のマイナーモデルチェンジを行ない、最後のモデルである2008イヤーモデルの開発終了をもって2009年に10年のモデルライフを終了した。

この本の冒頭での上原繁氏の言葉にもあるように、S2000は開発チームが「こんなクルマを現代の価値観を持ってつくり上げたい」という想いで、各領域の開発者が「リアルオープンスポーツ」というキーワードで、それぞれの目標を掲げ開発をしてきた。

それが他社では類を見ない機種専用新規開発のエンジン、トランスミッション、ボディー、シャシー等といった形となり、高い目標性能を達成するためのホンダのこだわりや意気込みとも言える。

その姿勢が強く出たのが初期モデルで、ややエキセントリックな方向で極めようとした部分も正直あるが、このホンダの「こだわり」や「意気込み」がお客様に響いた結果、この初期モデルが熱狂的に支持されている結果にもつながっているのではないかとも思える。

この"やんちゃ"な、初期モデルAP1から、"やや大人"になったAP2と、あたかも人間が成長するように変化はしてきたが、S2000本来の軸はブレていないし、変わっていないと確信している。"本来の軸"とは「リアルオープンスポーツ」という考えをベースに、"運転する楽しさ"を突き詰めてきた部分だと思う。このことがS2000と

いうクルマで、多くのホンダスポーツファンの方々の心を満たすところにつながったのではないかと思うし、開発者たち自身も欲しかったクルマであったのではないかとも感じる。

一方では技術面で見ても、高出力と低エミッションという、相反する性能を高い次元で両立させたこのエンジンは、世界的にも高い評価を受け、「2001年 International Engine of the Year Awards（インターナショナル・エンジン・オブ・ザ・イヤー・アウォード）」を受賞している。

また最初から性能を出し切ったことにより、マイナーモデルチェンジでは、飛躍的な性能向上はできなかったものの、実は性能的には2009年に生産を終了するまで10年間にわたり競争力を保ち続け、エンジンにとって勲章とも言える排気量1リッターあたりの出力125PSという数値は、S2000の生産終了後に発表されたフェラーリ458イタリアが登場するまでトップを守った。

しかしながら2005年に京都議定書が発効され、温室効果ガスの削減が義務化されるに至り、パワートレーンに求められる性能が大きく変化し、カーボンニュートラルに向けて世界が変化する中で、高回転・高出力といういわばホンダのお家芸も変化を迫られ、実際に変化していったのである。そういう意味では、純粋に究極の性能を追求した自然吸気エンジン最後の姿だったのかもしれない。

お伝えしておきたいS2000の対外的評価であるが、久しぶりのホンダのFRスポーツということもあり、日本では多くのメディアやジャーナリストの方々からの高い評価をいただくことができた。また海外でも多くのメディアから好評価を得

「リアルオープンスポーツ」をコンセプトに開発した S2000　開発者自身も欲しかったクルマでもあったのである。

ることができた。　特に北米では、スポーツカーは最低でも6気筒以上でないと、物足りないという一般的ヒエラルキーがある中、S2000の高回転・高出力エンジンの魅力も含め、運動性能の特性は受け入れられたのである。ホンダの独自性・個性の象徴のような捉え方をされ、いわゆる"ホンダらしさ"として評価されたのだと考えている。欧州でも同様な評価をいただいたが、これは企画当初において欧州で通用する価値をテーマに企画・開発を進めたことの意味があったのだと感じている。

　日本のオーナーは、熱心なファンの方々が多く、熱い気持ちでS2000を長く、大事に乗っていただいている。海外のオーナーの方々も、時にはS2000の故郷である高根沢工場（いまでは植栽のみ形跡が残る）を訪問したり、日本のオーナーの方々と交流したりと、やはり同様に熱心な方々が多

い。本文でもご紹介したように、北米ではオーナーズクラブ主催の「Home Coming イベント」という、LAのアメリカンホンダに年に1度集結する楽しいイベントも継続されている。2019年には、日本では、開発メンバー有志、オーナー代表の方々と「ホンダS2000発売20周年アニバーサリーイベント」も開催して、そのお祝いを楽しんだ。このようなオーナーの方々が楽しむ姿を見るのは、開発した者たちとしてとてもうれしい気持ちで、感謝の気持ちで一杯である。

　ホンダ創立50周年を記念するクルマとして誕生し、2009年に生産終了して10年以上経過しても、いまだに多くの方々に大事に乗り続けて頂いていることは開発者としてとてもありがたく、ホンダスポーツファンのお客様と開発者との絆が今も続いていることが、このクルマの果たした最も大切な使命だったのではないだろうか。

## ■S2000のオーナーの方々とのメモリアル

**US Home Coming Event** 毎年、Honda Sports を熱狂的に愛しているオーナー主催の "2021 Home Coming" イベントの様子。ロサンゼルスのトーランスにある American Honda の駐車場に、NSX、S2000、CIVIC TYPE-R なども加わり、数百台規模の大変大規模なミーティングである。

**欧州オーナーズクラブ来日** 写真は 2009 年。欧州のS2000 オーナーの方が来日され、日本の S2000 オーナーの方々や、ホンダ側の S2000 関係者とも交流しツインリンクもてぎや日光へのドライブなど楽しんだ。

**20周年イベント　オーナーズパレードラン** 初期モデルのAP1 から、最終モデルの AP2　TYPE-S まで様々な S2000が集まった。参加者の皆さんがそれぞれの想いを語り合ったり、上原さんはじめ開発関係者らと楽しい時間を過ごした。

**オーナーの方々との集合写真** イベントの中では、オーナーの方々や車両、運営スタッフ達も一緒に、もてぎロードコース上で集合写真撮影。大きな盛り上がりとなった。

**参加車両整列** 参加されたオーナーの方々の車両は色別に集合整列し駐車。様々なカラーの S2000 が並んで、壮観な風景であった。

S2000の開発史の企画については、東京・青山の
本田技研工業㈱本社の2階にあるブレスルームに
おいて三者による話し合いが行なわれた。

## ■読者の方々へ■

　S2000 開発の記録を制作することになったのは、2020 年東京青山にある本田技研工業本社に集まった時のことである。同年暮れに初代ＮＳＸの開発責任者であった上原繁さんがその開発過程を執筆された、『ホンダ NSX』が三樹書房から出版された際に、
　「次は S2000 の開発史を何とか残しておきたい」という話を同社の小林謙一氏から伺い、上原さんもそれに賛同してくれたのがきっかけであった。
　その後、本格的に制作の企画が動き出したのは、翌 2021 年の 7 月であった。S2000 開発者の一人として、その記録をまとめ何とか形に残したいという強い思いもあり、小林氏のご厚意にも助けられて、出版に向けて動き始めたのである。

　S2000 は S800 以来、ホンダが久々に出すホンダ S（スポーツ）である。この企画は、本文にも記載されているとおり、若いデザイナー達が“ついたて裏”で、“S”を思い描いていたのが発端となっている。それが SSM という形で世の中に登場し、エンジニアもそのプロジェクトにのめり込み開発したモデルなのである。こうした背景も考慮して、今回は、実際に開発を担当したメンバーが執筆することにした。その方が、領域ごとのリアルな話や気概などを、読者の方々へ伝えられると考えたからだった。
　栃木研究所で開発を担当したメンバーが一同に集まり、本書のコンセプトや執筆の分担などについて話し合い、それぞれが当時の開発経過などを思い出して執筆することに決めた。
　それぞれのエンジニアの熱い想いを込めて開発された S2000 は、欧州での“価値研究”による開発手法や、高回転・高出力エンジンの実現、人車一体のパフォーマンスなど、“リアルオープンスポーツカー”として、開発者が一体となってつくり上げた、“ホンダならではのスポーツカー”と自負できるものになったと考えている。

　S2000 の開発にあたっては、様々な技術的課題や生産関係はもちろん、営業の領域などとも深く関わり、数多くのチャレンジが必要であったが、生産を支えるサプライヤーの方々の理解や協力なしには成し得なかったものである。私達はこうした多くの方々のおかげで無事に S2000 が量産へとたどりつくことができたと考えている。この場をお借りして、ご協力いただいた方々すべてに開発者一同、あらためて「本当にありがとうございました」と深く感謝の気持ちをお伝えしたい。
　また出版にあたっては、三樹書房の山田国光氏と各御担当の方々、また資料編纂にあたっては、株式会社本田技術研究所デザインセンターデザイン開発推進室の石野康治さんはじめ多数の方々の協力を得たことにとても感謝している。

　最後になりますが、この本を読まれた方々に、ぜひ S2000 に込めたホンダの熱い想いや、ストーリーを少しでも感じていただき、共感していただけることを願って、この開発史の締めくくりとしたいと思います。ご購読ありがとうございました。

執筆者代表　塚本　亮司

# 執筆者紹介

（順不同　2022 年 11 月現在）

**上原　繁**（うえはら しげる）　S2000　開発責任者 ───────
1971年（株）本田技術研究所入社。操縦安定性（操安性）研究部門に配属。シビック、CR-X、アコード、などの量産モデルの操安性能を担当。ミッドシップの操安研究プロジェクトを経て、スポーツカー研究の開発責任者、その後初代NSXの開発責任者となり、NSXをはじめとしたスポーツモデルの統括責任者となり、NSX派生モデルも含め統括した。2007年9月定年退職。

**澤井　大輔**（さわい だいすけ）　S2000　エクステリアデザイン担当 ───────
1992年（株）本田技術研究所に入社。S2000につながる先行モデルのSSMから量産モデルの開発に携わる。以来、四輪商品企画のコンセプト立案からデザインを専門とする。現在はアドバンスデザイン領域を担当。

**朝日　嘉徳**（あさひ よしのり）　S2000　インテリア開発責任者 ───────
1986年（株）本田技術研究所入社。インテリアデザイン開発部門に配属。2012年よりホンダインテリアデザイン統括責任者を経て、2014年より本田技研工業（株）ブランド企画室室長、2019年よりブランド部　ブランドデザイン統括責任者を歴任、コーポレートブランドデザインの発信訴求活動に携わる。

**渥美　淑弘**（あつみ よしひろ）　S2000　操安性能開発担当者 ───────
1985年（株）本田技術研究所入社。オートマチックトランスミッション開発、操安性開発に従事、2007年より車体開発責任者。2019年ホンダ学園で教育改革などに従事後、2021年より四輪事業本部に異動。

**唐木　徹**（からき とおる）　S2000　パワーユニット開発責任者 ───────
1985年（株）本田技術研究所入社。以来、アコード、レジェンド系のエンジン設計を担当。
S2000では先行開発から最終モデルまで携わり、途中2000年よりNSXの開発を兼務。

**塚本　亮司**（つかもと りょうじ）　S2000　車体開発責任者 ───────
1985年（株）本田技術研究所入社。完成車性能研究部門に配属。以降スポーツカー研究プロジェクトを経て、初代NSX、S2000、2代目NSXの車体開発責任者を務め、2015年より（株）本田技術研究所技術広報室を経て、本田技研工業（株）広報部に所属し、訴求活動に携わる。

**明本　禧洙**（あきもと よしあき）　S2000　エンジン開発担当 ───────
1985年（株）本田技術研究所入社。量産車のエンジン性能 研究開発に従事、2005年F1エンジン開発責任者、その後Nシリーズ／ヴェゼルのエンジン開発責任者を経て、2022年 機種開発責任者。

**三谷　眞一**（みたに まさかず）　S2000　駆動系開発担当 ───────
1989年（株）本田技術研究所入社。以来、ドライブトレーン開発に携わり、1996年から2007年までS2000を担当。2009年からはアコード／シビッククラスのマニュアルトランスミッションを担当。その後もドライブトレーンの開発業務に従事。

**高井　章一**（たかい あきかず）　S2000　衝突安全開発担当 ───────
1991年（株）本田技術研究所入社。以来、衝突安全性能の研究・開発、および海外地域の安全戦略策定に携わる。2006年欧州シビック、2009年オデッセイ、2012年欧州シビック、2021年シビックなどの開発担当を務め、現在に至る。

**船野　剛**（ふなの つよし）　S2000　シャシー設計開発担当 ───────
1992年（株）本田技術研究所入社。以降サスペンション設計グループにてS2000等の開発を経て2011年より2代目NSXのシャシー開発責任者、2013年よりHonda R&Dモータースポーツ開発部（現HRC）にてNSX　GT他レースカーの車体チーフエンジニアを経て、2018年より次世代車両企画に従事。

**松本 洋一**（まつもと よういち） S2000 シャシー・タイヤ開発担当 ―――――
1989年 （株）本田技術研究所入社。2代目トゥデイ、4代目と5代目シビックのサスペンション設計を担当し、FR
駆動方式車の研究を経てS2000のシャシー開発に参加。現在は次世代車両の開発企画に従事。

**柿沼 秀樹**（かきぬま ひでき） S2000 操安性能開発担当 ―――――
1991年 （株）本田技術研究所入社。以来、サスペンションシステムおよび車両運動性能の研究・開発に携わる。
ホンダスポーツ系機種（NSX、S2000、タイプ R）のダイナミクス開発に従事。2017年モデル、2022年モデルの
シビックタイプRの開発責任者を務め、現在に至る。

**簑田 修一**（みのだ しゅういち） S2000 ブレーキ開発担当 ―――――
1984年 （株）本田技術研究所入社。初代NSXブレーキ開発担当、インテグラタイプR用ブレンボブレーキ共同開
発責任者、2002年よりレジェンド、アコード等のシャシー開発、車体開発責任者を務める。2013年から2020年ま
でHRM（ホンダR&D・デ・メキシコ）にて車体開発部門マネージャーを務める。

**中野 武**（なかの たけし） S2000 車体性能開発担当 ―――――
1985年 （株）本田技術研究所入社。衝突安全性能、強度耐久性能などの研究開発業務に携わる。1997年より、
S2000、インテグラ、アコード、シビック、CR-Zなど、実車テストの開発担当、開発責任者などに従事。

**横山 鎮**（よこやま おさむ） S2000 生産技術開発担当 ―――――
1994年 ホンダエンジニアリング（株）入社。車体系の生産技術開発を担当し、1998年からS2000ハードトップに
導入したアルミの新技術開発のプロジェクトを担当。技術開発から生産準備、量産導入に携わる。

**清水 康夫**（しみず やすお） S2000 VGS基礎研究責任者 ―――――
1979年 （株）本田技術研究所入社。エアコンプレッサ、自動車高調整サス、アンチロックブレーキ、電動パワー
ステアリング、可変ギヤ比ステアリングなどの研究開発に従事。S2000ではVGSの基礎研究に携わる。2014年定
年退職、同年から東京電機大学工学部教授（先端自動車工学研究室）。

**河合 俊岳**（かわい としたけ） S2000 VGS開発担当者 ―――――
1982年 （株）本田技術研究所入社。油圧パワーステアリング、電動パワーステアリング（NSX）、可変ギヤ比ス
テアリングなどの研究開発に従事。S2000ではVGS開発に携わる。

**船橋 高志**（ふなばし たかし） S2000 高根沢工場 新機種導入マネージャー ―――――
1978年 本田技研工業（株）入社。サービス部門従事の後、1989年より少量スポーツカーNSX生産業務。1997年
よりS2000新機種導入マネージャー。開発部門にて試作車製作管理にも携わる。

**矢次 拓**（やつぎ たく） S2000 駆動系設計担当 ―――――
2000年 （株）本田技術研究所入社。以来、ドライブトレーン設計開発に携わる。マニュアル／オートマチック／
ハイブリッドトランスミッションの設計を経て2019年より品質保証部に在席、現在に至る。

**植森 康祐**（うえもり こうすけ） S2000 マイナーモデルチェンジ時タイヤ開発設計担当 ―――――
1992年 （株）本田技術研究所に入社。サスペンション設計、及びタイヤ設計を担当し、2002年から2003年まで
S2000 マイナーチェンジ時の17インチのタイヤ開発設計を担当。

**雨澤 博道**（あめざわ ひろみち） S2000 シャシー開発担当 ―――――
1988年 （株）本田技術研究所入社。ステアリング設計を担当、1999年から機種チームのシャシープロジェクト
リーダーとして様々な機種を担当。2002年よりS2000とNSXの機種チームに加わり最終モデルまで開発に携わる。

## 本書刊行までの経緯

　ホンダがオートバイメーカーから四輪メーカーへと進出するために最初に開発されたのは、1963年に発売されたT360である。そして同時に開発されていたスポーツ360の発展型としてホンダS500が発売され、S600、S800と排気量を拡大しながら、ホンダスポーツは欧州のレースなどに参戦。1964年ドイツADAC主催の国際レース「ニュルブルクリンク500kmレース」でクラス優勝を果たし、国内レースでも小排気量ながら優れた戦績を数多く残している。これらのホンダスポーツの開発を担当されたのは、1960年代の第一期ホンダF1の活動を支えた中村良夫先生であり、私の尊敬する方の一人である。このホンダのブランドイメージを決定付けた、ホンダのスポーツモデルの"スピリット"を源流として引き継ぎ、現代の技術とデザインによって、純粋なスポーツモデルとして開発されたのがS2000であり、以前からその開発史をまとめておきたいと考えていた。

### ［日本版S2000］

　私の良き友人であり、英国人のヒストリアンであるBrian Long氏が、ホンダの上原繁氏などの協力を得て、英語圏に向けて『HONDA S2000』VELOCE PUBLISHIG刊をすでに上梓していることもあり、日本版としてS2000をまとめるには、開発担当者の方々による執筆が必須であると考えていた。その後弊社では、上原繁氏の執筆によるホンダNSXの開発史をまとめることができ、刊行後に上原氏の紹介によってS2000の開発を担当された塚本亮司氏のご協力をいただけることになり、NSXに続いてS2000の開発史をまとめられることになったのである。そして、上原氏と塚本氏によって、栃木にある本田技研工業四輪事業本部にS2000開発を担当された多くの技術者の方々が集められ、それぞれの担当部門によって執筆者の分担が行なわれ、本書の製作がスタートできた。

### ［本書について］

　巻頭にも述べているように本文の編集に関しては、各執筆者の方々の進行や校正作業なども含めて、塚本亮司氏と唐木徹氏に全般の監修を担当していただいて、総勢21名の方々による原稿をひとつにまとめることができた。デザイン変遷を解説したカラー頁は、S2000のデザイナーである澤井大輔氏とホンダデザイン開発推進室の石野康治氏に全面的に協力をいただいてまとめることができた。また、カラーカタログによる歴代モデルの紹介頁と共に巻末に収録した「ホンダS2000の変遷」は歴史考証家であり、日本における自動車カタログ収集の第一人者でもある當摩節夫氏にご協力をお願いした。カバーや表紙などに使用した写真や図に関しては、本田技研工業広報部のご了解をいただいた。

　最後に本書をまとめるにあたって、この企画を力強く推進し、常に後方支援していただいた上原繁氏をはじめとして、上記の方々に加えてお世話になった数多くの方々に深くお礼を申し上げたい。

　本書によって、ホンダのスポーツモデル（S）として誕生したS2000が、様々な困難な課題を、技術により克服して開発されたことが多くの方々に理解していただければ幸いである。

小林謙一

# ホンダ S2000
## リアルオープンスポーツ開発史

著　者　塚本亮司　唐木　徹 他共著

発行者　小林謙一

発行所　三樹書房

URL https://www.mikipress.com

〒101-0051 東京都千代田区神田神保町1-30
TEL 03(3295)5398　FAX 03(3291)4418

印刷・製本　モリモト印刷株式会社

©MIKI PRESS 三樹書房　Printed in Tokyo Japan

# 編集部より

## 自動車歴史関係書を刊行する弊社の考え

　日本において、自動車（四輪・二輪・三輪）産業が戦後の経済・国の発展に大きく貢献してきたことは、広く知られています。特に輸出に関しては、現在もなお重要な位置を占める基幹産業の筆頭であると、弊社は考えております。

　国内には自動車（乗用車）メーカーは8社（うちホンダとスズキは二輪車も生産）、トラックメーカーは4社、オートバイメーカーは4社もあり、世界でも稀有なメーカー数です。日本の輸出金額の中でも自動車関連は常にトップクラスでありますが、自動車やオートバイは輸出先国などでも現地生産しており、他国への経済貢献もしている重要な産業であると言えます。

　自動車の歴史をみると、最初の4サイクルエンジンも自動車の基本形も、19世紀末に欧州で完成し、その後スポーツカーレースなども、同じく欧州で発展してきました。またアメリカのヘンリー・フォード氏によって自動車が大量生産されたことで、より安価で身近な道具になった自動車は、第二次世界大戦後もさらに大量生産されて各国に輸出され、全世界に普及していくことになります。

　このように、100年を越える長い自動車の歴史をもつ欧州や、自動車を世界に普及させてきた実績のある米国では、自動車関連の博物館も自動車の歴史を記した出版物も数多く存在しています。しかし、ここ半世紀で拡大してきた日本の自動車産業界では、事業の発展に重点が置かれてきたためか、過去の記録はほとんど残されていません。戦後、日本がその技術をもって自動車の信頼性や生産性、環境性能を飛躍的に向上させたのは紛れもない事実です。弊社では、このような実情を憂慮し、広く自動車の進化を担ってきた日本の自動車産業の足跡を正しく後世に残すために、自動車の歴史をまとめることといたしました。

## 自動車史料保存委員会の設立について

　前記したとおり、日本は自動車が伝来し、その後日本人の自らの手で自動車が造られてからまもなく100年を迎えようとしています。日本も欧米に勝るとも劣らない歴史を歩んできたことは間違いなく、その間に造られたクルマやオートバイは、メーカー数も多いこともあり、膨大な車種と台数に及んでいます。

　1989年にトヨタ博物館が設立されてからは、自動車に関する様々な資料が、収集・保存されるようになりました。そして個人で収集・保管されてきた資料なども一部はトヨタ博物館に寄贈され、適切に保存されておりますが、それらの個人所有の全てを収館することは困難な状況です。私達はそうした事情を踏まえて、自動車史料保存委員会を2005年4月に発足いたしました。当会は個人もしくは会社が所有している資料の中で、寄贈あるいは安価で譲っていただけるものを史料・文献としてお預かりし、整理して保管することを活動の基本としています。またそれらの集められた歴史を示す史料を、適切な方法で発表することも活動の目的です。委員はすべて有志であり、自動車やオートバイ等を愛し、史料保存の重要性を理解するメンバーで構成されています。

## カタログを転載する理由

　弊社では、歴史を残す目的により、当時の写真やカタログ、広告類を転載しております。実質的にひとつの時代、もしくはひとつの分野・車種などに関して、その変遷と正しい足跡を残すには、当時作成され、配布されたカタログ類などが最も的確な史料であります。史料の収録に際しては、製版や色調に関しては極力オリジナルの状態を再現し、記載されている解説文などに関しても、史料のひとつであると考え、記載内容が確認できるように努めております。弊社は、その考えによって書籍を企画し、編集作業を進めてきました。

　また、弊社の刊行書は、写真やカタログ・広告類のみの構成ではなく、会社・メーカーや当該自動車の歴史や沿革を掲載し、解説しています。カタログや広告類［以下印刷物］は、それらの歴史を証明する史料になると考えます。

## 著作権・肖像権に対する配慮

　ただし、編集部ではこうした印刷物の使用や転載に関しては、常に留意をしております。特に肖像権に関しましては、既にお亡くなりになった方や外国人の方などは、事前に転載使用のご承諾をいただくことは事実上困難なこともあり、そのため、該当する画像などに関しまして、画像処理を加えている史料もあります。史料は、当時のままに掲載することが最も大切なことであることは、十分に承知しております。しかし、弊社の主たる目的は自動車などの歴史を残すことでありますので、肖像権に対し配慮をしておりますことをご理解ください。

　弊社刊行の書籍が、自動車関連の歴史に興味がある読者の皆様に適うことを願ってやみません。

三樹書房　編集部